Nico Christ

Modellierung und Simulation der Stromtransienten und U-I-Kennlinien organischer Photodioden und Solarzellen

Modellierung und Simulation der Stromtransienten und U-I-Kennlinien organischer Photodioden und Solarzellen

von
Nico Christ

Zur Erlangung des akademischen Grades eines Doktor-Ingenieurs
von der Fakultät für Elektrotechnik und Informationstechnik des
Karlsruher Instituts für Technologie (KIT) genehmigte Dissertation

Dipl.-Phys. Nico Steffen Christ

Tag der mündlichen Prüfung: 23. Oktober 2012
Hauptreferent: Prof. Dr. Uli Lemmer
Korreferent: Prof. Dr. Vladimir Dyakonov

Impressum

Karlsruher Institut für Technologie (KIT)
KIT Scientific Publishing
Straße am Forum 2
D-76131 Karlsruhe
www.ksp.kit.edu

KIT – Universität des Landes Baden-Württemberg und
nationales Forschungszentrum in der Helmholtz-Gemeinschaft

KIT Scientific Publishing 2013
Print on Demand

ISBN 978-3-86644-943-5

Kurzfassung

Zentrale Themen dieser Arbeit sind die Modellierung und Simulation der transienten Stromantwort organischer Photodioden sowie der steady-state Strom-Spannungs-Charakteristik organischer Solarzellen. Der Schwerpunkt liegt dabei auf der Untersuchung charakteristischer Ladungsträgertransport- sowie Generations- und Rekombinationsprozesse in dem organischen Halbleiter-Materialgemisch P3HT:PCBM bestehend aus dem Polymer Poly(3-hexylthiophen-2,5-diyl) (P3HT) und dem Fulleren-Derivat (6,6)-phenyl C-butyric acid methyl ester (PCBM). Organische Halbleiter zeichnen sich durch ihre gute Prozessierbarkeit aus, was eine energiesparende und damit kostengünstige Produktion organischer Halbleiterbauelemente ermöglicht. Des Weiteren weisen eine Vielzahl organischer Halbleiter im Vergleich zu anorganischen Halbleitern gute Absorptionseigenschaften auf. Dies ermöglicht den Einsatz sehr dünner Absorptionsschichten und damit die Herstellung dünner und flexibler Photovoltaik-Bauelemente.

Ausgangspunkt dieser Arbeit ist die Untersuchung verschiedener Einflüsse auf die transiente Stromantwort anhand des Vergleichs numerischer Drift-Diffusions-Simulationen mit experimentellen Daten. Ziel dabei ist es, ein grundlegendes Verständnis der Abhängigkeiten der transienten Stromantwort von extern veränderbaren Parametern wie der Größe der Photodioden, der an der Photodiode anliegenden Vorspannung sowie der Laserleistung zu erlangen. Die Simulation setzt sich dabei aus einer optischen Simulation basierend auf der Transfer-Matrix-Methode sowie einer elektrischen Drift-Diffusions-Simulation zusammen. Hierbei zeigt sich, dass der Verlauf der gemessenen Stromantwort entscheidend von einem externen Widerstand beeinflusst wird. Für einen realistischen Vergleich von Simulation und Experiment muss daher bereits zur Laufzeit der Simulation der Spannungsabfall an diesem externen Widerstand berücksichtigt werden. Hinzu kommt bei hohen Leistungsdichten

der Einfluss von Raumladungseffekten, welche sich auf die lokale Feldverteilung auswirken und damit den Abfall der Stromdichte drastisch verlangsamen.

Ausgehend von dem gewonnenen grundlegenden Verständnis lässt sich
die Methode der transienten Stromantwort dazu nutzen, weitere tiefgreifende Erkenntnisse über den Ladungsträgertransport anhand des charakteristischen Verlaufs der Stromdichte zu gewinnen. So lässt sich mittels der Simulationen zeigen, dass für eine korrekte Beschreibung der Messdaten vom
Nano- bis in den Mikrosekundenbereich ein konventioneller Drift-Diffusions-
Modellierungsansatz nicht ausreicht, sondern der Einfluss von Fallenzuständen (engl. *traps*) in den Simulationen berücksichtigt werden muss. Im Zuge einer erweiterten Drift-Diffusions-Modellierung unter Berücksichtigung
einer exponentiellen energetischen Verteilung von Traps und dem *Multiple-
Trapping*-Modell lässt sich der gemessene stark dispersive Charakter des Ladungsträgertransports in dem untersuchten Materialsystem P3HT:PCBM erklären. Ebenso lässt sich die gemessene starke Temperaturabhängigkeit der
Stromantwort auf den dispersiven Ladungsträgertransport und damit auf den
Einfluss des Trapping- und Detrappingverhaltens der sich fortbewegenden Ladungsträger zurückführen.

Bei hohen Laserleistungen oberhalb einer Pulsfluenz von ca. $3.3\,\mu\mathrm{J/cm^2}$
zeigt sich in den Messdaten zudem eine temperaturunabhängige, jedoch feldabhängige Sättigung in der Anzahl der extrahierten Ladungsträger. Mit Hilfe der Simulationen kann der gemessene Verlust an Ladungsträgern auf eine nichtlineare Annihilation von gebundenen Ladungsträgerpaaren (*charge-
transfer*-Exzitonen (CTs)) im Ladungsträger-Generationsprozess zurückgeführt werden. Es kann gezeigt werden, dass sich die Quanteneffizienz bei
der Ladungsträgergeneration aus dem Wechselspiel einer feldabhängigen,
aber temperaturunabhängigen CT-Dissoziation und der CT-Rekombination ergibt. Schlussendlich ermöglicht eine semi-automatisierte Parameterbestim-
mung anhand des Vergleichs der Kennlinien für verschiedene Temperaturen,
verschiedene Spannungen sowie über mehrere Dekaden in der Laserleistung
die Extraktion der Materialparameter sowohl für das Akzeptor- als auch für
das Donor-Material sowie die dazugehörigen Transportparameter der Elektronen und Löcher. Die bestmögliche Übereinstimmung von Simulation und Ex-

periment beschreibt den gesamten gemessenen Datensatz über fünf Dekaden in der Zeit und bis zu sechs Dekaden in der Stromdichte.

Im Hinblick auf steady-state Simulationen organischer Solarzellen werden die gewonnenen Erkenntnisse aus der Untersuchung der transienten Pulsantwort genutzt und der Einfluss der Traps auf die Strom-Spannungs-Kennlinien untersucht. Wesentlicher Ansatzpunkt ist hierbei das Tieftemperaturverhalten der Dunkelströme in Vorwärtsrichtung und die Untersuchung der Dichte- und Temperaturabhängigkeit der Ladungsträgerbeweglichkeit auf die Kennlinien. Dabei zeigt sich, dass die gemessene Temperaturabhängigkeit in den Strom-Spannungs-Kennlinien an P3HT:PCBM Solarzellen im Wesentlichen auf das Injektionsverhalten an den Grenzflächen zu den Elektroden zurückzuführen ist. Im Zuge dessen werden im Zusammenhang mit Rekombinationseinflüssen weitere vielseitige Erkenntnisse über raumladungsbegrenzten bzw. trapraumladungsbegrenzten Strom gewonnen.

Abstract

The work at hand presents a detailed study on modeling and simulation of the transient pulse response of organic photodiodes and the steady-state current-voltage characteristics of organic solar cells. The focus lays on the characteristic charge carrier transport-, generation- and recombination processes in the organic blend P3HT:PCBM consisting of the polymer poly(3-hexylthiophene-2,5-diyl) (P3HT) and the fullerene derivative [6,6]-phenyl C_{61}-butyric acid methyl ester (PCBM). Organic materials are promising for the application in many optoelectronic devices due to their easy and cost-efficient processability. Furthermore, numerous organic materials can be characterized by their good absorption properties in comparison to their inorganic counterparts. Hence, thin absorbing layers can be used allowing the fabrication of thin and flexible photovoltaic devices.

The starting point of this work is the evaluation of different impacts on the transient pulse response by comparing measured and simulated data. By studying the basic dependencies of the transient current density characteristics on external parameters like the device size, the applied bias voltages and the light intensity a fundamental understanding of the working principle is achieved. The simulation consists of an optical part based on a Transfer-Matrix approach and a numerical drift-diffusion simulation for describing the electronic properties. A strong influence of the external resistance on the characteristics is found. For a meaningful comparison of simulated and measured data it is therefore crucial to consider the external resistance already at runtime of the simulation. Furthermore, space charge effects are found to play an important role at high light intensities, screening the electric field and hence leading to a significantly slower decay of the transient current density in combination with the voltage drop at the external resistance.

Based on the developed basic understanding, the method of the transient pulse response can be used to investigate the charge carrier transport phenomena in detail. By studying the current density decay from the nano- up to the microsecond regime it is shown that the measured decay can not be reproduced in the framework of a conventional drift-diffusion modeling approach. For a correct description of the measured data, the influence of trap states has to be considered. In the course of an extended drift-diffusion simulation taking into account an exponential distribution of trap states in the framework of multiple-trapping, the measured dispersive character of charge carrier transport in the used blend P3HT:PCBM can be explained. Accordingly, the measured strong temperature dependence of the transient pulse response can be traced back to the dispersive charge carrier transport and consequently to the trapping and detrapping processes of the moving charge carriers.

At high light intensities above approximately $3.3\,\mu\mathrm{J/cm^2}$ the measured data exhibit a temperature independent, but field dependent saturation in the number of extracted charge carriers. By means of the simulation, the loss of charge carriers is identified to be caused by a nonlinear annihilation process of bound charge carrier pairs (charge-transfer-excitons (CTs)) in the charge carrier generation process. It is shown that quantum efficiency of generated charge carriers is affected by the interplay of a field dependent but temperature independent CT-dissociation and the CT-recombination. Finally, a single set of parameters for the donor and the acceptor material can be extracted by using a semi-automated fitting procedure which simultaneously adapts simulation and measurement for different temperatures, different bias voltages and for several orders of magnitude in the light intensity. Using the best possible accordance of simulation and experiment the whole set of measured pulse responses is described over five decades in time and up to six decades in the current density.

Regarding steady-state simulation of organic solar cells, the findings from studying the transient pulse response are used and the impact of traps on the current-voltage characteristics is investigated. The main approach is studying the low-temperature behavior of the dark currents in forward direction. Here, the influence of density- and temperature dependent mobility on the characteristics is of special interest. As a result it is shown that the measured temperature dependence in the current-voltage characteristics of P3HT:PCBM solar cells is mostly dominated by the temperature dependent injection of charge carriers over a potential barrier at the contacts. In this context a deep understanding of space charge limited and trap space charge limited current is developed in conjunction with recombination effects.

Inhaltsverzeichnis

1 Einleitung

Seit der Entdeckung elektrisch leitfähiger und halbleitender, organischer Materialien [1] wird intensiv an deren Verwendung in organischen Leuchtdioden (OLEDs), organischen Laserdioden (OLDs), organischen Photodioden (OPDs) und organischen Solarzellen (OSCs) geforscht. Während organische Leuchtdioden bereits in großen Stückzahlen z.B. in Mobiltelefon-Bildschirmen verwendet werden, gibt es bisher nur vereinzelt kommerzielle Produkte aus dem Bereich der organischen Photovoltaik. Getrieben vom weltweiten Interesse an regenerativer Energie finden jedoch enorme Forschungsaktivitäten auf diesem Gebiet statt, die in den letzten Jahren zu deutlichen Steigerungen des Wirkungsgrades organischer Solarzellen auf bis zu 10.6% geführt haben [2].

Organische Solarzellen zeichnen sich im Vergleich zu anorganischen Solarzellen auf Basis von Silizium durch einige vielversprechende Eigenschaften sowie einer prinzipiell kostengünstigen Herstellung aus. So ermöglicht die gute Prozessierbarkeit organischer Materialien bei gleichzeitig geringer Prozesstemperatur eine einfache, schnelle und vor allem energiesparende Produktion im Folien-Druckverfahren (engl. roll-to-roll). Dafür bereits entwickelte Drucktechniken wie Rakeln (engl. doctor-blading), Tintenstrahldruck (engl. inkjet-printing) oder Siebdruck (engl. screen-printing) bieten Chancen für eine großflächige und somit kostengünstige, massenproduktionstaugliche Herstellung organischer Solarzellen [3]. Des Weiteren erlauben die sehr guten Absorptionseigenschaften organischer Halbleiter den Einsatz sehr dünner Absorptionsschichten und damit die Herstellung dünner und flexibler Bauteile [4, 5]. Damit eignen sich organische Solarzellen für neue Anwendungsgebiete wie z.B. in der mobilen Stromgenerierung mit Hilfe ausrollbarer Batterie-Ladegeräte.

Da organische Photodioden eine nahezu identische Bauteilstruktur wie organische Solarzellen aufweisen, können viele der dort gewonnenen Erfahrungen übernommen werden. Organische Photodioden überzeugen bereits heute durch schnelle Ansprechzeiten sowie hohe Quanteneffizienzen [6–9]. Kostengünstige Photodioden könnten z. B. in optischen Sensorsystemen oder Kommunikationssystemen Anwendung finden, die hohe Anforderungen an Antwortzeit und Empfindlichkeit stellen.

Des Weiteren sind zeitabhängige Messungen an organischen Photodioden im Besonderen dafür geeignet, die in organischen Absorbermaterialien vorherrschenden physikalischen Prozesse zu untersuchen. Leistungs-, temperatur- und spannungsabhängige Messungen werden genutzt, um Informationen über Rekombinationsmechanismen, Lebensdauer und charakteristische Transportphänomene von Ladungsträgern in organischen Halbleitern zu erhalten [10]. Die Forschungsarbeiten mit OPDs bilden daher einen wichtigen Bestandteil in den Bemühungen, ein grundlegendes Verständnis der zugrunde liegenden Mechanismen in organischen Halbleitern zu erhalten und somit Ansätze zur weiteren Verbesserung organischer Photovoltaik-Bauteile zu erlangen.

1.1 Ziele der Arbeit

Noch immer sind nicht alle physikalischen Prozesse in organischen Halbleiterbauelementen verstanden. Während auf experimenteller Seite bereits große Fortschritte erzielt wurden, lassen sich einige auftretende Phänomene noch nicht vollständig theoretisch beschreiben. Insbesondere der Ladungsträger-Generationsprozess sowie der Ladungsträgertransport zeigen Anomalien, die sich nicht mit den bisher bekannten theoretischen Modellen erklären lassen. Ziel dieser Arbeit ist, diese physikalischen Prozesse in organischen Solarzellen und Photodioden detailliert zu untersuchen und ein tieferes Verständnis der Bauteilphysik zu erhalten. Dabei sollen neue Modelle und Konzepte entwickelt werden und in die numerische Simulation organischer Solarzellen und Photodioden einfließen. Die gewonnenen Modelle werden durch Vergleich mit dem Experiment evaluiert.

1.2 Gliederung der Arbeit

Im ersten Kapitel werden das Thema und die Ziele sowie der strukturelle Aufbau der Arbeit vorgestellt. Im zweiten Kapitel wird eine Einführung in die Grundlagen organischer Halbleiter sowie der Bauteilphysik organischer Solarzellen und Photodioden gegeben. Des Weiteren werden die grundlegenden physikalischen Modelle zur Beschreibung des Ladungsträgertransports sowie der relevanten Rekombinationsprozesse vorgestellt. Die Modellierung organischer Solarzellen und Photodioden erfolgt im dritten Kapitel. Dies beinhaltet die Modellierung des einfallenden Lichts mit Hilfe der Transfer-Matrix-Methode sowie die elektrische Modellierung im Rahmen der Drift-Diffusions-Näherung. Im vierten Kapitel werden erste Ergebnisse der Simulation organischer Photodioden vorgestellt und die grundlegenden relevanten Effekte mittels Vergleich mit experimentell gewonnenen Impulsantworten diskutiert. In Kapitel fünf wird das Langzeitverhalten der Impulsantworten untersucht und dabei werden die Grenzen der konventionellen Modellierung aufgezeigt. Unter Berücksichtigung von Fallenzuständen im Rahmen eines erweiterten *Multiple-Trapping*-Modells lässt sich das gemessene Langzeitverhalten erklären. Im sechsten Kapitel wird die Temperaturabhängigkeit der Impulsantworten unter der Einbeziehung von *Multiple-Trapping* untersucht, die wesentlichen Aufschluss über den charakteristischen Ladungsträgertransport in dem untersuchten Donor-Akzeptor-Materialgemisch gibt. Mit Hilfe der Simulationen wird ein grundlegendes Verständnis des gemessenen dispersiven Ladungsträgertransports entwickelt, welcher sich anhand charakteristischer Merkmale in den Kennlinien auszeichnet. In Kapitel sieben werden auftretende nichtlineare Effekte in der Quanteneffizienz bei hohen Laser-Leistungsdichten untersucht, die auf Rekombinationseffekte im Ladungsträger-Generationsprozess zurückzuführen sind. Dabei zeigt sich eine Feld- und Temperaturabhängigkeit, die nicht in Übereinstimmung mit bisher in der Literatur standardmäßig verwendeten Modellen ist. Ein alternatives Generationsmodell wird eingeführt und durch Vergleich mit intensitäts-, temperatur- und feldabhängigen Messungen verifiziert.

2 Eine Einleitung in organische Solarzellen und Photodioden

In diesem Kapitel werden die Grundlagen organischer Halbleiter erläutert sowie die besonderen Eigenschaften dieser vielversprechenden Materialklasse für die Anwendung in zahlreichen optoelektronischen Bauteilen wie z.B. organischen Leuchtdioden, organischen Lasern sowie Einfach-Solarzellen und Photodioden diskutiert. Des Weiteren werden die optoelektronischen Eigenschaften organischer Halbleiter generell, aber insbesondere in Bezug auf die relevanten Eigenschaften für die im Rahmen dieser Arbeit untersuchten photovoltaischen Bauteile erörtert. Dies beinhaltet die speziellen Eigenschaften des Ladungsträgertransports, der Ladungsträgergeneration sowie die auftretenden Verlustprozesse. Eine Einführung in die Funktionsweise organischer Photodioden sowie Einfach-Solarzellen schließt sich daran an. Zuletzt wird eine kurze Einführung in die Herstellung der Bauteile sowie in den Messaufbau für die optoelektronische Charakterisierung der Bauteile gegeben.

Organische Solarzellen vereinen die Vorteile mechanisch flexibler Bauteile, kostengünstiger Herstellung und guter optoelektronischer Eigenschaften von organischen Halbleitern. Die zugrundeliegenden Charakteristika dieser vielversprechenden Materialklasse der organischen Halbleiter werden im ersten Abschnitt dieser Einführung beschrieben. Die für Solarzellen und Photodioden relevanten optoelektronischen Eigenschaften werden im zweiten Abschnitt diskutiert. Im Anschluss daran wird im darauf folgenden Abschnitt die Bauteilstruktur sowie das Funktionsprinzip organischer Solarzellen und organischer Photodioden detailliert erläutert.

2.1 Organische Halbleiter

Charakteristisch für die Klasse der organischen Materialien sind kovalent gebundene Kohlenstoffverbindungen, deren benachbarte Kohlenstoffatome Einzel- oder Mehrfachbindungen aufweisen und ganze Ketten oder Ringe ausbilden können. Die Vielzahl an Bindungsmöglichkeiten verschiedener chemischer Elemente an den noch ungesättigten Bindungselektronen der Kohlenstoffatome begründet die bis heute bekannten, mehr als 19 Millionen verschiedenen organischen Verbindungen. Lange galten organische Materialien als gute elektrische Isolatoren. Erst mit der Entdeckung der Leitfähigkeit der Kohlenwasserstoffverbindung Polyethylen im Jahre 1977 [1] erfuhren organische Materialien mit halbleitenden und metallischen Eigenschaften zunehmend das Interesse zahlreicher Forschungsaktivitäten. "Für die Entdeckung und Entwicklung von leitenden Polymeren" (Zitat: Professor Erling Norrby, Generalsekretär der *Royal Swedish Academy of Sciences*) wurde 23 Jahre später der Nobelpreis für Chemie an A. J. Heeger, H. Shirakawa, und Alan G. Mac Diarmid überreicht [11]. Die Leitfähigkeit organischer Halbleiter lässt sich auf die alternierende Folge von Einzel- und Doppelbindungen der Kohlenstoffatome zurückführen, wie im folgenden Unterabschnitt näher erläutert wird.

2.1.1 Elektronenkonfiguration von Kohlenstoff

Im Grundzustand des Kohlenstoffs liegt eine $1s^2 2s^2 2p^2$-Konfiguration vor, wie schematisch in Abbildung 2.1.1a dargestellt ist. Zwei Elektronen befinden sich jeweils im 1s- und 2s- Orbital und zwei weitere in zwei der drei 2p-Orbitale. Die vier Valenzelektronen in den $2s^2 2p^2$-Orbitalen können mit benachbarten Kohlenstoffatomen eine Einzel-, Doppel- oder Dreifachbindung eingehen. Je nach Bindung bilden sich aus den kugelsymmetrischen 2s- und den drei hantelförmigen 2p-Orbitalen jeweils sp^3-, sp^2- oder sp-Hybridorbitale aus. Die dazugehörigen Elektronenkonfigurationen sind in Abbildung 2.1.1b-2.1.1d dargestellt. Elektronen in den Hybridorbitalen gehen stark gebundene, sogenannte σ-Bindungen mit benachbarten Atomen ein.

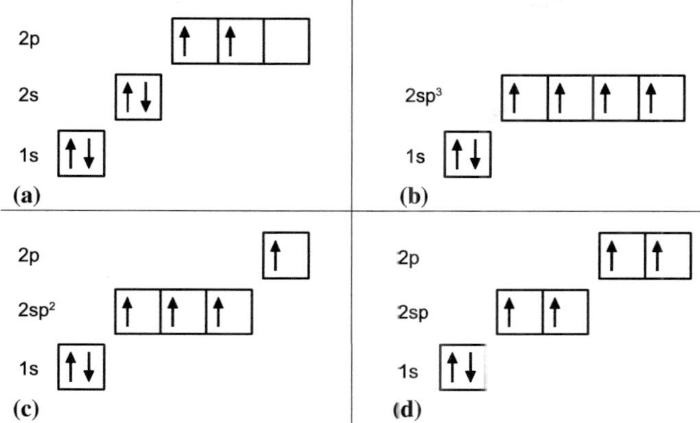

Abb. 2.1.1: Elektronenkonfiguration von Kohlenstoff: Grundzustand (a), sp^3- (b), sp^2- (c)
und sp-Hybridisierung (d). Im Grundzustand befinden sich zwei Elektronen
jeweils im 1s- und 2s-Orbital und zwei weitere in zwei der drei 2p-Orbitale. Die
sp-, sp^2- und sp^3-Hybridorbitale ergeben sich aus der Superposition der s- und
p-Orbitale.

Bei der sp^3-Hybridisierung gehen alle vier Elektronen in dem Hybridor-
bital kovalente Einzelbindungen mit benachbarten Atomen ein, deren Bindungsenergie über 3.5 eV liegt. Aufgrund der starken Bindung sind daher bei
Raumtemperatur keine freien Ladungsträger vorhanden und daher sind derartige Kohlenstoffverbindungen Isolatoren.

Ein Beispiel der sp-Hybridisierung ist Ethin, dessen benachbarte Kohlenstoffatome eine Dreifachbindung eingehen. Dabei gehen die zwei Elektronen des sp-Hybridorbitals σ-Bindungen ein, während die zwei verbleibenden
Elektronen in den p-Orbitalen schwach gebundene π-Bindungen eingehen.

Bei der sp^2-Hybridisierung bildet sich aus den 2s- und zwei der drei
2p-Orbitalen ein rotationssymmetrisches sp^2-Hybridorbital aus, dessen drei
Teilorbitale in einer Ebene liegen und sich durch eine Rotation um 120°
bzw. 240° ineinander überführen lassen. Das nicht hybridisierte, dritte p$_z$-
Orbital steht senkrecht zur Ebene des Hybridorbitals, wie in Abbildung 2.1.2
schematisch dargestellt ist. Bei der sp^2-Hybridisierung kann sich somit an
einer Seite des Kohlenstoffatoms eine Doppelbindung mit einem benachbarten
Kohlenstoffatom ausbilden, welche sich aus der σ-Bindung der jeweiligen

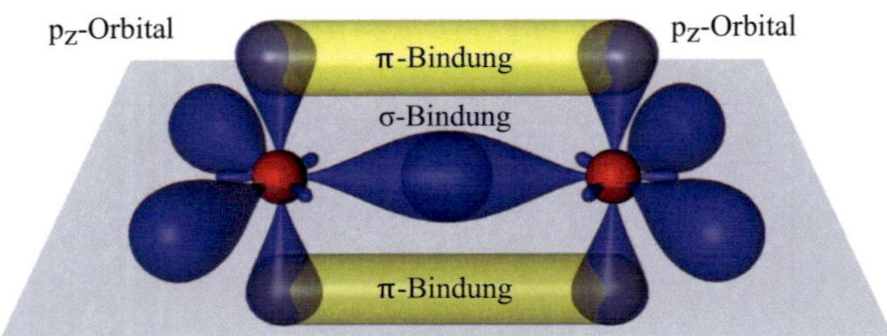

Abb. 2.1.2: Schematische Darstellung der Doppelbindung von zwei Kohlenstoffatomen, die sich aus einer stark gebundenen σ-Bindung sowie einer schwach gebundenen π-Bindung zusammensetzt [Quelle: [12]].

Elektronen in den sp^2-Hybridorbitalen und der π-Bindung der jeweiligen Elektronen in den p$_z$-Orbitalen zusammensetzt.

2.1.2 Konjugierte Moleküle

Als Folge der sp^2-Hybridisierung können sich Ketten von Kohlenstoffatomen aus alternierenden Einzel- und Doppelbindungen ausbilden. Moleküle, die eine derartige Struktur aufweisen, werden als konjugierte Moleküle bezeichnet. Ein Beispiel dafür ist Polyethin, welches in Abbildung 2.1.3 dargestellt ist. Die p$_z$-Orbitale benachbarter Kohlenstoffatome überlappen sich gegenseitig und bilden ein bindendes (π-) Orbital und ein antibindendes (π^*-) Orbital, wie schematisch in Abbildung 2.1.2 dargestellt. Die Bandlücke zwischen

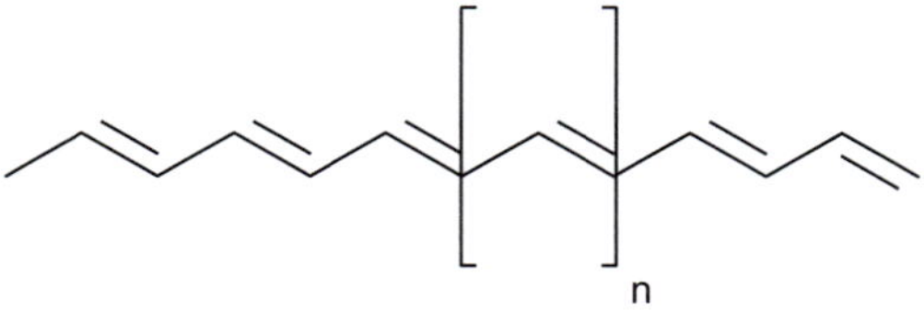

Abb. 2.1.3: Chemische Struktur des konjugierten Moleküls Polyethin. Die Konjugation entsteht durch die alternierenden Einzel- und Doppelbindungen der Kohlenstoffatome.

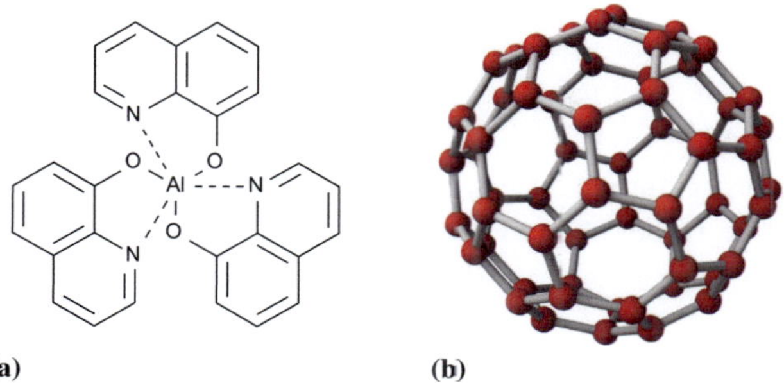

Abb. 2.1.4: (a) Chemische Struktur des Kleinen Moleküls Aluminum tris(8-hydroxyquinolin) (Alq$_3$) sowie (b) des Fullerens C$_{60}$. [Quelle: [13]]

dem π^*- und dem π-Orbital beträgt typischerweise ungefähr 2.5 eV. Ein Elektron in einem π-Orbital hat dabei eine größere Bindungsenergie als in einem π^*-Orbital, weswegen ersteres als das höchste besetzte Molekülorbital (engl. *highest occupied molecular orbital*, HOMO) und das π^*-Orbital als das niedrigste unbesetzte Molekülorbital (engl. *lowest unoccupied molecular orbital*, LUMO) bezeichnet wird. Aufgrund der elektrostatischen Abschirmung des positiv geladenen Kerns durch die Elektronen in den sp^2-Hybridorbitalen sind die Elektronen in den π-Orbitalen nur schwach an das Kohlenstoffatom gebunden und weisen daher eine delokalisierte Aufenthaltswahrscheinlichkeit entlang der konjugierten Kohlenstoffkette des Moleküls auf, deren Grundgerüst durch die σ-Bindungen gegeben ist. Daraus ergibt sich die Leitfähigkeit konjugierter Polymere entlang der alternierenden Einzel- und Doppelbindungen der Kohlenstoffkette. Konjugierte Moleküle weisen daher alle typischen Eigenschaften eines Halbleiters auf.

Neben den konjugierten Polymeren, die sich aus der Aneinanderkettung einzelner Molekülstrukturen, sogenannter Monomere, zusammensetzt, gibt es noch die Klasse der Kleinen Moleküle (engl. *small molecules*) sowie der Fullerene. Als Kleine Moleküle bezeichnet man Moleküle mit alternierenden Einzel- und Doppelbindungen von Kohlenstoffatomen und einer funktionellen Gruppe mit bis zu 60 Kohlenstoffatomen, die aber keine langen Ketten ausbilden. Während konjugierte Polymere meist nur flüssig prozessiert werden können, lassen sich Kleine Moleküle aufgrund ihres geringen Molekulargewichts auch durch thermisches Verdampfen unter Vakuum auftragen. Die chemische Struktur eines Kleinen Moleküls ist exemplarisch in Abbildung 2.1.4a dargestellt. Fullerene hingegen zeichnen sich durch ihre symmetrische Form aus, die kugelförmig, elliptisch oder zylindrisch sein kann. Bekanntester Vertreter dieser Klasse ist das aus 60 Kohlenstoffatomen aufgebaute sphärische Molekül C_{60}, dessen chemische Struktur Abbildung 2.1.4b zeigt.

2.2 Optoelektronische Eigenschaften

Die optischen Eigenschaften konjugierter Moleküle begründen sich in der Energiedifferenz zwischen dem bindenden π-Orbital und dem antibindenden π^*-Orbital. Aufgrund der schwächeren Bindung können Ladungsträger in den π-Orbitalen leichter angeregt werden als Ladungsträger, die in den sp^2-Hybridorbitalen σ-Bindungen eingehen. Für die Beschreibung der Halbleitereigenschaften können Elektronen in den σ-Bindungen daher vernachlässigt werden. Neben ihren optischen Eigenschaften zeichnen sich konjugierte Moleküle durch ihre Leitfähigkeit aus, die sich auf die Delokalisierung der Elektronen in den π-Orbitalen zurückführen lässt. In organischen Materialien sind − im Gegensatz zu anorganischen − die nach optischer Anregung generierten Elektron-Loch-Paare generell bei Raumtemperatur noch gebunden. Um diese effizient zu trennen, verwendet man zwei Materialien mit unterschiedlichen Energieniveaus der HOMO- und LUMO-Zustände, wie in Unterabschnitt 2.2.1 genauer erläutert wird. Neben dem Transport entlang der Kohlenstoffketten ist aber noch ein weiterer Transportmechanismus zwischen benachbarten Molekülen bedeutend, dessen Eigenschaften in Unterabschnitt 3.2.6 näher erläutert werden. Insbesondere wird in diesem Unterabschnitt auf die dadurch bedingten charakteristischen Eigenschaften des Stromtransports in organischen Materialien eingegangen.

2.2.1 Ladungsträgergeneration in organischen Halbleitern

Bei der Absorption eines Photons wird ein Elektron im Grundzustand aus dem HOMO in das LUMO angeregt und damit ein Elektron-Loch-Paar generiert, welches eine delokalisierte Aufenthaltswahrscheinlichkeit über das Molekül aufweist. Im Gegensatz zu anorganischen Halbleitern sind die angeregten Ladungsträger nicht unabhängig voneinander frei beweglich, sondern bilden ein sogenanntes (Frenkel-)Exziton. Aufgrund der Auswahlregeln werden dabei nur Singulett-Exzitonen generiert. Die starke Coulomb-Anziehungskraft aufgrund der kleinen Dielektrizitätskonstante organischer Materialien von $\varepsilon_r \approx 3 - 4$ (im Vergleich, Silizium mit einer Dielektrizitätskonstante von $\varepsilon_r = 12$) verhindert die Bildung freier Ladungsträger. Die Bindungsenergie ist gegeben durch

$$E = \frac{1}{2} \frac{\mu^* e^4}{(4\pi\varepsilon_0\varepsilon_r\hbar)^2}, \qquad (2.2.1)$$

mit der Elementarladung e, der Dielektrizitätskonstante ε_0 des Vakuums und der reduzierten, effektiven Masse μ^* des Elektrons und des Lochs. Die Bindungsenergie liegt in der Größenordnung von ca. 0.2 eV bis 1 eV [14, 15] und ist damit typischerweise größer als die thermische Aktivierungsenergie $k_B T$, die bei Raumtemperatur ca. 26 meV beträgt. Eine thermische Dissoziation von Exzitonen in organischen Materialien bei Raumtemperatur ist daher sehr unwahrscheinlich. Die Dissoziationswahrscheinlichkeit erhöht sich zwar unter dem Einfluss eines elektrischen Feldes [16, 17], dennoch sind weitere Konzepte notwendig, um die Quantenausbeute generierter freier Ladungsträger signifikant zu steigern. Das momentan vielversprechendste Konzept ist das der *bulk-heterojunction* (Misch-Heterostruktur), einem Gemisch zweier Materialien mit unterschiedlichen Energieniveaus der HOMO- und/oder LUMO-Transportzustände [18, 19]. Ist die Differenz zwischen dem LUMO (HOMO) des ersten Materials und LUMO (HOMO) des zweiten Materials größer als die Bindungsenergie des Exzitons, kann ein an die Grenzfläche beider Materialien diffundiertes Exziton dissoziiert werden. Dabei geht das Elektron (Loch) des Materials mit dem energetisch höher (tiefer) liegenden LUMO (HOMO) auf das energetisch tiefer (höher) liegende LUMO (HOMO) des zweiten Materials über. Das (räumlich) getrennte Ladungsträgerpaar ist noch schwach gebunden und bildet einen sogenannten *charge-transfer*-Zustand (engl. *charge-transfer-state* (CT)) an der Grenzfläche beider Materialien aus. Der CT-Zustand kann nun feldunterstützt in freie Ladungsträger dissoziieren und die getrennten La-

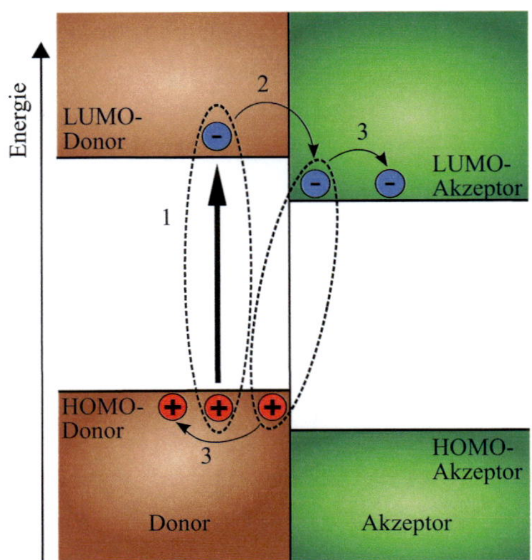

Abb. 2.2.1: Schematische Darstellung des Ladungsträger-Generationsprozesses. Generierung eines Exzitons nach Absorption eines Photons (Schritt 1), Bildung eines *charge-transfer*-Zustands an einer Grenzfläche zwischen einem Donor und einem Akzeptor (Schritt 2) und Dissoziation des CT-Zustands in freie Ladungsträger (Schritt 3).

dungsträger können sich dann frei in den jeweiligen Transportmaterialien bewegen. Der Dissoziationsprozess ist schematisch in Abbildung 2.2.1 dargestellt.

Die Gesamtwahrscheinlichkeit der Generation freier Ladungsträger ist unter anderem abhängig von der jeweiligen Größe der Domänen der zwei Phasen des Donor-Akzeptor-Gemisches [20]. Die Domänen müssen groß genug sein, damit benachbarte Domänen des gleichen Materials sich berühren und Ladungsträgertransport entlang der Domänen durch eine Schicht gewährleistet ist. Sie müssen aber auch kleiner als die Diffusionslänge der generierten Exzitonen sein, damit diese bis an die Grenzflächen diffundieren können, bevor sie strahlend oder nicht-strahlend rekombinieren [21]. Die Diffusionslänge von Exzitonen in organischen Halbleitern liegt typischerweise im Bereich von wenigen Nanometern [22–24].

Der beschriebene Prozess der Exzitonentrennung an einer Grenzfläche verläuft sehr schnell im Femtosekundenbereich ($< 45\,$fs), wie Messungen an Polymer-Fulleren-Gemischen gezeigt haben [25–28]. Da dieser Prozess viel schneller als die strahlende bzw. nicht-strahlende Rekombination der Exzitonen ist, ist dieser Prozess sehr effizient, was sich an der drastischen Reduktion der Photolumineszenz in Polymeren bei Beimischung eines Fullerens zeigt [29–31]. Die Dissoziation der CT-Zustände erfolgt innerhalb von Pikosekunden [32], wobei weitere detaillierte Untersuchungen insbesondere der Feld-, Dichte- und Temperaturabhängigkeit der Dissoziation der CT-Zustände Gegenstand aktueller Forschung sind. In optimierten Solarzellen basierend auf dem Materialgemisch Poly(3-hexylthiophen-2,5-diyl) (P3HT) und dem Fulleren-Derivat (6,6)-phenyl C-butyric acid methyl ester (PCBM) konnten bereits interne Quanteneffizienzen von nahezu 100% gezeigt werden [33].

Die effektive Exzitonen-Dissoziationwahrscheinlichkeit in organischen Materialien wird gewöhnlich mit der Paarweise-Rekombinations-Theorie (engl. *geminate recombination theory*) beschrieben, die ursprünglich von Onsager [34] entwickelt und später von C. J. Braun [35] sowie T. E. Goliber [36] für die Beschreibung der CT-Dissoziation erweitert wurde. Dabei ergibt sich die Wahrscheinlichkeit der Dissoziation aus den konkurrierenden Raten der Dissoziation k_d, der Relaxation in den Grundzustand k_f und der Rekombination der freien Ladungsträger k_r und ist gegeben durch

$$p(x,T,E) = \frac{k_\mathrm{d}(x,T,E)}{k_\mathrm{d}(x,T,E) + k_\mathrm{f}(x,T,E)}, \tag{2.2.2}$$

mit

$$k_\mathrm{d}(x,T,E) = \frac{3 \cdot k_\mathrm{r}}{4\pi x^3} e^{-\frac{E_\mathrm{b}}{k_\mathrm{B}T}} \cdot \frac{J_1[2\sqrt{2}(-b)^{1/2}]}{\sqrt{2}(-b)^{1/2}}, \tag{2.2.3}$$

der Exzitonenbindungsenergie E_b, der Besselfunktion erster Ordnung J_1, der Rekombinationsrate $k_\mathrm{r} = q|\mu_\mathrm{e} + \mu_\mathrm{h}|/\varepsilon_0\varepsilon_\mathrm{r}$ und mit $b = q^3 E/(8\pi k_\mathrm{B}^2 T^2)$. Aufgrund der räumlichen Unordnung in organischen Materialien ist nicht zu erwarten, dass alle CT-Dissoziationen zu Elektron-Loch-Paaren mit gleichem Abstand führen. Diesem Umstand wird nach Goliber dadurch Rechnung getragen, dass die Dissoziationswahrscheinlichkeit $p(x,T,E)$ in Gleichung

2.2.2 zusätzlich über eine Verteilung von Abständen x der Ladungsträgerpaare integriert wird. Mit der Verteilungsform

$$f(a,x) = \frac{4}{\sqrt{\pi a^3}} x^2 e^{-\frac{x^2}{a^2}} \tag{2.2.4}$$

und der Gesamtwahrscheinlichkeit

$$P(T,E) = \int_0^\infty p(x,T,E) f(a,x) dx, \tag{2.2.5}$$

konnte eine gute Übereinstimmung mit Messungen gezeigt werden [36]. Der Parameter a beschreibt dabei den mittleren Abstand des Elektron-Loch-Paares [24, 37].

Während die gemessene Feldabhängigkeit der Dissoziation eine gute Übereinstimmung mit der starken Feldabhängigkeit nach dem Onsager-Braun-Modell aufweist [16], ist dies bei der vorhergesagten Temperaturabhängigkeit nicht der Fall. Verschiedene Forschungsgruppen konnten zeigen, dass die Quantenausbeute photogenerierter Ladungsträger temperaturunabhängig ist [38, 39], was konträr zu dem erwarteten Anstieg der Dissoziationswahrscheinlichkeit mit ansteigender Temperatur nach dem Onsager-Braun-Modell steht.

2.2.2 Ladungsträgertransport

Wie vorangehend beschrieben, ist die Aufenthaltswahrscheinlichkeit der Ladungsträger entlang der Kohlenstoffketten delokalisiert. Folglich können sich optisch generierte oder von den Elektroden injizierte Ladungsträger entlang der konjugierten Ketten frei bewegen. Die Delokalisierung der Elektronen in den $\pi-$Orbitalen ist dabei auf die effektive Konjugationslänge der Ketten beschränkt, die sich durch Knicke und Drehungen der Ketten sowie durch Verunreinigungen entsprechend verkürzen kann. In konjugierten Molekülen liegt diese dabei in der Größenordnung von einigen Nanometern [40]. Ladungsträgertransport zwischen einzelnen Segmenten einer Polymerkette sowie zwischen benachbarten Molekülen wird im Allgemeinen als ein phononenunterstützter Tunnelprozess verstanden, der sogenannte Hüpf-Transport (engl.

hopping-transport). Der Ladungsträgertransport lässt sich daher auch als ein stochastischer Hüpftransport zwischen benachbarten Zuständen beschreiben. Während Ladungträgerbeweglichkeiten auf dem Rückgrat (engl. *backbone*) einer Kohlenstoffkette von bis zu 600 cm²/Vs bestimmt wurden [41], ist die effektive Beweglichkeit der Ladungsträger in organischen Materialien im Wesentlichen durch den langsameren Hüpftransport dominiert. Für derzeit verwendete aktive Materialien in organischen Solarzellen liegen die effektiven Beweglichkeiten im Bereich von 10^{-8} cm²/Vs bis 10^{-3} cm²/Vs.

Messungen von transienten Photoströmen in Laufzeitmessungen (engl. *time-of-flight* (TOF)) an einer Vielzahl von ungeordneten und kristallinen Materialien zeigen ein nichtlineares Verhalten der Transitzeit in Abhängigkeit des elektrischen Feldes [42–45]. Die aus der Transitzeit bestimmte Beweglichkeit weist dabei vielfach die gleiche Feldabhängigkeit wie die des Poole-Frenkel-Effekts (d.h. $ln(\mu) \sim \sqrt{E}$) auf [46–49], welcher ursprünglich die feldunterstützte thermische Ionisation von Ladungsträgern auf Basis der feldabhängigen Erniedrigung einer Coulomb-Potentialbarriere (engl. *barrier lowering*) beschreibt. Daraus entwickelte sich das sogenannte Poole-Frenkel-Modell, welches die feldabhängige Zunahme der Mobilität beschreibt und standardmäßig für den Ladungsträgertransport in organischen Halbleitern verwendet wird. Die Beweglichkeit ist dabei gegeben durch

$$\mu = \mu_0 \cdot \exp\left(\sqrt{\frac{E}{E_0}}\right), \tag{2.2.6}$$

mit der Nullfeld-Beweglichkeit μ_0 und der Feldkonstante E_0. Um der häufig gemessenen Temperaturabhängigkeit [50–52] zu entsprechen, wurde dieses Modell von verschiedenen Forschungsgruppen um temperaturabhängige Parameter erweitert, wobei diese meist empirisch an die Messergebnisse angepasst worden sind [46, 53].

Ausgehend von einem starken Abweichen der transienten Stromantwort von der idealen Pulsform bei TOF-Messungen an Arsenselenid (As_2Se_3) und der beschriebenen nichtlinearen Feld- sowie Schichtdicken-Abhängigkeit der Transitzeit führten Scher und Montroll im Jahre 1975 das Konzept des dispersiven Ladungsträgertransports ein [42]. In Abbildung 2.2.2 ist der Vergleich

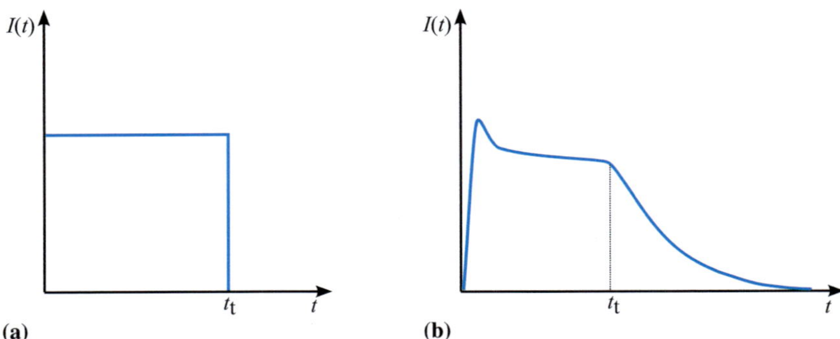

Abb. 2.2.2: Vergleich des Stromverlaufs einer Laufzeitmessung im idealisierten Fall (a) und im Falle von dispersivem Ladungträgertransport (b).

der Pulsform in Laufzeitmessungen bei unipolarem Ladungsträgertransport im idealen Fall (konstante Beweglichkeit aller Ladungsträger) und im Falle von dispersivem Ladungsträgertransport schematisch dargestellt. Scher und Montroll entwickelten ein stochastisches Transportmodell, welches den Ladungsträgertransport als eine Zufallsbewegung (engl. *random walk*) von Ladungsträgern zwischen zufällig verteilten, lokalisierten Zuständen mit einer breiten Verteilung an Hüpfwahrscheinlichkeiten zwischen benachbarten Zuständen beschreibt. Daraus ergibt sich die Zeitabhängigkeit und der dispersive Charakter eines sich fortbewegenden Ladungsträgerpakets.

Da dieses Modell nicht die experimentell gemessene Temperaturabhängigkeit wiedergeben konnte, erklärten erstmals Arkhipov und Rudenko [44, 54] und weitere [55, 56] den dispersiven Ladungsträgertransport im Rahmen des sogenannten *Multiple-Trapping*-Modells. In diesem Modell werden Ladungsträger mit Energien oberhalb einer festgelegten Energie E_0 (engl. *mobility edge*) als frei beweglich angesehen und mit einer einheitlichen Beweglichkeit beschrieben, während die Ladungsträger unterhalb von E_0 in Fallenzuständen[1] (engl. *trap states*) lokalisiert sind. Typischerweise wird die energetische Verteilung der Trapzustände unterhalb von E_0 entweder gaussförmig oder exponentiell abfallend angenommen [44, 57].

---

[1] Im Folgenden wird in dieser Arbeit der fachsprachlich übliche Begriff Traps anstelle von Fallen verwendet.

Das Zeitverhalten und damit der dispersive Charakter des Ladungsträger-transports in transienten Messungen ergibt sich in diesem Modell aus dem noch nicht ausgebildeten thermischen Gleichgewicht zwischen den beweglichen Ladungsträgern oberhalb von E_0 und den unbeweglichen Ladungsträgern in den Trapzuständen. Sich fortbewegende Elektronen e bzw. Löcher h wechselwirken mit freien Trapzuständen im Akzeptor trap_a bzw. Donor trap_d unterhalb der Leitungsbandkante und können diese besetzen (Trapping). Die Reaktionsgleichungen sind gegeben durch

$$e + \text{trap}_a \xrightarrow{\kappa_{trap,e}} e_{trap}$$
$$h + \text{trap}_d \xrightarrow{\kappa_{trap,h}} h_{trap}. \tag{2.2.7}$$

Das thermisch induzierte Verlassen eines Ladungsträgers (Detrapping) aus einem Trapzustand lässt sich durch die Reaktionsgleichung

$$e_{trap} \xrightarrow{\kappa_{detrap,e}} e + \text{trap}_a$$
$$h_{trap} \xrightarrow{\kappa_{detrap,h}} h + \text{trap}_d \tag{2.2.8}$$

darstellen. Die Ratenkoeffizienten für das Trapping $\kappa_{trap,e,h}$ bzw. Detrapping $\kappa_{detrap,e,h}$ werden in Unterabschnitt 3.2.6 diskutiert.

Campbell et al. zeigten, dass temperaturabhängige Messungen der Strom-Spannungs-Kennlinien bei raumladungsbegrenztem Strom (engl. *space charge limited current* (SCLC)) organischer Leuchtdioden aus Poly(phenylene vinylen) (PPV) sich sehr gut mit der Theorie des trap-dominierten Ladungsträgertransports unter der Annahme einer (pseudo-)exponentiellen Trapverteilung beschreiben lassen [58]. Der Stromverlauf zeichnet sich daher durch den sogenannten trap-raumladungsbegrenzten Strom (engl. *trap space charge limited current* (TSCLC)) aus [59]. Es wurde allerdings durch Owen et al. gezeigt, dass bei SCLC Messungen eine gaussförmige und exponentiell abfallende Trapverteilung nahezu ununterscheidbar sind [60]. Das aus den Ergebnissen von Campbell extrahierte Modell der Zustandsverteilung ist in Abbildung 2.2.3 dargestellt. Die zahlreicheren Zustände in der Mitte der gaussförmigen Zustandsverteilung werden durch das Transportband repäsentiert, wäh-

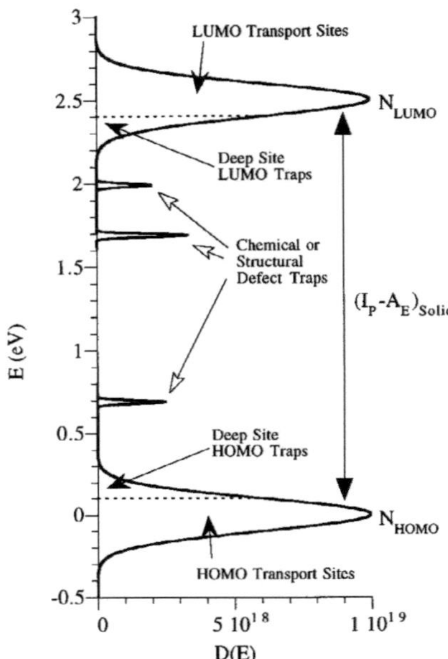

Abb. 2.2.3: Schematische Darstellung der Zustandsverteilung nach Campbell et al. [58].
Die zahlreicheren Zustände in der Mitte der gaussförmigen Zustandsverteilung
werden durch das Transportband repräsentiert, während die tiefer liegenderen
Zustände als kontinuierliche, pseudoexponentiell verteilte Trapzustände wirken.

rend die tiefer liegenderen Zustände als kontinuierliche, pseudoexponentiell
verteilte Trapzustände wirken. Zudem können Defektzustände aufgrund von
chemischen Verunreinigungen oder Strukturdefekte tiefe Trapzustände in der
Energielücke zwischen den HOMO- und LUMO-Zuständen ausbilden. Dieses Modell dient als Grundlage für das in dieser Arbeit verwendete *Multiple-
Trapping*-Modell.

Einen alternativen Ansatz zur Beschreibung des Ladungsträgertransports in
amorphen organischen Halbleitern entwickelte unter anderem H. Bässler. Sein
Modell beschreibt den Transport als eine Hüpfbewegung von Ladungsträgern
zwischen lokalisierten Zuständen, die gaussförmig bezüglich ihrer Energie
um das Transportniveau (LUMO/HOMO) verteilt sind [61, 62]. In Abbildung
2.2.4 ist eine schematische Darstellung des Modells dargestellt. Die Sprungra-

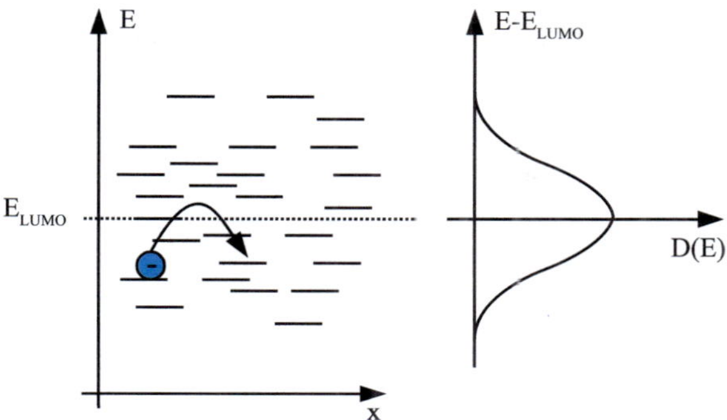

Abb. 2.2.4: Schematische Darstellung des Ladungsträgertransports im Rahmen des *hopping*-Transportmodells von H. Bässler. Der Transport erfolgt über das Hüpfen zwischen gaussförmig um das LUMO- (HOMO-) Energielevel verteilten, lokalisierten Zuständen.

te zwischen zwei Zuständen i und j ist dabei vom Miller-Abraham-Typ und gegeben durch

$$v_{ij} = v_0 \cdot \exp\left(-2\gamma a \frac{\Delta r_{ij}}{a}\right) \cdot \begin{cases} \exp\left(-\frac{\varepsilon_i - \varepsilon_j}{k_B T}\right) & \varepsilon_j \geq \varepsilon_i \\ 1 & \varepsilon_j < \varepsilon_i \end{cases}, \qquad (2.2.9)$$

mit dem Abstand der beiden Zustände Δr_{ij}, dem Wellenfunktionen-Überlappparameter $\Gamma = 2\gamma a$ und der mittleren Gitterkonstante a. Im Falle eines angelegten elektrischen Feldes beinhalten die Energien $\varepsilon_{i,j}$ die elektrostatischen Energieterme. Bässler extrahierte aus simulierten TOF Experimenten das sogenannte *Gaussian-Disorder*-Modell (GDM) [61, 63], einen analytischen Ausdruck für die Beweglichkeit in Materialien mit energetischer Unordnung der Zustände. Diese ist gegeben durch

$$\mu = \mu_0 \cdot \exp\left[-\left(\frac{2}{3}\hat{\sigma}\right)^2\right] \begin{cases} \exp\left[C\left(\hat{\sigma}^2 - \Sigma^2\right)\sqrt{E_{\text{eff}}}\right] & \Sigma \geq 1.5 \\ \exp\left[C\left(\hat{\sigma}^2 - 2.25\right)\sqrt{E_{\text{eff}}}\right] & \Sigma < 1.5 \end{cases}, \qquad (2.2.10)$$

mit $\hat{\sigma} = \sigma/(k_B T)$, der Breite der Gaussverteilung σ, dem effektiven Feld $E_{\text{eff}} = \frac{eE\Delta x_{ij}}{2k_B T}$, der Konstante $C = 2.9 \cdot 10^{-4}\,\sqrt{\text{V/cm}}$, dem Abstand x_{ij} zweier

Transportzustände und der räumlichen Unordnung Σ (engl. *off-diagonal disorder*).

Während das GDM Abweichungen von dem über große Feldstärkebereiche gemessenen Poole-Frenkel-Verhalten aufweist, zeigten Gartstein und Conwell eine Verbesserung unter Berücksichtigung einer räumlichen Korrelation der energetisch ungeordneten Zustände [64]. Novikov leitete unter Berücksichtigung der räumlichen Korrelation der Zustände aus 3D-Simulationen das *Correlated-Disorder*-Modell (CDM) ab [65], welches gegeben ist durch

$$\mu = \mu_\infty \cdot \exp\left[-\left(\frac{3\sigma}{5k_BT}\right)^2 + 0.78 \cdot \sqrt{\frac{eaE}{\sigma}} \cdot \left(\left(\frac{\sigma}{k_BT}\right)^{3/2} - \Gamma\right)\right]. \quad (2.2.11)$$

Darin beschreiben σ und Γ die energetischen und räumlichen Unordnungsparameter, a den Abstandsparameter und μ_∞ die Beweglichkeit bei der Feldstärke Null und unendlicher Temperatur.

Obwohl alle vorgestellten Transportmodelle (Scher-Montroll-Modell, *Gaussian-Disorder*-Modell, *Multiple-Trapping*-Modell) den dispersiven Charakter des Ladungsträgertransports aufgrund der energetischen Unordnung der Zustände beschreiben, besteht zwischen ihnen dennoch ein fundamentaler Unterschied: Dieser lässt sich anhand eines gaussförmigen Ladungsträgerpakets verdeutlichen, welches sich zum Zeitpunkt $t = t_0$ am Ort x_0 befindet und in einem elektrischen Feld in positiver x-Richtung driftet. Wie in Abbildung 2.2.5 skizziert, propagiert im Rahmen des *Gaussian-Disorder*-Modells ein Ladungsträgerpaket insgesamt mit einer mittleren Geschwindigkeit. Aufgrund der energetischen und räumlichen Unordnung und der damit verbundenen differierenden Hüpfwahrscheinlichkeiten der Ladungsträger läuft das Ladungsträgerpaket auseinander, es wird also mit der Zeit zunehmend breiter. Im Gegensatz dazu bleibt im Scher-Montroll-Modell ebenso wie im *Multiple-Trapping*-Modell das Ladungsträgermaximum mit voranschreitender Zeit an der Ausgangsstelle stehen, während sich aber gleichzeitig das Ladungsträgerpaket im Mittel in positiver x-Richtung bewegt. Der beschriebene zeitliche Verlauf ist in Abbildung 2.2.6 dargestellt.

Entsprechend ist nach den unterschiedlichen Theorien ein unterschiedliches

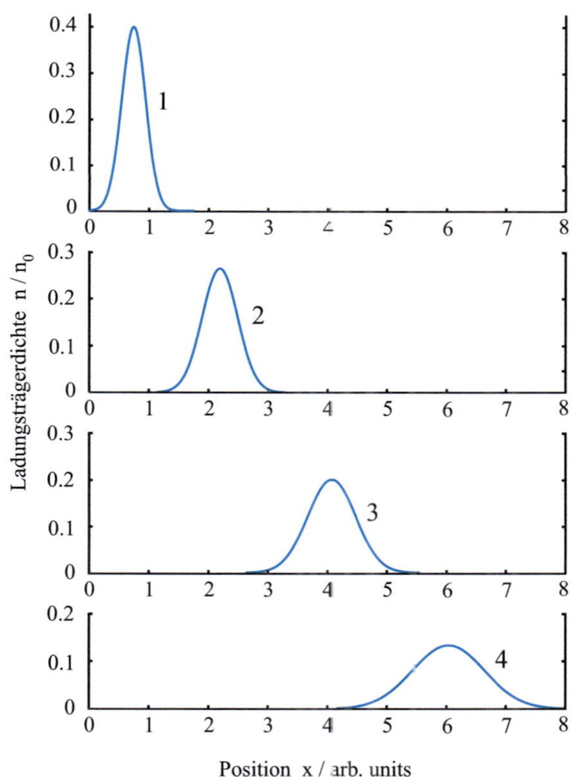

Abb. 2.2.5: Zeitlicher Verlauf eines Ladungsträgerpakets im Rahmen des *Hopping*-Modells, welches dem *Gaussian-Disorder*-Modell zu Grunde liegt. Charakteristisch für den dispersiven Transport ist hierbei das Auseinanderlaufen des gaussförmigen Ladungträgerpakets.

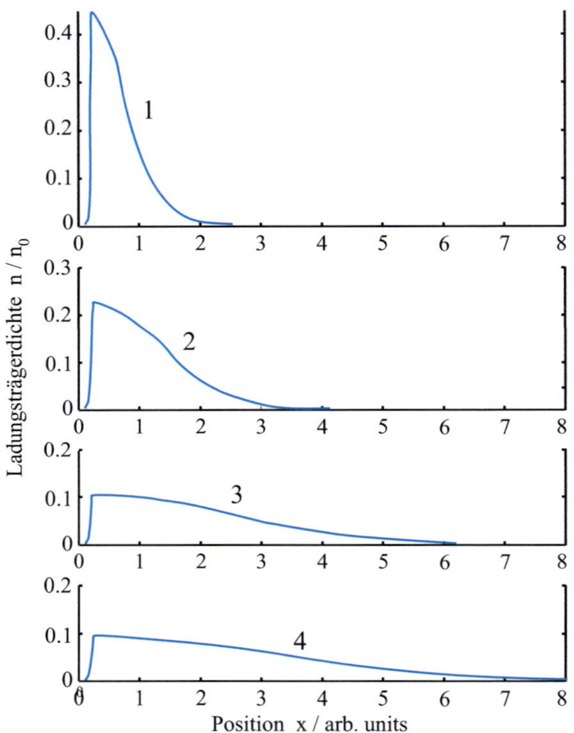

Abb. 2.2.6: Zeitlicher Verlauf eines Ladungsträgerpakets im Rahmen des Scher-Montroll-
bzw. des *Multiple-Trapping*-Modells. Das Maximum des Ladungsträgerpakets
bleibt dabei räumlich lokalisiert [42].

Laufzeitverhalten zu erwarten. Aus dem Scher-Montroll-Modell ergibt sich
ein Stromverlauf, der sich vor bzw. nach einem charakteristischem Zeitpunkt
$t = t_{\text{transit}}$ folgendermaßen beschreiben lässt:

$$j(t) \sim t^{(-1+\alpha)} \quad \text{für} \quad t < t_{\text{transit}}$$
$$j(t) \sim t^{(-1-\alpha)} \quad \text{für} \quad t > t_{\text{transit}} \tag{2.2.12}$$

Hierbei gilt $0 < \alpha < 1$. Ein gleiches Stromverhalten erwartet man auch
im Rahmen des *Multiple-Trapping*-Modells, jedoch nur unter der Annahme

einer exponentiellen Verteilung der Trapzustände [44]. Im Falle einer gaussförmigen Trapverteilung erwartet man einen davon abweichenden Stromverlauf [44]. Der wesentliche Unterschied der beiden Transportmodelle ergibt sich aus dem unterschiedlichen Modellierungsansatz. Während sich im Scher-Montroll-Modell der dispersive Charakter des Ladungsträgertransports im Wesentlichen aus der Verteilungsfunktion der Hüpfwahrscheinlichkeit (engl. *hopping-time distribution function*) ergibt, ist im *Multiple-Trapping*-Modell die energetische Verteilung der Trapzustände im Zusammenspiel mit den Trapping- und Detrappingraten für den charakteristischen zeitlichen Verlauf des Ladungsträgertransports verantwortlich. Dies führt auch zu einem sehr unterschiedlichen Temperaturverhalten der beiden Modelle. Im *Multiple-Trapping*-Modell ist der Wert α in Gleichung 2.2.12 aufgrund des Boltzmann-Faktors in der Detrappingrate implizit temperaturabhängig, wohingegen im Gegensatz dazu im originalen Scher-Montroll-Modell α temperaturunabhängig ist. Es sei jedoch angemerkt, dass im Rahmen einer phänomenologischen Erweiterung des Scher-Montroll-Modells um eine feld- und temperaturabhängige Hüpfwahrscheinlichkeit zwischen benachbarten Zuständen ebenfalls eine Temperaturabhängigkeit von α gezeigt werden konnte [66].

Im Rahmen des GDM erwartet man ebenfalls ein von Gleichung 2.2.12 abweichendes Verhalten. Experimentell finden sich Beispiele sowohl für den Stromverlauf nach Gleichung 2.2.12 [42], als auch Beispiele, die sich im Rahmen des GDM beschreiben lassen [61].

2.2.3 Verlustprozesse

In organischen Solarzellen und Photodioden treten diverse Verlustprozesse auf, die die maximale Quantenausbeute und damit die Effizienz reduzieren. Neben der Volumenrekombination freier Ladungsträger in der aktiven Schicht können je nach Bauteilkonfiguration weitere Verluste an den Grenzflächen zwischen dem aktiven Material und den Elektroden auftreten. Des Weiteren treten zusätzliche Verluste bei der Ladungsträgergeneration auf, die sich auf

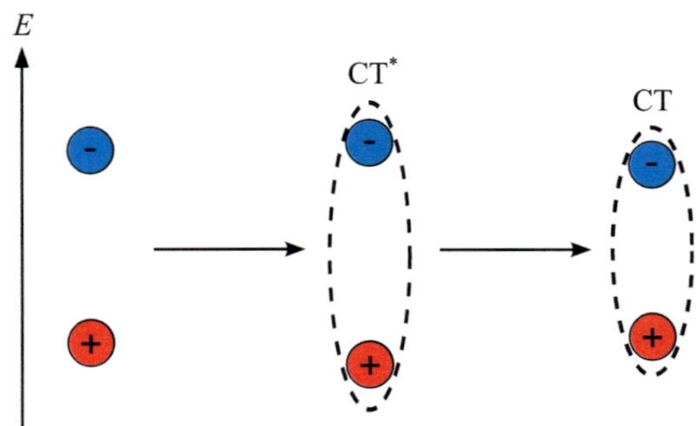

Abb. 2.2.7: Schematische Darstellung der bimolekularen Langevin-Rekombination.

die exzitonische Eigenschaft organischer Materialien zurückführen lassen [67].

Langevin-Rekombination

In ungeordneten Materialien, in denen die mittlere Hüpfdistanz der Ladungsträger kleiner als der Coulombradius $r_\text{c} = e^2/(4\pi\varepsilon_0\varepsilon_\text{r}k_\text{B}T)$ ist, lässt sich die bimolekulare Rekombination zweier entgegengesetzt geladener Ladungsträger mittels der Langevin-Rekombination [68, 69]

$$R_\text{Langevin} = \gamma \cdot n_\text{e}n_\text{h} \tag{2.2.13}$$

beschreiben. Der Rekombinationskoeffizient γ ist der Langevin-Theorie nach diffusionslimitiert und damit proportional zur Summe der Beweglichkeiten der Ladungsträger

$$\gamma = \frac{e(\mu_\text{e} + \mu_\text{h})}{\varepsilon_0\varepsilon_\text{r}}. \tag{2.2.14}$$

Aufgrund der exzitonischen Eigenschaft organischer Halbleiter rekombinieren zwei gegensätzlich geladene Ladungsträger nicht sofort in den Grundzustand [70, 71], sondern rekombinieren in einem Donor-Akzeptor-Gemisch an einer Grenzfläche zu einem angeregten *charge-transfer*-Zustand CT* nach der Form

$$e + h \rightarrow CT^* \rightarrow CT. \tag{2.2.15}$$

Der angeregte CT*-Zustand relaxiert anschließend sehr schnell in den energetisch günstigsten CT-Zustand.

Während für reine organische Materialien ein Langevin-Rekombinationsverhalten gezeigt wurde [72–74], erwartet man ein davon abweichendes Verhalten in einem Donor-Akzeptor-Mischsystem [70]. Aufgrund der Phasenseparation und dem damit räumlich getrennten Ladungsträgertransport der gegensätzlich geladenen Ladungsträger ist der effektive Wirkungsquerschnitt reduziert, da nur an Phasengrenzen Rekombination stattfinden kann. Dies wurde mit Hilfe verschiedener Messmethoden wie der TOF-, der CELIV- (engl. *charge extraction by linearly increasing voltage*) Methode sowie der Doppel-Injektionsstrom-Methode (engl. *double-injection current transient*) an Polymer-Fulleren-Mischsystemen experimentell bestätigt. Dabei wurde ein um bis zu vier Größenordnungen reduzierter Rekombinationskoeffizient γ im Vergleich zum theoretischen Langevin-Rekombinationskoeffizienten gemessen [75, 76].

Oberflächenrekombination

Oberflächenrekombination beschreibt die Rekombination von Ladungsträgern an der Grenzfläche zwischen der aktiven Schicht und den Elektroden, wie schematisch in Abbildung 2.2.8a dargestellt ist. Die Reaktionsgleichung für diesen Prozess ist gegeben durch

$$e + h \rightarrow S_0. \tag{2.2.16}$$

Ein metallischer Elektrodenkontakt ist nicht semipermeabel, es können sowohl positive als auch negative Ladungsträger extrahiert werden. Ladungsträger aus der aktiven Schicht treffen an einem metallischen Kontakt auf eine Vielzahl freier Ladungsträger entgegengesetzter Polarität und gleicher Energie, mit denen sie rekombinieren können. Werden an einer Kontaktseite aufgrund von entgegenwirkender Drift bzw. Diffusion Ladungsträger gegensätzlicher Polarität gleichzeitig extrahiert, so bezeichnet man dies als Oberflächenrekombination. In organischen Solarzellen hat die Oberflächenrekombination einen ganz wesentlichen Einfluss in Spannungsbereichen, in denen sich Drift-

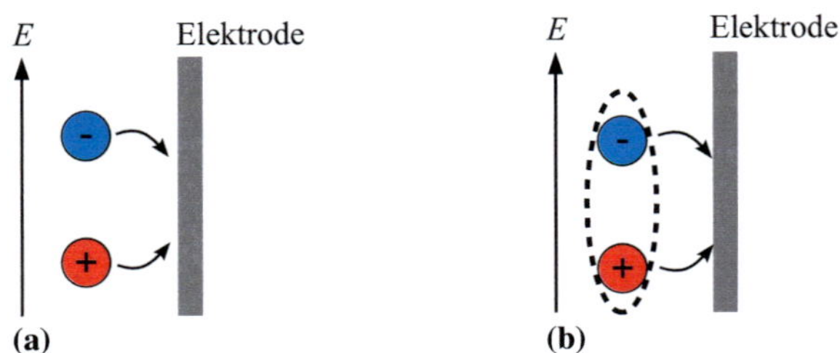

Abb. 2.2.8: Schematische Darstellung der Oberflächenrekombination von freien
Ladungsträgern (a), sowie von gebundenen Elektron-Loch-Paaren (b) an der
Grenzfläche zwischen der aktiven Schicht und einer metallischen Elektrode
(Exzitonen-Quenching).

und Diffusionskraft teilweise kompensieren. Entsprechend groß ist daher auch
der Einfluss der Oberflächenrekombination auf den Füllfaktor einer Strom-
Spannungs-Kennlinie [77].

Die Oberflächenrekombination lässt sich mittels geeigneter Puffer-
Halbleiterschichten reduzieren. Die Bandstruktur einer solchen Schicht ist
dabei idealerweise so aufgebaut, dass für Ladungsträger einer Polarität eine
Energiebarriere besteht, während Ladungsträger der anderen Sorte barrierefrei
extrahiert werden und somit die Wahrscheinlichkeit der Rekombination an der
Elektrode stark reduziert wird.

Exzitonen-Quenching

Photogenerierte Exzitonen können an den Grenzflächen zu den Elektroden
nicht-strahlend nach der Form

$$S_1 \xrightarrow{\kappa_Q(x)} S_0 \tag{2.2.17}$$

rekombinieren (engl. *quenching*), wie schematisch in Abbildung 2.2.8b dargestellt ist. Ursache dafür ist der irreversible Energietransfer des angeregten Moleküls auf das Metall aufgrund von langreichweitigen Dipol-Dipol-
Wechselwirkungen [78, 79]. Schichtdickenabhängige Lichtemissionsmessun-
gen an Alq_3 liefern sowohl quantitativ als auch qualitativ eine gute Überein-

stimmung mit den theoretischen Vorhersagen [80]. Exzitonen, die im Abstand ihrer Diffusionslänge von den Elektroden generiert werden, können zu den Elektroden-Oberflächen diffundieren und dort rekombinieren. Entsprechend kann sich der Anteil der photogenerierten freien Ladungsträger reduzieren und somit auch die Effizienz der Solarzelle bzw. der Photodiode. Die Wahrscheinlichkeit des Quenchings sinkt dabei mit dem Abstand x des Ortes der Generation von der Elektrode.

Exzitonen-/CT-Rekombination

Der Verlust von generierten Exzitonen bzw. CT-Zuständen aufgrund von Rekombination ist in organischen *bulk-heterojunktion*-Solarzellen und Photodioden eng mit der Generation freier Ladungsträger verknüpft. Wie in Unterabschnitt 2.2.1 beschrieben, hat die Morphologie des Materialgemisches, die Phasengröße der einzelnen Domänen sowie das elektrische Feld wesentlichen Einfluss auf die Generationswahrscheinlichkeit freier Ladungsträger, welche der Rekombination der gebundenen Zustände entgegenwirkt. Dabei können verschiedene Rekombinationsprozesse auftreten, wobei hier nur die für die Solarzellen bzw. Photodioden relevanten Prozesse diskutiert werden sollen.

Angeregte Singulett-Exzitonen S_1 können in den Grundzustand S_0 unter Aussendung eines Photons relaxieren (**Photolumineszenz**). Die typische Zerfallszeit der strahlenden Rekombination liegt dabei in der Größenordnung von 1 ns. Diffundieren Exzitonen innerhalb ihrer Lebensdauer an eine Grenzfläche zwischen Donor und Akzeptor, so ist die Exzitonen-Dissoziation aufgrund des ultraschnellen Prozesses der Dissoziation (< 45 fs) viel wahrscheinlicher als eine strahlende Rekombination. Letzteres ist daher in geeigneten Donor-/Akzeptor-Systemen vernachlässigbar.

Analog zu dem beschriebenen Prozess kann auch ein angeregter CT-Zustand unter Aussendung eines Photons in den Grundzustand übergehen. Dieser Prozess wird als **paarweise Rekombination** (engl. *geminate* recombination) in der Literatur beschrieben [35, 36]. Die paarweise Rekombination ist ein monomolekularer Annihilationsprozess, da die jeweiligen Ladungsträger des gebundenen Elektron-Loch-Paars miteinander rekombinieren, nicht jedoch das Elektron des einen CTs mit dem Loch eines benachbarten CTs.

Neben der paarweisen Rekombination können auch bimolekulare Annihilationsprozesse der gebundenen Zustände auftreten. Bimolekulare Annihilation beschreibt den Prozess der Rekombination zweier Teilchen. Die Rekombinationsrate ist dabei proportional zu dem Produkt beider Teilchendichten und wird folglich vor allem bei hohen Teilchendichten sehr groß. Die **Singulett-Singulett-Annihilation (SSA)** beschreibt die Kollision zweier Exzitonen. Dabei wird die Energie des ersten Exzitons auf die des zweiten transferiert und dieses wird in einen energetisch höher liegenden Triplett- oder Singulett-Zustand angeregt, welcher sofort wieder in den ersten angeregten Triplett- (T_1) oder Singulett-Zustand (S_1) relaxiert [81]. Das erste Exziton geht dabei in den Grundzustand S_0 über. Nach der Spinstatistik werden dabei dreimal mehr Triplett- als Singulett-Exzitonen erzeugt. Die Reaktionsgleichung lässt sich folgendermaßen beschreiben:

$$S_1 + S_1 \xrightarrow{(1-\xi)\times\kappa_{SSA}} T_1 + S_0 \qquad (2.2.18)$$

$$S_1 + S_1 \xrightarrow{\xi\times\kappa_{SSA}} S_1 + S_0 \qquad (2.2.19)$$

Dabei ist $\xi = 0.25$ [82] und κ_{SSA} der Ratenkoeffizient der SSA.

Entsprechend dem gleichen Wechselwirkungsprinzip lässt sich auch eine **bimolekulare Annihilation der CT-Komplexe** erwarten, zumal das Interaktionsvolumen der CT-Komplexe aufgrund der räumlich lokalisierten Bildung der CTs an den Phasengrenzen zwischen Donor- und Akzeptor-Material drastisch reduziert ist. Analog zu der SSA lässt sich der Prozess der bimolekularen CT-Rekombination darstellen durch

$$CT_1 + CT_1 \xrightarrow{(1-\xi)\times\kappa_{CTCTA}} CT_1^T + CT_0^S \qquad (2.2.20)$$

$$CT_1 + CT_1 \xrightarrow{\xi\times\kappa_{CTCTA}} CT_1^S + CT_0^S, \qquad (2.2.21)$$

wobei CT_1^T ein Triplett-CT und CT_1^S ein Singulett-CT im ersten angeregten

Zustand und entsprechend CT_0^T ein Triplett-CT und CT_0^S ein Singulett-CT im Grundzustand beschreiben. In der Literatur findet man bisher lediglich Konzepte der oben beschriebenen **paarweisen Rekombination** der CT-Zustände in photovoltaischen Bauteilen. Einige Forschungsgruppen konnten allerdings nichtlineare Effekte bei hohen Laserintensitäten messen [75, 83, 84], die auf einen bimolekularen Verlustkanal hindeuten. Pivrikas et al. [73] führen die gemessenen Nichtlinearitäten auf einen quadratischen Verlustprozess im Ladungsträger-Generationsprozess zurück, deren genaue Ursache noch nicht vollständig verstanden ist. Experimentell konnte bisher noch nicht geklärt werden, ob derartige quadratische Effekte auf eine Singulett-Singulett-Annihilation, eine Polaronen-Exzitonen-Annihilation oder aber auf eine mögliche CT-CT-Annihilation zurückzuführen sind.

2.2.4 Ladungsträgerinjektion-/Extraktion

Für eine möglichst verlustfreie Extraktion der in der aktiven Schicht photogenerierten Ladungsträger in organischen Solarzellen und Photodioden müssen geeignete Elektroden gewählt werden. Das Elektrodenmaterial sollte eine sehr gute Leitfähigkeit aufweisen, je nach Anordnung (dem einfallenden Licht zugewandter Seite oder nicht) transparent bzw. reflektierend sein und die Austrittsarbeit sollte energetisch so liegen, dass eine möglichst verlustfreie Extraktion der Ladungsträger aus dem jeweiligen Transportband (HOMO/LUMO-Niveau) gewährleistet ist. Typische verwendete Elektrodenmaterialien sind transparente, leitfähige Oxide (engl. *transparent conductive oxides*, (TCO)), dotierte organische oder anorganische Materialien sowie Metalle.

Der charakteristische Verlauf der J-U-Kennlinie in Vorwärtsrichtung ist sehr wesentlich von dem Injektionsverhalten der Ladungsträger an der Metall-Halbleiter Grenzfläche sowie dem Ladungsträgertransport bestimmt. Dabei lässt sich das Stromverhalten prinzipiell in zwei Kategorien unterteilen, den injektionsbegrenzten Strom (engl. *injection limited current* (ILC)) und den transportbegrenzten Strom (engl. *transport limited current* (TLC)). ILC beschreibt die Begrenzung des Stroms im Bauteil aufgrund einer Energiebarriere zwischen Elektrode und Halbleiter, die den maximal injizierbaren Strom limitiert.

Ist die Injektionsrate größer als die Transportrate der Ladungsträger im Halbleiter, so wird der Strom durch die Transportrate limitiert und man spricht von transportlimitiertem Strom. In Mehrschichtbauteilen kann der Stromtransport zusätzlich durch behinderten Ladungsträgertransfer an internen Grenzflächen zweier verschiedener Materialien begrenzt sein.

Zur Beschreibung barrierebehinderter Ladungsträgerinjektion in Halbleitern wird zwischen zwei grundlegenden physikalischen Modellen unterschieden, dem Richardson-Schottky-thermionischen Emissionsmodell (RS) sowie dem Fowler-Nordheim-Tunneln-Modell (FN). Scott und Malliaras [85, 86] entwickelten auf der Grundlage des thermionischen Emissionsmodells ein erweitertes Modell, welches für die Beschreibung der Injektion in ungeordneten Halbleitern mit dominierendem *hopping*-Transport geeignet ist.

Fowler-Nordheim-Tunneln

Das FN-Modell beschreibt die Injektion eines Ladungsträgers aus einem Metall in ein Kontinuum ungebundener Zustände als einen quantenmechanischen Tunnelprozess durch eine dreieckförmige Barriere unter dem Einfluss eines elektrischen Feldes und unter Vernachlässigung der Spiegelladung. Der Tunnelstrom ist temperaturunabhängig und gegeben durch

$$J_{\text{FN}} = \frac{Ae^2F^2}{\Phi_{\text{B}}C^2k_{\text{B}}^2} \exp\left(-\frac{2C\Phi_{\text{B}}^{3/2}}{3eE}\right), \tag{2.2.22}$$

mit der Injektionsbarriere Φ_{B}, den Konstanten

$$A = 4\pi em^*k_{\text{B}}^2h^{-3} \tag{2.2.23}$$

und

$$C = \frac{4\pi\sqrt{2m^*}}{h}, \tag{2.2.24}$$

sowie der effektiven Masse m^*. Der Tunnelprozess eines Elektrons unter dem Einfluss eines elektrischen Feldes ist schematisch in Abbildung 2.2.9 dargestellt. Aufgrund der Temperaturunabhängigkeit des Injektionsstroms erwartet

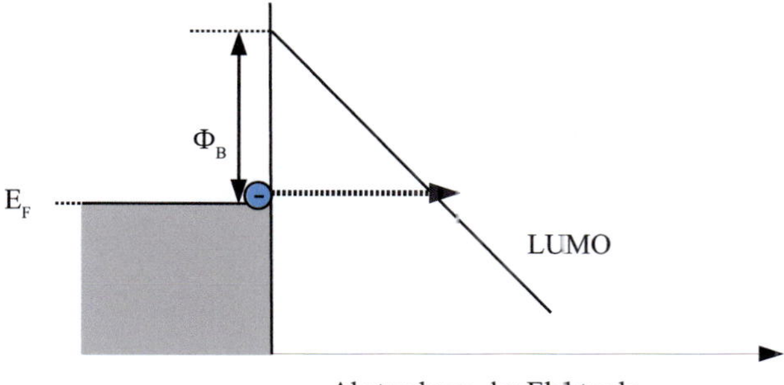

Abb. 2.2.9: Ladungträgerinjektion aus einem Metall in einen Halbleiter basierend auf dem quantenmechanischen Tunneln von Ladungsträgern unter dem Einfluss eines elektrischen Feldes (Fowler-Nordheim-Tunneln).

man einen signifikanten Beitrag des FN-Tunnelns bei sehr kleinen Temperaturen sowie aufgrund der großen Feldabhängigkeit bei hohen elektrischen Feldstärken [87].

Das FN-Tunneln setzt voraus, dass sich die Ladungsträger im Leitungsband des Halbleitermaterials frei bewegen können. Organische Halbleiter weisen aber vielmehr eine breite Verteilung an HOMO/LUMO-Transport-Zuständen auf. Diese können auch innerhalb der dreieckförmigen Potentialbarriere liegen und folglich zu einer zufällig verteilten effektiven Potentialbarriere für die injizierten Ladungsträger führen [88]. Da dies im Rahmen dieses Modells unberücksichtigt bleibt, ist die Anwendung von Gleichung 2.2.22 für die Beschreibung der Injektion in organische Halbleiter fraglich. Es sei jedoch angemerkt, dass bereits ein Injektionsverhalten nach Gleichung 2.2.22 bei temperaturabhängigen Messungen an organischen Polymeren gezeigt wurde [89]. Aus dem qualitativen Vergleich konnte dabei die Injektionsbarriere an der Elektrodengrenzfläche bestimmt werden.

Thermionische Emission

Dem Modell der thermionischen Emission liegt die Annahme zu Grunde, dass ein Elektron aus einem Metall in einen Halbleiter injiziert werden kann, wenn die thermische Energie ausreicht, um das Potentialmaximum zu überwinden.

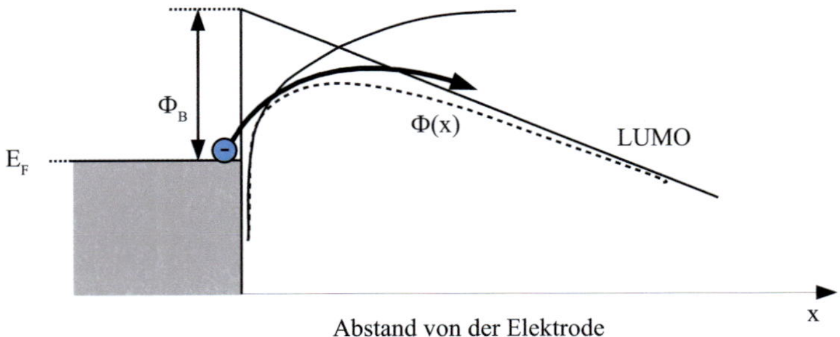

Abb. 2.2.10: Ladungträgerinjektion aus einem Metall in einen Halbleiter nach dem Modell der thermionischen Emission.

Dieses ergibt sich aus dem Zusammenspiel der Potentialbarriere des externen Potentials sowie des Spiegelladungspotentials [90]. Injektionsbeiträge durch Tunneln bleiben hierbei ebenso unberücksichtigt wie inelastische Streuung heißer Ladungsträger beim Überqueren des Potentialmaximums. Der Injektionsstrom ist gegeben durch

$$J_{\mathrm{TE}} = AT^2 \exp\left(-\frac{\Phi_\mathrm{B} - b\sqrt{E}}{k_\mathrm{B}T}\right), \qquad (2.2.25)$$

mit

$$b = \sqrt{e^3/4\pi\varepsilon\varepsilon_0} \qquad (2.2.26)$$

und der effektiven Richardson Konstante A aus Gleichung 2.2.23. In Abbildung 2.2.10 ist der Injektionsprozess schematisch dargestellt. Auch das Modell der thermionischen Emission beruht auf der Annahme der Injektion in einen Halbleiter mit fester Bandkante, wovon in organischen Materialien nicht ausgegangen werden kann. Zusätzlich häufen sich in Halbleitern mit geringen Mobilitäten (engl. *low mobility semiconductors*) Ladungsträger an den Grenzflächen an, die zu einem Rückfluss an Ladungsträgern führen [91].

Beide vorangehend beschriebenen Modelle der thermionischen Emission sowie des Fowler-Nordheim-Tunnelns wurden für die Injektion in kristalline, ideale Halbleitermaterialien hergeleitet. Beide vorgestellten Modelle berücksichtigen nicht die energetische Unordnung der Transportzustände in ungeordneten Materialien und den damit verbundenen Ladungsträgertransport über lokalisierte Zustände (*hopping*-Transport). Emtage and O'Dwyer [92], Abkowitz et al. [93] sowie Gartstein und Conwell [94] berücksichtigten diesen Umstand und entwickelten auf der Basis der thermionischen Emission erweiterte Modelle zur Beschreibung der Injektion in amorphe Halbleiter.

Das für Simulationen von organischen Leuchtdioden (OLED) derzeit am weitesten verbreitete Modell wurde von Scott und Malliaras [86, 95] entwickelt. Ihr Ansatz basiert auf dem Modell der thermionischen Emission sowie der Prämisse, dass sich die Oberflächenrekombination von injizierten Ladungsträgern mit Spiegelladungen auf der Metalloberfläche als ein feldunterstützter Diffusionsprozess beschreiben lässt, in Analogie zu der bimolekularen Langevin-Rekombination. Ihr Modell wurde für die Injektion in OLEDs entwickelt und ist daher nur für positive Feldstärken definiert und ist zudem nach dem Prinzip des detaillierten Gleichgewichts (engl. *detailed balance*) bei verschwindender elektrischer Feldstärke auf $j_{inj}(E = 0) = 0$ normiert. Wie in Abschnitt 2.3 näher erläutert wird, liegt in organischen Solarzellen aufgrund der asymmetrisch gewählten Austrittsarbeiten beider Elektroden bereits bei offener Klemmenspannung eine von Null abweichende, negative Feldstärke im Bauteil vor. Dieser Umstand erfordert daher auch eine Injektion bei negativen Feldern. Barker löste diese Transferarbeit, in dem er, basierend auf einem Zwischenergebnis von Scott und Malliaras, das Injektionsmodell für negative Feldwerte erweiterte [96].

Scott-Malliaras-Injektionsmodell

Der Gesamtstrom setzt sich aus einem thermionischen Injektionsstrom $J_{inj}=C\cdot\exp\left(-\Phi_B/k_B T\right)$ sowie einem driftbasierenden Rekombinationsterm $J_{rek} = n_0 e\mu E(E_{ext})$ nach der Form

$$J_{ges}(E_{ext}) = J_{inj}(E_{ext}) + J_{rek}(E_{ext}) \tag{2.2.27}$$

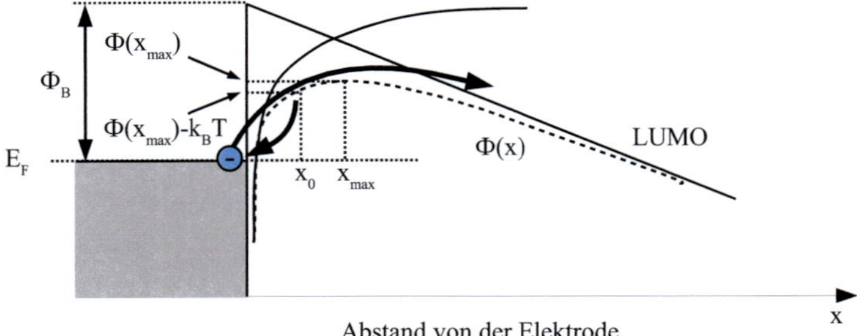

Abb. 2.2.11: Ladungträgerinjektion aus einem Metall in einen Halbleiter nach dem Scott-Malliaras-Injektionsmodell. Ladungsträger mit der Energie $\Phi_{\text{max}} - k_B\,T$ rekombinieren mit der Spiegelladung, was zu einem Rückfluss an injizierten Ladungsträgern führt.

zusammen. Unter dem Einfluss eines externen Feldes E_{ext}, der Spiegelladung sowie der Potentialbarriere Φ_B ist das Potential im Halbleiter mit dem Abstand x vom Metall gegeben durch

$$\Phi(x) = \Phi_B - eE_{\text{ext}}x - \frac{e^2}{16\pi\varepsilon_0\varepsilon_r x}. \tag{2.2.28}$$

Der Ansatz des Modells beruht auf der Annahme, dass Ladungsträger mit der Energie Φ_{max} injiziert werden, wohingegen Ladungsträger mit der Energie $\Phi_{\text{max}} - k_B\,T$ rekombinieren. Dies führt zu einem Rückfluss an injizierten Ladungsträgern, wie schematisch in Abbildung 2.2.11 dargestellt ist. Bei dem externen Feld $E_{\text{ext}} = 0$ ist der Ort $x_0(E_{\text{ext}} = 0)$, an dem das Potential $\Phi = \Phi_{\text{max}} - k_B\,T$ ist, gegeben durch

$$x_0(E_{\text{ext}} = 0) = \frac{r_{\text{c}}}{4} = x_{\text{c}}, \tag{2.2.29}$$

mit dem Coulombradius r_{c}. Der Rekombinationsstrom ergibt sich daher zu

$$J_{\text{rek}}(x = x_c) = n_0 e\mu E(x_c) = -\frac{n_0\mu k_B T}{x_{\text{c}}}. \tag{2.2.30}$$

Unter der Bedingung $J_{\text{ges}}(E_{\text{ext}} = 0) = 0$ berechnet sich der Gesamtstrom bei $E_{\text{ext}} = 0$ zu

$$J(E_{\text{ext}} = 0) = AT^2 \exp\left(-\frac{\Phi_{\text{B}}}{k_{\text{B}}T}\right) - n_0 e S(0) \qquad (2.2.31)$$

mit der Richardson Konstante $A = 16\pi\varepsilon_0\varepsilon_{\text{r}}k_{\text{B}}^2\mu N_0/e^2$, $S(0) = S(E_{\text{ext}} = 0) = \mu k_{\text{B}}T/(x_{\text{c}}e)$ und $n_0 = N_0 exp\left(-\phi_{\text{B}}/(k_{\text{B}}T)\right)$. N_0 beschreibt dabei die freie Zustandsdichte im Halbleiter. Die Feldabhängigkeit der Injektion ergibt sich aus der Reduktion der Potentialbarriere nach dem Schottky-Effekt. Setzt man $\Phi_{\text{max}}\,(E_{\text{ext}})$ für die Barriere des Injektionsstroms J_{inj} ein sowie $E(x_0(E_{\text{ext}}))$ für den Rekombinationsstrom J_{rek}, so ist der Gesamtstrom für $E \geq 0$ gegeben durch

$$J_{\text{ges}} = AT^2 \exp\left(-\frac{\Phi_{\text{B}}}{k_{\text{B}}T} + \sqrt{f}\right) - n_0 e \frac{S(0)}{4} \cdot \left(f - \frac{1}{\Psi^2(f)}\right), \qquad (2.2.32)$$

mit dem reduzierten Feld

$$f = \frac{eEr_{\text{C}}}{k_{\text{B}}T} \qquad (2.2.33)$$

und

$$\Psi(f) = f^{-1} + f^{-0.5} - f^{-1}\left(1 + 2f^{0.5}\right)^{0.5}. \qquad (2.2.34)$$

Erweiterung nach Barker

Wie einleitend erläutert, erweiterte Barker et al. [96] das Scott-Malliaras-Injektionsmodell für negative Feldwerte. Unter dem Einfluss eines negativen Feldes erhöht sich die Barriere für die Injektion um den Betrag $e|E_{\text{ext}}|x_{\text{c}}$, während der Rekombinationsterm entsprechend seinem Wert bei elektrischer Feldstärke $E_{\text{ext}} = 0$ konstant bleibt. Entsprechend ist der Strom bei negativen Feldern $(E < 0)$ gegeben durch

$$J_{\text{ges}} = AT^2 \exp\left(-\frac{\Phi_{\text{B}} - eE_{\text{ext}}x_{\text{c}}}{k_{\text{B}}T}\right) - n_0 e S(0). \qquad (2.2.35)$$

Der Parameter n_0 ist nach Barker als die Ladungsträgerdichte in der organischen Schicht direkt am Elektrodenkontakt definiert. Im Gegensatz zum Scott-Malliaras-Injektionsmodell ist der Gesamtstrom somit bei verschwindender elektrischer Feldstärke nicht Null, sondern es ergibt sich ein Netto-Injektionsstrom auch noch bei moderaten negativen Feldstärken.

Transportlimitierter Strom

Liegt ein nahezu barrierefreies Injektionsverhalten vor, so ist der Strom durch den Transport der Ladungsträger in der aktiven Schicht bestimmt. Der Idealfall eines perfekten Kontakts ist ein ohmscher Kontakt. Dies impliziert ein thermodynamisches Gleichgewicht zwischen Halbleiter und Elektrode und führt zu einem linearen Strom-Spannungsverhalten nach der Form

$$J_{\mathrm{Ohm}} = en\mu\frac{U}{d}, \qquad (2.2.36)$$

mit der Schichtdicke d der aktiven Schicht. Voraussetzung für einen ohmschen Kontakt ist, dass das Leitungsband des Halbleitermaterials energetisch auf gleichem Niveau wie das Energieniveau des Metalls liegt und somit eine barrierefreie Injektion von Ladungsträgern gewährleistet ist. Bei kleinen Energiebarrieren zwischen Metall und Halbleiterniveau ($\sim$ 0.1 eV- 0.2 eV) gleichen sich die Energieniveaus an, da Oberflächenzustände zu lokalen Bandverbiegungen an der Metall-Halbleiter-Grenzfläche führen [97, 98]. Dabei wird das Fermi-Niveau des Metalls auf das entsprechende Energieniveau des Halbleiters gepinnt (engl. *Fermilevel-pinning*). Der beschriebene Effekt wurde mittels verschiedener Messmethoden (z.B. Kelvin-Sonde-Technik (engl. *Kelvinprobe-technique* (KP), Ultraviolett-Photoelektronenspektroskopie (engl. *Ultraviolet photoelectron spectroscopy* (UPS))) nachgewiesen [99, 100]. Ein ohmsches Verhalten zeigt sich vor allem bei kleinen Spannungen in Vorwärtsrichtung und ist auf Leckströme bzw. thermisch generierte Ladungsträger zurückzuführen. Leckströme können über Oberflächenzustände oder aber z.B. Verunreinigungen in der aktiven Schicht fließen. Sowohl Leckströme als auch der Strom durch thermisch generierte Ladungsträger ist transportlimitiert, da ersteres durch den Transport über eine begrenze Anzahl an Zuständen und zweiteres durch die endliche thermische Generation der Ladungsträger limitiert ist.

Der lineare Strom-Spannungsverlauf endet, wenn die injizierte Ladungsträgerdichte so groß wird, dass das durch die Raumladungen induzierte Feld gegenüber dem Feld der anliegenden Spannung dominiert. In der Folge dessen fließt im trapfreien Fall der maximale, raumladungsbegrenzte Strom (engl. *space charge limited current* (SCLC)) [59], der sich nach dem Child'schen Gesetz (engl. *Child's law*) [101] durch eine quadratische Abhängigkeit von der Spannung auszeichnet (Steigung 2 bei doppeltlogarithmischer Auftragung von J über U) und gegeben ist durch

$$J_{\text{SCLC}} = \frac{9}{8}\varepsilon_0\varepsilon_\text{r}\mu\frac{U^2}{d^3}.$$

(2.2.37)

Sind Traps im Material vorhanden, ist die Stromdichte trapraumladungsbegrenzt (engl. *trap space charge limited current* (TCSLC)) und zeichnet sich durch eine Abhängigkeit der Stromdichte von der Spannung nach der Form $J \sim U^m$ mit $m > 2$ aus. Der steilere Anstieg der Stromdichte mit der Spannung ist darauf zurückzuführen, dass mit steigender Stromdichte zunehmend die Traps gefüllt werden und dadurch die effektive Beweglichkeit zunimmt. Für eine exponentielle Trapverteilung errechnet sich der TSCLC zu

$$J_{\text{TSCLC}} = e^{1-l}\mu N \left(\frac{2l+1}{l+1}\right)^{1/l} \left(\frac{l}{l+1}\frac{\varepsilon_0\varepsilon_\text{r}}{N_\text{t}}\right)^l \frac{U^{l+1}}{d^{2l+1}},$$

(2.2.38)

mit $l = T_\text{C}/T$ und der charakteristischen Temperatur $T_\text{C} = E_\text{T}/k_\text{B}$ [59, 102, 103]. Sind bei hinreichend großen Strömen und dementsprechend großen Ladungsträgerdichten alle Traps gesättigt, so fließt wieder der maximale, raumladungsbegrenzte Strom nach Gleichung 2.2.37.

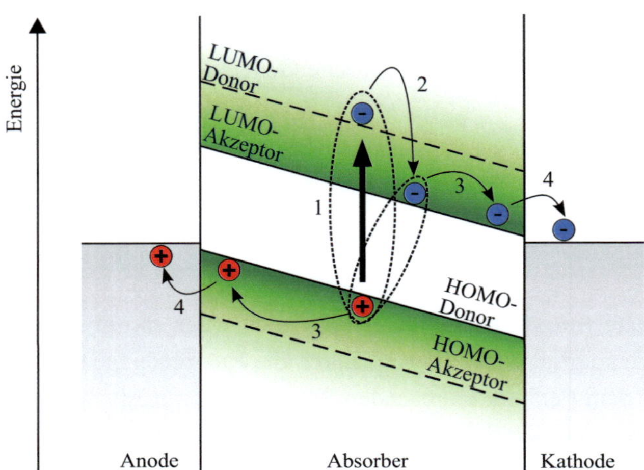

Abb. 2.3.1: Schematische Darstellung der photoinduzierten Ladungsträgergeneration sowie der Extraktion der Ladungsträger bei Beleuchtung einer *bulk-heterojunction* Solarzelle im Kurzschlussfall.

2.3 Funktionsprinzip organischer Solarzellen und Photodioden

Die Grundstruktur einer organischen Solarzelle als auch einer organischen Photodiode besteht aus einer fotoaktiven Schicht, die sich zwischen zwei Elektroden mit unterschiedlichen Austrittsarbeiten befindet. Durch das Angleichen der Ferminiveaus der Elektroden findet ein Ladungsträgertransfer statt und es bildet sich eine eingebaute Spannung (engl. *built-in voltage*) über die aktive Schicht auf, die der Diffusion der Ladungsträger entgegenwirkt. In der aktiven Schicht absorbierte Photonen erzeugen Exzitonen, die in einem geeigneten Donor-Akzeptor-System über einen Zwischenzustand (CT-Zustand) in freie Ladungsträger dissoziieren. Im elektrischen Feld driften diese dann zu den Elektroden und generieren dabei einen Photostrom. In Abbildung 2.3.1 sind schematisch die Prozesse der Generation (1), der Exzitonen-Dissoziation (2), der CT-Dissoziation (3) sowie der Transport der Ladungsträger zu den Elektroden (4) schematisch dargestellt.

Erste organische Photozellen wiesen sehr niedrige Effizienzen auf [104]. C.

W. Tang führte 1985 das Konzept des Heteroübergangs (engl. *hetero-junction*), der Kombination eines Elektronendonators und eines Elektronenakzeptors in einer Zweischicht- (engl. *bi-layer*) Struktur ein. An der Grenzfläche beider Materialien können die Exzitonen in freie Ladungsträger dissoziieren, wie bereits in Abschnitt 2.2.1 beschrieben. C. W. Tang erreichte damit erstmals eine funktionierende Solarzelle mit einem Wirkungsgrad von ca. 1% [105]. Mit der Entwicklung des sogenannten *bulk-heterojunction* Konzepts [19, 106] konnten aufgrund der erhöhten Dissoziationswahrscheinlichkeit der Exzitonen die Wirkungsgrade deutlich gesteigert werden. Verbesserte Kontakte z. B. durch das Aufbringen von Zwischenschichten können des Weiteren die Effizienzen positiv beeinflussen. Rekombinationsverluste von Exzitonen an den Metallgrenzflächen verhindert man durch sogenannte Exzitonen-Blockschichten (engl. *blocking layer*), die zudem meist als Elektronen-Transport-Material (ETL) bzw. als Loch-Transport-Material (HTL) dienen [107–109]. Die derzeit effizientesten organischen Einfach-Solarzellen weisen einen Wirkungsgrad von 10.6% auf [2].

Das generelle Funktionsprinzip der Stromgenerierung lässt sich auch für weitere photovoltaische Bauteile mit anderer Bauteilkonfiguration nutzen. Auf die Besonderheiten bei Einfach-Solarzellen sowie auf die Unterschiede zu den Photodioden wird daher in den folgenden Unterabschnitten eingegangen.

2.3.1 Einfach-Solarzellen

In Abbildung 2.3.2 ist die Bauteilstruktur einer organischen Standard-Einfach-Solarzelle dargestellt, wie sie auch in dieser Arbeit verwendet wird. Als Absorber wird standardmäßig ein Donor-Akzeptor-Gemisch (*bulk-heterojunction*) verwendet, welches ebenfalls in Abbildung 2.3.2 skizziert ist. Das aktive Materialgemisch wird auf ein Trägersubstrat aufgebracht, welches aus einem mit leitfähigem Indium-Zinn-Oxid (ITO) beschichtetem Glas besteht. Das ITO dient als transparente Anode und befindet sich somit auf der dem Licht zugewandten Seite. Für einen verbesserten Kontakt wird häufig noch eine Zwischenschicht zwischen dem ITO und dem Absorber aufgebracht, die typischerweise aus einer dünnen Schicht Poly(3,4-ethylene-

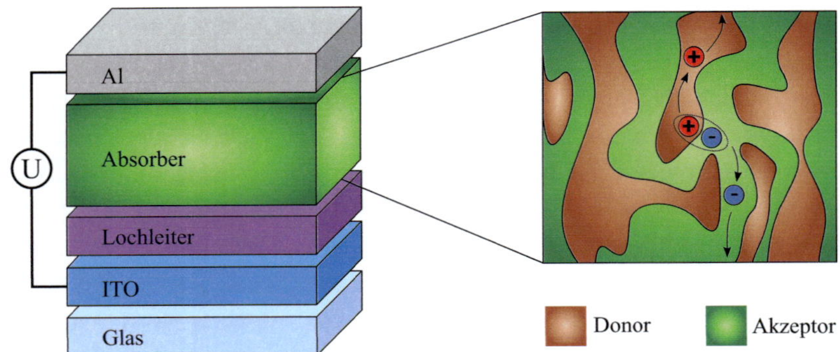

Abb. 2.3.2: Schematische Schichtstruktur einer organischen Solarzelle sowie die schematische Darstellung eines *bulk-heterojunction* Absorbermaterials bestehend aus einem Donor-Akzeptor-Gemisch.

dioxythiophene):Poly(styrenesulfonate) (PEDOT:PSS) besteht. Untersuchungen zeigen einen maßgeblichen (positiven) Einfluss von PEDOT:PSS auf die eingebaute Spannung und damit auf die Leerlaufspannung einer organischen Solarzelle. Der Rückkontakt besteht aus einem Metall mit einer kleinen Austrittsarbeit. Standardmäßig wird hierfür Aluminium verwendet, obwohl z.B. Kalzium eine kleinere Austrittsarbeit als Aluminium besitzt. Aluminium bietet aber neben einer hohen Leerlaufspannung vor allem besseren Schutz gegen Oxidation. Als sehr geeignet hat sich daher auch die Kombination aus einer dünnen Schicht Kalzium und einer dickeren Schicht Aluminium erwiesen [12]. Der Literatur nach wird häufig LiF/Al als Kathode verwendet, wobei die Lithiumfluoridschicht (LiF) mit einer Schichtdicke $d \leq 1\,\mathrm{nm}$ sehr dünn ist. Damit konnten erhöhte Leerlaufspannungen im Vergleich zu reinem Al gezeigt werden [110].

2.3.2 Besonderheiten organischer Photodioden

Im Gegensatz zu Solarzellen sind Photodioden dafür ausgelegt, kurze Lichtpulse zu detektieren und in ein elektrisches Signal umzuwandeln. Organische Solarzellen nach dem gezeigten Aufbau eignen sich ideal für die Verwendung als Photodioden, weswegen organische Photodioden im Wesentlichen gleich aufgebaut sind wie organische Solarzellen. Aus der speziellen Anforderung möglichst geringer Dunkelströme kann allerdings die Wahl geeigneter Block- bzw. Transportschichten zu den in den Solarzellen verwendeten differieren, was derzeit unter anderem Gegenstand aktueller Forschungsarbeiten am Lichttechnischen Institut (LTI) ist. Zudem kann die Dicke der aktiven Schicht anders gewählt sein im Vergleich zu den Solarzellen: Zwar decken sich die Optimierungsziele hinsichtlich der maximalen Quantenausbeute, jedoch sind für die Messung hochfrequenter Lichtsignale ein schnelles Anstiegs- und Abfallverhalten des Photostroms wichtig. Das Anstiegs- und Abfallverhalten ist aber extrem von der gewählten Schichtdicke abhängig [111]. Ebenfalls entscheidend für das zeitliche Anstiegs- und Abfallverhalten der Photodiode ist die Größe des Bauteils aufgrund des Einflusses der RC-Konstante. Der Gesamtstrom ergibt sich aus dem Leitungsstrom (engl. *conduction current*) j_{jond} sowie dem Verschiebungsstrom (engl. *displacement current*) j_{dis} und ist für eine ortsunabhängige Dielektrizitätskonstante gegeben durch

$$j_{\text{tot}}(t) = \frac{1}{d}\left(\int_0^d j_{\text{cond}}(x,t)\,dx - \underbrace{\varepsilon_0 \varepsilon_{\text{r}} \frac{\partial U(t)}{\partial t}}_{j_{\text{dis}}}\right), \qquad (2.3.1)$$

mit der effektiv am Bauteil anliegenden Spannung $U(t)$. Fließt ein Strom, so fällt an einem externen Widerstand R eine Spannung $U_{\text{R}}(t) = R \cdot j_{\text{tot}}(t) \cdot A$ ab, wobei A die geometrische Fläche der Diode ist. Entsprechend erhöht sich der Beitrag des Verschiebungsstromes bei größeren Bauteilen, was aufgrund der dem Leitungsstrom entgegengesetzten Wirkung ein zeitlich verzögertes Anstiegs- wie auch Abfallverhalten des gemessenen Stroms zur Folge hat. Kleinflächige Dioden sind daher für ein schnelles Antwortverhalten von Vorteil. Wählt man die Fläche der Diode allerdings zu klein, so ist auch das Messsignal sehr schwach, was wiederum zu messtechnischen Schwierigkeiten führt. Das Optimum in der Diodengröße muss daher anwendungsspezifisch angepasst werden.

Ein wesentlicher Unterschied gegenüber der Solarzelle ist die Betriebsart. Aufgrund ihrer Verwendung als Lichtdetektor ist die Diode für eine maximale

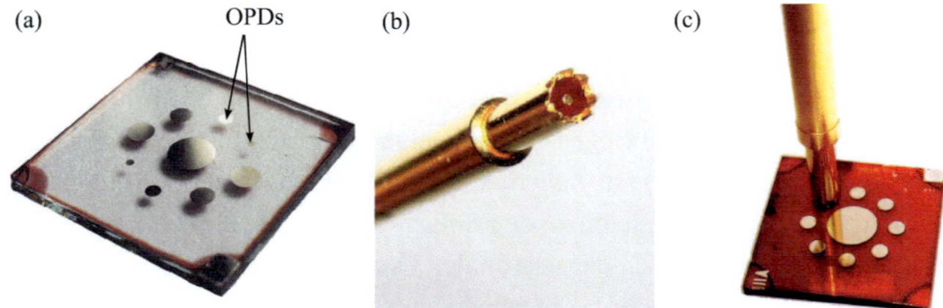

Abb. 2.4.1: a) Foto eines plasmaveraschten Substrats mit jeweils 2×4 kreisrunden Photodioden mit unterschiedlichen Durchmessern. b) Foto des zylindrischen Hochfrequenz-Kontaktstiftes (Ingun HFS 110). c) Substrat mit acht kreisrunden organischen Photodioden, nicht plasmaverascht. Mit Hilfe des Kontaktstiftes werden die acht Photodioden jeweils einzeln kontaktiert.

Stromgenerierung sowie ein schnelles Antwortverhalten, nicht aber für eine maximale Leistungsgenerierung ausgelegt. Typischerweise werden daher organische Photodioden in Rückwärtsrichtung betrieben, da hierbei sowohl eine erhöhte Quantenausbeute als auch eine schnellere Ladungsträgerextraktion zu erwarten ist. Der Betrieb der Photodiode benötigt damit jedoch im Gegensatz zur Solarzelle zusätzliche Energie.

2.4 Bauteilherstellung und Messaufbau

Ziel dieser Arbeit ist, anhand des Vergleichs von Simulationen mit (soweit vorhandenen) Messergebnissen ein fundamentales Verständnis der relevanten physikalischen Prozesse in OSCs bzw. OPDs zu erhalten. Hierfür konnte sowohl auf transiente als auch auf steady-state Stromdichte-Spannungs-Kennlinien (J-U-Kennlinien) zurückgegriffen werden, die parallel zur Anfertigung dieser Arbeit am LTI gemessen wurden. In den folgenden Unterabschnitten wird die Bauteilherstellung sowie der Messaufbau für die Charakterisierung der OPDs wie auch der OSCs kurz dargestellt.

2.4.1 Organische Photodioden

Die verschiedenen Schichten werden auf einem mit ITO-beschichtetem Glassubstrat aufgebracht, welches für eine verbesserte Benetzbarkeit für das folgende Aufschleudern (engl. *spincoating*) der organischen Schichten mit einem Sauerstoff-Plasma behandelt wird. Nachfolgend wird die Lochtransportschicht PEDOT:PSS unter Stickstoffatmosphäre in einer Glove-Box aufgeschleudert. Um den Wassergehalt zu reduzieren, wird das Bauteil daraufhin für 30 min bei 120 °C in einem Vakuum-Ofen ausgeheizt. Das in 1,2-Dichlorbenzol gelöste aktive Materialgemisch P3HT:PCBM wird daraufhin ebenfalls aufgeschleudert. In einer Hoch-Vakuum-Kammer werden im Anschluss die kreisrunden Aluminium-Elektroden mit den Durchmessern $500\,\mu$m, $1000\,\mu$m, $1500\,\mu$m und $1800\,\mu$m durch eine Laser-geschnittene Schattenmaske thermisch aufgedampft. In Abbildung 2.4.1a ist ein Foto eines Substrats mit jeweils 2×4 kreisrunden Photodioden mit den vier verschiedenen Durchmessern dargestellt. Vor der Messung wird das Substrat mit einem Argon-Plasma behandelt, welches die überschüssige Organik außerhalb des durch die Aluminium-Elektroden definierten Bereiches wegätzt. Dies garantiert zum einen eine gute Kontaktierung der Kranzzacken des Kontaktstiftes auf das ITO und zum anderen, dass die aktive Fläche der jeweiligen Photodioden durch die Größe der Al-Kontakte definiert ist. Der Unterschied lässt sich aufgrund der Absorption der aktiven Schicht auch optisch deutlich erkennen, wie sich aus dem Vergleich des nicht-plasmabehandelten in Abbildung 2.4.1c und des plasmabehandelten Substrats in Abbildung 2.4.1a zeigt.

Die kreisrunden Bauteile lassen sich nun mittels eines zylindrischen Hochfrequenz-Kontaktstiftes (Ingun HFS 110) kontaktieren. Der Kontaktstift ist in Abbildung 2.4.1b dargestellt. Als Anregungsquelle diente anfangs ein frequenzverdoppelter, diodengepumpter Nd:YAG-Laser (Wellenlänge 532 nm, Pulsbreite 1.6 ns, Wiederholungsrate 6.8 kHz). Als dieser funktionsuntüchtig wurde, wurde er durch einen leistungsstärkeren frequenzverdoppelten Nd:YAG-Laser (Wellenlänge 532 nm, Pulsbreite 1.0 ns, Wiederholungsrate 1 kHz) ersetzt. Die Messung der Leistungsdichte erfolgt über ein Leistungsmessgerät (engl. *powermeter*), welches wiederum mit Hilfe eines Pulsener-

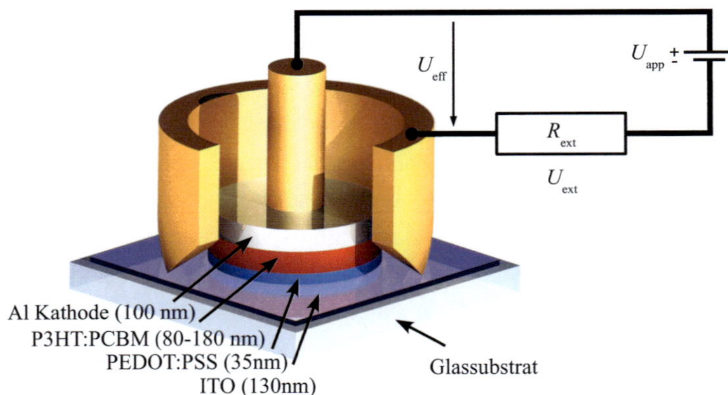

Abb. 2.4.2: Schematische Darstellung der elektrischen Kontaktierung einer kreisrunden Standard Photodiode mit Hilfe eines Hochfrequenz-Kontaktstiftes. Zusätzlich eingezeichnet ist der elektrische Schaltkreis mit dem externen seriellen Widerstand R_{ext}.

giemessgerätes sowie einer zweiten Silizium-Referenzdiode kalibriert wurde. Die Messung der J-U-Kennlinie erfolgt über eine Strom-Spannungsquelle (engl. *source measuring unit*) (Keithley SMU 4200), welche zusätzlich die Vorspannung an der Photodiode liefert. Die Impulsantwort wird über den Abfall an einem $50\,\Omega$-Lastwiderstand gemessen und mit einem Oszilloskop (Agilent 54832D, 1 GHz Bandbreite) aufgenommen. Alle Messungen werden unter ständiger Spülung mit Stickstoff durchgeführt. Die Stickstoffspülung wird gleichzeitig bei den temperaturabhängigen Messungen für die Temperatureinstellung der Probe verwendet. Dafür wird in einem Regelkreis der Stickstoff über Peltierelemente sowie über einen Heizwiderstand mit Wärmetauscher auf Temperaturen zwischen 0 °C bis 60 °C und damit die Probe auf die gewünschte Temperatur gebracht. In Abbildung 2.4.2 ist ein schematisches Diagramm der Kontaktierung dargestellt. Die Herstellung sowie die optoelektronische Charakterisierung wurden von S.Valouch, S. Kettlitz, S. Züfle und M. Nintz im Rahmen ihrer Doktor-, Diplom- bzw. Studienarbeit durchgeführt. Die Auswahl der Parameter für die Experimente erfolgte dabei nach den Zielvorgaben der zu untersuchenden Bereiche aus den Simulationen.

Abb. 2.4.3: Foto eines am LTI hergestellten Substrats mit vier organischen Solarzellen. Die nach außen geführten Elektroden ermöglichen eine einfache Kontaktierung.

Weitere detaillierte Informationen bezüglich der durchgeführten Messungen finden sich in Ref. [9, 112, 113].

2.4.2 Organische Solarzellen

Der Herstellungsablauf der organischen Solarzellen ist im Wesentlichen identisch zu dem der OPDs, lediglich das Elektrodenlayout sowie die rückseitige Elektrode unterscheiden sich. Aus Gründen einer möglichst barrierefreien Ladungträgerextraktion wird rückseitig zuerst eine ca. $5 - 50\,\mathrm{nm}$ dünne Schicht Kalzium (Ca) auf die Organik aufgedampft, und erst daran im Anschluss eine ca. $200\,\mathrm{nm}$ dicke Aluminium Schicht zum Schutz vor Oxidation aufgebracht. In Abbildung 2.4.3 ist ein typisches Substrat mit vier organischen Solarzellen dargestellt. Aufgrund des geänderten Elektrodenlayouts, das die Kontakte an den Rand des Substrates führt, können die einzelnen Solarzellen kontaktiert werden. Damit erübrigt sich eine Plasma-Nachbehandlung, die daher bei den OSCs nicht vor der Messung durchgeführt wird. Der Fehler durch eventuelle Randeffekte durch überschüssige Absorption außerhalb des, durch die Elektrode definierten Bereichs, ist aufgrund des hohen Aspektverhältnisses vernachlässigbar. Die Fläche einer Solarzelle beträgt bei dem gewählten Layout $A = 10.5\,\mathrm{mm}^2$. Mit dem verwendeten Layout können die Solarzellen vollständig unter Stickstoff-Schutzgas hergestellt und vermessen werden. Die Herstellung sowie die optoelektronische Charakterisierung wurden von A. Pütz bzw. T. Rickelhoff im Rahmen ihrer Doktor- bzw. Studienarbeit durchgeführt.

3 Modellierung organischer Solarzellen und Photodioden

Die Simulation setzt sich aus einem optischen und einem elektrischen Teil zusammen, deren jeweils zugrunde liegenden theoretischen Konzepte in diesem Kapitel erörtert werden. Die optische Simulation basiert auf der Transfer-Matrix-Methode und ermöglicht die Berechnung des ortsabhängigen Generationsprofils der erzeugten Exzitonen unter Berücksichtigung von Interferenzeffekten. Die elektrische Simulation basiert auf der Modellierung im Rahmen der eindimensionalen Drift-Diffusions-Näherung und beschreibt die Dynamik verschiedener Teilchensorten wie Elektronen, Löcher und Exzitonen unter dem Einfluss eines elektrischen Feldes und eines Dichte-Gradientens. Des Weiteren wird in diesem Kapitel die Modellierung der für grundlegende Simulationen relevanten Prozesse beschrieben, deren Grundlagen bereits in Kapitel 2 diskutiert wurden. Dies beinhaltet unter anderem das Konzept der Modellierung des konventionellen Ladungsträgertransports, ebenso wie die Beschreibung des Onsager-Braun-Dissoziationsmodells. Weiterhin werden die auftretenden Verlustprozesse sowie die Injektions-/ bzw. Extraktionsprozesse an der Grenzfläche zwischen dem organischen Halbleiter und der Elektrode diskutiert.

In dieser Arbeit werden charakteristische Eigenschaften der Strom-Spannungs-Kennlinien organischer Solarzellen und Photodioden mittels optoelektronischer Simulationen untersucht. Eine Vielzahl von Parametern hat dabei Einfluss auf die charakteristischen Kennlinien organischer Solarzellen und Photodioden, wobei im Experiment die jeweiligen Einflüsse einzelner Parameter nicht immer differenziert werden können. Numerische Simulationen helfen, die Auswirkungen einzelner Parameter detailliert zu untersuchen.

Zudem ermöglichen Simulationen ein besseres Verständnis der relevanten physikalischen Mechanismen einer organischen Solarzelle bzw. Photodiode und identifizieren Ansätze zur Bauteiloptimierung.

Als Simulationswerkzeug wird auf das am Lichttechnischen Institut entwickelte Programm namens „Sonde" zurückgegriffen, das bereits erfolgreich für die Modellierung dielektrisch behinderter Entladungen (DBE) [114], organischer Laser (OSL) [115–117] sowie organischer Leuchtdioden (OLED) [118] verwendet wurde. Im Rahmen dieser Arbeit wird dieses für die Modellierung photovoltaischer Einschicht- und Mehrschichtbauteile sowie für die Modellierung explizit zeitabhängiger Strom-Spannungs-Kennlinien erweitert. Eingangsparameter für die elektrische Simulation organischer Solarzellen bzw. Photodioden ist das optische Generationsprofil, welches aufgrund der notwendigen Berücksichtigung von Interferenzeffekten mittels einer optischen Simulation berechnet wird. Diese basiert auf der Tansfer-Matrix-Methode und wird im Abschnitt 3.1 vorgestellt. Im darauffolgenden Abschnitt werden neben der Drift-Diffusions-Näherung die verwendeten Modelle für die elektrische Simulation beschrieben. Dies beinhaltet unter anderem die Modellierung des Ladungsträgertransports, der Injektion bzw. Extraktion sowie verschiedener Rekombinationsprozesse.

3.1 Optische Modellierung

Organische Materialien weisen im sichtbaren Teil des Sonnenspektrums im Vergleich zu anorganischen Halbleitern mit indirekter Bandlücke (z.B. Silizium) eine größere Absorption auf und ermöglichen daher den Bau dünner organischer Solarzellen mit Absorberschichtstärken im Bereich von 50 nm bis 300 nm. Die Größenordnung des Bauteils liegt damit im Bereich der Wellenlänge des einfallenden Lichts, so dass Interferenzeffekte berücksichtigt werden müssen. Eine elegante Möglichkeit, die örtliche Intensitätsverteilung von einfallendem Licht im Bauteil zu berechnen, ist die Verwendung der sogenannten Transfer-Matrix-Methode [119–122]. Diese wird im folgenden Unterabschnitt 3.1.1 vorgestellt.

Aufgrund der, im Vergleich zur Wellenlänge des einfallenden Lichts, viel

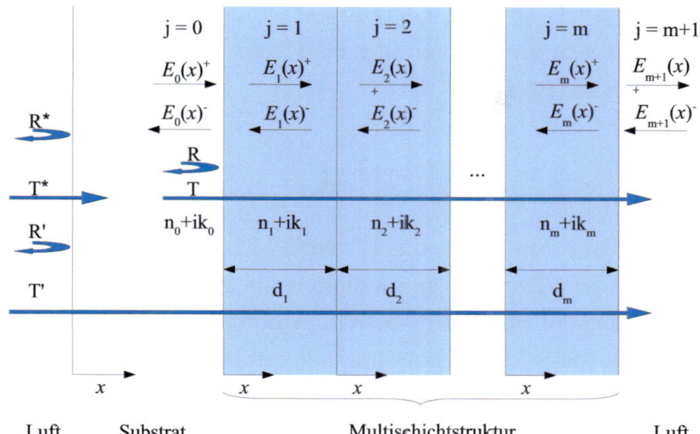

Abb. 3.1.1: Schematische Darstellung der Reflexion bzw. Transmission in einer Multischichtstruktur. Die Feldkomponenten $E_j^{+/-}(x)$ beschreiben die Propagation des Lichts nach rechts/links durch die jeweilige Schicht j.

dickeren Glasschicht von ca. $d \approx 1\,\text{mm}$ können Interferenzen im Trägersubstrat vernachlässigt werden und folglich wird diese Schicht auch nicht in der Transfer-Matrix-Methode berücksichtigt [120, 123]. Inhomogenitäten in der Substratdicke verhindern auch bei Lasereinstrahlung, dass Fabry-Pérot-Oszillationen aufgrund des dicken Glassubstrats im Experiment aufgelöst werden können [119, 124]. Die Transmissions- und Reflexionskoeffizienten des gesamten Bauteils werden daher vielmehr um die absolute Reflexion an der Substratschicht korrigiert, wie in Unterabschnitt 3.1.2 näher erläutert wird.

3.1.1 Transfer-Matrix-Methode

In Dünnschicht-Strukturen mit isotropen, linearen und homogenen Materialien und planparallelen Grenzflächen lässt sich die Propagation des Lichts durch die eindimensionale Helmholtz-Gleichung

$$\nabla^2 E(x) + k^2(x)E(x) = 0 \qquad (3.1.1)$$

beschreiben. Hierbei ist $k(x) = (2\pi/\lambda) \cdot \tilde{n}(x)$ und $\tilde{n}$ der komplexe Brechungsindex. Da sich die magnetische Feldstärke mit der Vakuumimpedanz $Z_0 = \sqrt{\mu_0/\varepsilon_0}$ über die Relation

$$H(x) = \frac{E(x)\tilde{n}(x)}{Z_0} \qquad (3.1.2)$$

berechnen lässt, ist es im Rahmen der Transfer-Matrix-Methode ausreichend, die Berechnung der Feldverteilung lediglich für das elektrische Feld auszuführen. Als Lösung der Helmholtz-Gleichung ergibt sich eine in Vorwärtsrichtung und eine in Rückwärtsrichtung propagierende, ebene Welle. Das elektrische Feld lässt sich dabei durch eine vorwärts propagierende $E^+(x)$ und eine rückwärts propagierende $E^-(x)$ Feldkomponente darstellen [120, 125–127]. Aufgrund der Kontinuitätsbedingung der Tangential-Komponente des elektrischen Feldes an benachbarten Grenzflächen zweier Schichten j und j + 1 mit den jeweiligen Schichtdicken d_j und $d_\mathrm{j+1}$ ergibt sich die Randbedingung

$$E_\mathrm{j}^+(d_\mathrm{j}) + E_\mathrm{j}^-(d_\mathrm{j}) \;=\; E_\mathrm{j+1}^+(0) + E_\mathrm{j+1}^-(0). \qquad (3.1.3)$$

In Abbildung 3.1.1 ist schematisch eine Multischichtstruktur mit den jeweiligen Feldkomponenten $E_\mathrm{j}^{+/-}(x)$ in den entsprechenden Schichten dargestellt. Mit den komplexen Fresnelschen Amplitudenreflexions- und Amplitudentransmissionskoeffizienten

$$r_\mathrm{j,j+1} = \frac{E_\mathrm{j}^-(d_\mathrm{j})}{E_\mathrm{j}^+(d_\mathrm{j})} = \frac{\tilde{n}_\mathrm{j} - \tilde{n}_\mathrm{j+1}}{\tilde{n}_\mathrm{j} + \tilde{n}_\mathrm{j+1}} \qquad (3.1.4)$$

$$t_\mathrm{j,j+1} = \frac{E_\mathrm{k}^+(0)}{E_\mathrm{j}^+(d_\mathrm{j})} = \frac{2 \cdot \tilde{n}_\mathrm{j}}{\tilde{n}_\mathrm{j} + \tilde{n}_\mathrm{j+1}} \qquad (3.1.5)$$

lässt sich Gleichung 3.1.3 in der Form

$$E_\mathrm{j}^+(d_\mathrm{j}) = \frac{1}{t_\mathrm{j,j+1}} E_\mathrm{j+1}^+(0) + \frac{r_\mathrm{j,j+1}}{t_\mathrm{j,j+1}} E_\mathrm{j+1}^-(0), \qquad (3.1.6)$$

bzw. in Matrizenschreibweise für beide Feldkomponenten in der Form

$$\begin{bmatrix} E_j^+(d_j) \\ E_j^-(d_j) \end{bmatrix} = I_{j,j+1} \cdot \begin{bmatrix} E_{j+1}^+(0) \\ E_{j+1}^-(0) \end{bmatrix}$$

darstellen. Hierbei setzt sich der komplexe Brechungsindex $\tilde{n}_j = n_j + ik_j$ aus dem reellen Brechungsindex n und dem Extinktionskoeffizienten k in der jeweiligen Schicht j zusammen. $I_{j,j+1}$ ist definiert als die Übergangsmatrix (engl. *interface matrix*)

$$I_{j,j+1} = \begin{bmatrix} \frac{1}{t_{j,j+1}} & \frac{r_{j,j+1}}{t_{j,j+1}} \\ \frac{r_{j,j+1}}{t_{j,j+1}} & \frac{1}{t_{j,j+1}} \end{bmatrix}. \tag{3.1.7}$$

Die Propagation der elektromagnetischen Welle in einer Schicht j wird beschrieben durch die Ausbreitungsmatrix (engl. *propagation matrix*)

$$P_j = \begin{bmatrix} e^{-i\xi_j d_j} & 0 \\ 0 & e^{i\xi_j d_j} \end{bmatrix}, \tag{3.1.8}$$

mit $\xi_j = (2\pi/\lambda)\tilde{n}_j$. Die Ausbreitungsmatrix berücksichtigt die Absorption und die Phasentransformation des elektrischen Feldes bei der Propagation in der Schicht j.

Unter der Randbedingung, dass kein Licht von der Rückseite (rechts) auf das Bauteil einfällt ($E_{j=m+1}^-(0) = 0$), lässt sich durch alternierende Multiplikation der Übergangsmatrix sowie der Ausbreitungsmatrix auf die elektrischen Feldkomponenten nach der Form

$$\begin{bmatrix} E_0^+(d_0) \\ E_0^-(d_0) \end{bmatrix} = \left(\prod_{n=1}^{m} I_{(n-1)n}P_n \right) \cdot I_{m(m+1)} \cdot \begin{bmatrix} E_{m+1}^+(0) \\ E_{m+1}^-(0) \end{bmatrix} \tag{3.1.9}$$

die elektrische Feldverteilung im gesamten Bauteil berechnen.

3.1.2 Korrektur am Glassubstrat

Entsprechend der obigen Diskussion geht die Substratschicht nicht in die Transfer-Matrix-Berechnung ein, jedoch wird die Gesamtreflexion bzw. Transmission um die Mehrfachreflexionen an der Grenzfläche Luft/Substrat sowie Substrat/Mehrschichtbauteil berücksichtigt. Hierbei werden lediglich die Amplituden betrachtet. Die Gesamtreflexion R' und Transmission T' berechnet sich dann aus

$$R' = \frac{R^* + R - 2R^*R}{1 - R^*R} \tag{3.1.10}$$

$$T' = \frac{T^*T}{1 - R^*R}, \tag{3.1.11}$$

mit der Reflexion und Transmission an der Luft/Substratschicht

$$R^* = \left|\frac{1 - \tilde{n}_0}{1 + \tilde{n}_0}\right|^2 \tag{3.1.12}$$

$$T^* = \left|\frac{2}{1 + \tilde{n}_0}\right|^2 \cdot \tilde{n}_0, \tag{3.1.13}$$

mit dem komplexen Brechungsindex der Substratschicht $\tilde{n}_0$. Die Reflexion R und Transmission T der Multischichtstruktur werden dabei mit der Transfer-Matrix-Methode berechnet, wie auch in Abbildung 3.1.1 ersichtlich. Die beschriebene Korrektur um die Reflexion an der Substratschicht garantiert, dass die Dicke der Substratschicht keinen Einfluss auf das elektrische Feld im Bauteil hat.

3.1.3 Generationsprofil

Zur Bestimmung der absorbierten Leistung muss das elektrische Feld auf die einfallende Lichtleistungsdichte

$$S_{\text{ein}} = \frac{1}{2}(E_0^+)^2 \left(\frac{\mu_0}{\varepsilon_0}\right)^{-1/2} \tag{3.1.14}$$

normiert werden. Die absorbierte Leistung an jedem Ort einer jeden Schicht j ist gegeben durch

$$Q_{\mathrm{j}}(x) = \frac{4\pi c \varepsilon_0 k_{\mathrm{j}} n_{\mathrm{j}}}{2\lambda} \left| E_{\mathrm{j}}(x) \right|^2 , \qquad (3.1.15)$$

wobei sich das elektrische Feld $E_{\mathrm{j}}(x)$ aus der Addition der zwei Feldkomponenten $E_{\mathrm{j}}^{+}(x)$ und $E_{\mathrm{j}}^{-}(x)$ ergibt und λ die Wellenlänge des einfallenden Lichts ist. Für eine realistische Modellierung der Solarzellen muss das terrestrische Sonnenspektrum für die Luftmasse AM $= 1.5$ mit einer Strahlungsleistung der Sonne von $P_{\mathrm{Sonne}} = 887.65 \, \mathrm{W/m^2}$ berücksichtigt werden. Das Generationsprofil der absorbierten Photonendichte ergibt sich durch Integration der spektralen Einstrahlungsdichte und ist gegeben durch

$$G_{\mathrm{j}}^{0}(x) = \int_{\lambda} N_{\lambda} \cdot Q_{\mathrm{j}}(x) \cdot \frac{\lambda}{hc} \cdot d\lambda , \qquad (3.1.16)$$

wobei N_{λ} ein Normierungsfaktor ist, welcher der Bedingung $\int_{0}^{\infty} N_{\lambda} \cdot d\lambda = P_{\mathrm{Sonne}}$ genügt.

3.2 Elektrische Modellierung

Die elektrische Modellierung für die Beschreibung des Ladungsträgertransports basiert auf einer numerischen Simulation im Rahmen der eindimensionalen Drift-Diffusions-Näherung, dessen zu Grunde liegendes Modell in den folgenden Unterabschnitten 3.2.1 und 3.2.2 vorgestellt wird. In den darauffolgenden Unterabschnitten werden die elektrischen Modelle vorgestellt, die die elektronischen Eigenschaften der organischen Solarzellen und Photodioden beschreiben, die im Rahmen dieser Arbeit implementiert wurden. Die Grundlagen sowie die Herleitung der jeweiligen Modelle wurden bereits in Kapitel 2 beschrieben.

3.2.1 Kontinuitätsgleichung der Teilchendichten

Ausgangspunkt der Simulation ist die Beschreibung von variierenden Teilchendichten im diskretisierten, eindimensionalen Raum im Rahmen der Drift-Diffusions-Näherung. Eine schematische Darstellung der räumlichen Diskre-

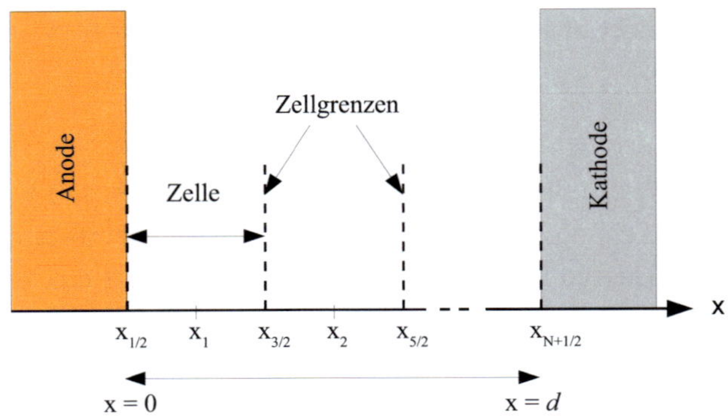

Abb. 3.2.1: Räumliche Diskretisierung für die numerische Berechnung. Die zu simulierenden Schichten werden in N Zellen diskretisiert. An den Zellmittelpunkten sind jeweils die Dichte der Teilchensorten, die Rekombinations- sowie Generationsraten und das elektrische Feld gegeben, während an den Zellgrenzen die Teilchenflüsse definiert sind.

tisierung ist in Abbildung 3.2.1 dargestellt. Die Kontinuitätsgleichung für die räumlich und zeitlich abhängigen Teilchendichten n der jeweiligen Teilchensorte (engl. *species*) ergibt sich aus der Boltzmannschen Transportgleichung und ist gegeben durch

$$\frac{\partial n(x,t)}{\partial t} + \frac{\partial \Gamma(x,t)}{\partial x} = S(x,t) - R(x,t). \tag{3.2.1}$$

Die Kontinuitätsgleichung 3.2.1 wird für alle Teilchensorten berechnet, die in der jeweiligen Modellierung implementiert werden. Dies kann je nach zu simulierendem Bauteil z. B. die Teilchensorte der Elektronen mit der Teilchendichte n_{e}, der Löcher n_{h}, der Singulett-Exzitonen n_{exc} und Triplett-Exzitonen n_{exct}, der CTs n_{CT} sowie der Trapzustände $N_{\mathrm{trap_{a,d}}}$ bzw. der besetzten Traps $n_{\mathrm{t_{e,h}}}$ beinhalten. Der Quellterm S und der Rekombinationsterm R beschreiben dabei die Generation bzw. die Annihilation der jeweiligen Teilchensorte. Die Quell- und Rekombinationsterme werden in den folgenden Unterabschnitten näher erläutert.

3.2.2 Drift-Diffusions-Näherung

Der Teilchenfluss Γ erfolgt entlang der x-Richtung. Wie in Abbildung 3.2.1 skizziert, befindet sich in den verwendeten Simulationen am linken Rand bei $x = 0$ die Anode und am rechten Rand die Kathode bei $x = d$, mit der Dicke der aktiven Schicht(en) d. Der Teilchenfluss ist in der Drift-Diffusions-Näherung gegeben durch

$$\Gamma(x,t) = n(x,t)\,\mu(x)\,E(x,t) - D\frac{\partial n(x,t)}{\partial x} \tag{3.2.2}$$

und beschreibt die Drift von Ladungsträgern im elektrischen Feld mit der Driftgeschwindigkeit $v(x,t) = \mu(x)\,E(x,t)$ und die Diffusion aufgrund eines Teilchendichtegradienten. Die Diffusionskonstante D berechnet sich über die Beweglichkeit μ nach der Einstein-(Nernst-Townsend-)Relation

$$D = \frac{\mu k_{\mathrm{B}} T}{e}.$$

3.2.3 Das elektrische Feld

Das elektrische Feld ist über die Poisson-Gleichung mit den Raumladungen $\rho(x)$ verknüpft

$$\nabla^2 \Phi = -\nabla E(x) = -\frac{\rho(x)}{\varepsilon_0 \varepsilon_{\mathrm{r}}}. \tag{3.2.3}$$

Das elektrische Feld genügt dabei der Randbedingung

$$U(t) = \int_0^x E(x,t)\,dx, \tag{3.2.4}$$

wobei sich die Spannung aus der von außen angelegten Spannung $U_{\mathrm{a}}(t)$ und der eingebauten Spannung U_{bi} nach der Form

$$U(t) = U_{\mathrm{a}}(t) - U_{\mathrm{bi}} \tag{3.2.5}$$

zusammensetzt.

3.2.4 Die elektrische Stromdichte

Die makroskopisch messbare Größe ist der elektrische Strom, der sich durch Multiplikation mit der Fläche A aus der Stromdichte ergibt. Für ein Einschichtbauteil errechnet sich der Gesamtstrom j_{tot} nach Gleichung 2.3.1, wobei der Leitungsstrom gegeben ist durch $j_{cond} = e \cdot (\Gamma_h - \Gamma_e)$.

Für ein Mehrschichtbauteil, bestehend aus Schichten mit unterschiedlichen Dielektrizitätskonstanten, ist diese explizit orstabhängig ($\varepsilon_r(x)$). Es kommt zu einem Knick im Potentialverlauf und damit zu einem Sprung im elektrischen Feld an der Grenzfläche zweier Materialien mit unterschiedlichem $\varepsilon_r(x)$. Zudem muss zur Berechnung des Leitungsstroms eine generalisierte Form der Gleichung 2.3.1 verwendet werden [118], die für ein Bauteil mit m Schichten gegeben ist durch

$$j_{tot}(t) = \frac{\left(\left(\sum_{i=1}^{m} \int_i j_{cond}(x,t)\,dx \prod_{\substack{i=1 \\ j \neq i}}^{m} \varepsilon_{r;j}\right) - \varepsilon_0 \frac{\partial V(t)}{\partial t} \prod_{i=1}^{m} \varepsilon_{r;i}\right)}{\left(\sum_{i=1}^{m} d_i \prod_{\substack{j=1 \\ j \neq i}}^{m} \varepsilon_{r;j}\right)}. \tag{3.2.6}$$

Für die Simulation von Mehrschichtbauteilen wie z.B. Tandem-Solarzellen wurde im Rahmen dieser Arbeit Gleichung 3.2.6 in den Programmcode integriert. Insbesondere die Nicht-Stetigkeit des elektrischen Feldes sowie die Modifikation der Jakobi-Matrix aufgrund veränderter Ableitungen [118] erforderte umfangreiche Erweiterungen des Programmcodes.

Für die Berechnung der Stromdichte bei Simulation von Einschicht-Bauteilen reduziert sich Gleichung 3.2.6 zu Gleichung 2.3.1.

3.2.5 Spannungsabfall an einem externen Widerstand

Für den Vergleich von Simulationen und Messungen muss der (immer vorhandene) externe Widerstand in den Messungen auch in der Simulation berücksichtigt werden. Für *steady-state* Simulationen lässt sich die simulierte J-U-

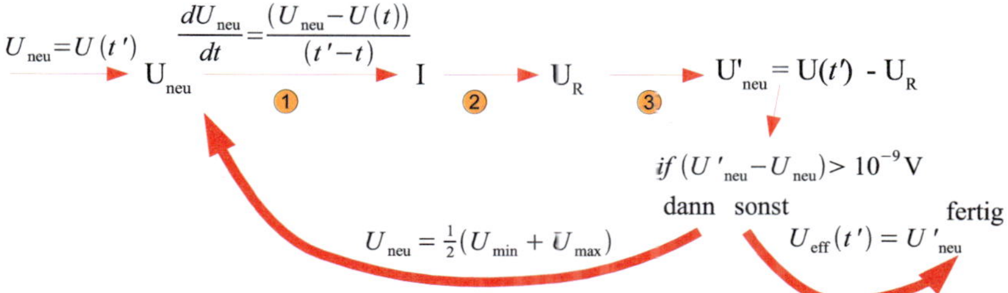

Abb. 3.2.2: Schematische Darstellung der aufeinanderfolgenden Schritte des Iterationsverfahrens zur Bestimmung der aktuellen Spannung zum Zeitschritt t'. Erster Schritt (1) ist die Bestimmung des elektrischen Stroms mit der Spannung U_{neu} sowie der Ableitung dU_{neu}/dt. Daraus lässt sich im zweiten Schritt (2) die Berechnung des Spannungsverlusts am externen Widerstand berechnen, womit die daraus resultierende, effektiv an der CPD anliegende Spannung U'_{neu} im dritten Schritt (3) berechnet werden kann. Ist die Abweichung der angenommenen Spannung U_{neu} und der neu berechneten U'_{neu} zu groß, so wird ein neuer Wert für U_{neu} bestimmt und die Iteration beginnt von vorne. Dieser Vorgang wird solange wiederholt, bis der Fehler vernachlässigbar ist und damit die aktuelle Spannung bestimmt ist.

Kennlinie nachträglich um den Spannungsabfall U_{R} am externen Widerstand R für ein Bauteil mit der Fläche A nach der Form

$$U_{\text{eff}} = U + \underbrace{j_{\text{tot}} \cdot A \cdot R}_{U_{\text{R}}} \tag{3.2.7}$$

korrigieren.

Für explizit zeitabhängige Strom-Spannungsverläufe muss jedoch aufgrund des Verschiebungsstromes bereits zur Laufzeit der Simulation der Spannungsabfall am externen Widerstand berücksichtigt werden, wie in Unterabschnitt 2.3.2 erläutert. Hierfür muss die am Bauteil tatsächlich anliegende Spannung $U_{\text{eff}}(t')$ für jeden Zeitschritt iterativ aus der zum Zeitpunkt t' angelegten Spannung $U(t')$, dem Gesamtstrom j_{tot} und dem Spannungsabfall am externen Widerstand $U_{\text{R}}(t) = R \cdot j_{\text{tot}}(t) \cdot A$ berechnet werden. Das hierfür implementierte Iterationsverfahren ist schematisch in Abbildung 3.2.2 dargestellt. Im ersten Schritt (1) wird der Strom zum Zeitpunkt t' aus der effektiv anliegenden Spannung U_{neu} (im ersten Iterationsdurchlauf ist diese gleich der angelegten Spannung, also $U_{\text{neu}} = U(t')$) und der Ableitung der Spannung dU_{neu}/dt berechnet. Aus dem berechneten Gesamtstrom ergibt sich dann im zweiten Schritt (2) der Spannungsabfall am externen Widerstand. Aus der Differenz des Spannungsabfalls U_{R} und der effektiv anliegenden Spannung $U(t')$ wird im dritten Schritt (3) der neue Wert U'_{neu} der am Bauteil effektiv anliegenden Spannung berechnet. Ist der Betrag der Differenz $U'_{\text{neu}} - U_{\text{neu}}$ relativ zur anliegenden Spannung U_{neu}

$$U'_{\text{neu}} - U_{\text{neu}} > 10^{-9}\,\text{V}, \tag{3.2.8}$$

so wird ein weiterer Iterationschritt mit $U_{\text{neu}} = 0.5\,(U_{\text{min}} + U_{\text{max}})$ durchgeführt. Je nach Vorzeichen der Differenz muss die effektiv anliegende Spannung U_{neu} für den nächsten Zeitschritt verkleinert bzw. vergrößert werden und die obere bzw. untere Schranke $U_{\text{max}}/U_{\text{min}}$ wird auf den für den aktuellen Iterationsschritt verwendeten Spannungswert U_{neu} gesetzt. Ist die Abbruchbedingung $U'_{\text{neu}} - U_{\text{neu}} < 10^{-9}\,\text{V}$ erfüllt, so ist die effektiv am Bauteil anliegende Spannung U_{eff} zum aktuellen Zeitpunkt durch $U_{\text{eff}} = U'_{\text{neu}}$ bestimmt und die Iteration erfolgreich beendet. Die Iteration muss für jeden Zeitschritt erneut durchgeführt werden.

3.2.6 Ladungsträgertransport

In dieser Arbeit werden im Wesentlichen zwei Transportmodelle für die Beschreibung von nicht-dispersivem und dispersivem Ladungsträgertransport verwendet, deren prinzipiell grundlegende Unterschiede in Unterabschnitt 2.2.2 diskutiert wurden. Ausgangspunkt dieser Arbeit ist die Beschreibung des Ladungsträgertransports im Rahmen der konventionellen Drift-Diffusions-Näherung. Unter konventioneller Modellierung wird dabei in dieser Arbeit verstanden, dass den Ladungsträgern der Elektronen und Löchern eine mittlere Beweglichkeit μ zugeordnet wird, mit denen sich alle Ladungsträger fortbewegen. Je nach Wahl des Modells kann die Beweglichkeit hierbei grundsätzlich als feld- und temperaturabhängig angenommen werden.

Konventionelle Beschreibung

Die bekannteste Form der Modellierung im Rahmen der konventionellen Beschreibung erfolgt nach dem Poole-Frenkel-Modell mit der Beweglichkeit

$$\mu(x) = \mu_0 \cdot \exp\left(\sqrt{\frac{E(x)}{E_0}}\right), \tag{3.2.9}$$

welche lediglich eine Feld-, aber keine Temperaturabhängigkeit aufweist. E_0 ist hierbei eine Feldkonstante. Da die exakte Feldabhängigkeit meist nicht bekannt ist, wird standardmäßig in den Simulationen mit einer konstanten Beweglichkeit gerechnet. Hierfür wird die Feldkonstante E_0 sehr groß gewählt, so dass $E_0 \gg E$ und damit $\mu(x) = \mu_0$ gilt.

3.2.7 Ladungsträgergeneration

Das am weitesten verbreitete Modell der Ladungsträgergeneration ist das von Goliber erweiterte Onsager-Braun-Dissoziationsmodell, welches standardmäßig in den Simulationen verwendet wird. Während in Unterabschnitt 2.2.1 bereits die Grundlagen des Modells diskutiert wurden, wird im Folgenden die Umsetzung des Modells in der Simulation beschrieben.

Onsager-Braun-Dissoziationsmodell

Die Wahrscheinlichkeit der Generation ungebundener Elektron-Loch-Paare ist feld- und temperaturabhängig und gegeben durch

$$P(T,E(x)) = \int_0^\infty p(x',T,E(x))f(a,x')dx', \tag{3.2.10}$$

mit $f(a,x')$ aus Gleichung 2.2.4 und $p(x',T,E(x))$ aus Gleichung 2.2.2. Das Modell sagt eine starke Feld- sowie Temperaturabhängigkeit voraus. In der Simulation wird angenommen, dass die Ladungsträger instantan, also ohne zeitliche Verzögerung von den einfallenden Photonen generiert werden. Dies lässt sich hinreichend durch den schnellen Prozess der CT-Dissoziation begründen, der im Pikosekundenbereich stattfindet und damit deutlich schneller ist als die maximale zeitliche Auflösung in den hier zugrunde liegenden Experimenten von ca. 1 ns. Man beachte, dass dieser Näherung die Annahme zu Grunde liegt, dass alle Exzitonen verlustfrei in CTs umgewandelt werden, da der maximale Abstand vom Ort der Exzitonengeneration zur nächsten Donor-/Akzeptor-Grenzfläche kleiner als die Exzitonen-Diffusionlänge ist. Die Anzahl der generierten Ladungsträgerpaare errechnet sich nach Multiplikation der ortsabhängigen Generationsrate $G^0(x)$ mit der Dissoziationswahrscheinlichkeit und ist gegeben durch

$$G(T,E,x) = P(T,E,x) \cdot G^0(x). \tag{3.2.11}$$

3.2.8 Ladungsträgerinjektion/Extraktion

Elektronen an der Anodenseite des Bauteils sind mit einer Energiebarriere ($E_{\mathrm{gap,A}} = 1.4\,\mathrm{eV}$) zwischen der Austrittsarbeit der Anode und dem LUMO des Akzeptors konfrontiert. Das gleiche Argument gilt für die Löcher an der Kathodenseite. Im Rahmen der ohmschen Modellierung wird daher Ladungsträgerinjektion über die hohen Barrieren an den beschriebenen Grenzflächen vernachlässigt. Diese Näherung impliziert kleine Dunkelströme in Rückwärtsrichtung, was eine gute Näherung bis zu Spannungen von $U = -5\,\mathrm{V}$ ist [8]. Da zudem die gemessenen transienten Photopulse um den Dunkelstrom korrigiert werden, ist dies eine sehr gute Näherung für den Vergleich von Simulation und Experiment. Entsprechend sind die Dichten im ohmschen Modell nach der Boltzmann-Statistik für die Elektronen gegeben durch

$$n_{\mathrm{e}}(0) \;=\; N_{\mathrm{c}} \cdot \exp\left(-\frac{q \cdot E_{\mathrm{gap,K}}}{k_{\mathrm{B}}T}\right) \tag{3.2.12}$$

$$n_{\mathrm{e}}(L) \;=\; N_{\mathrm{c}}, \tag{3.2.13}$$

mit der effektiven Zustandsdichte in der Organik N_c. Für die Löcher gilt analog

$$n_h(0) = N_c \tag{3.2.14}$$

$$n_h(L) = N_c \cdot \exp\left(-\frac{q \cdot E_{gap,A}}{k_B T}\right) \tag{3.2.15}$$

Während in Rückwärtsrichtung einer J-U-Kennlinie einer organischen Solarzelle eine ohmsche Modellierung im Rahmen der Drift-Diffusions-Näherung als hinreichend gut angesehen werden kann, zeigt sich jedoch in Vorwärtsrichtung ein abweichendes Verhalten des simulierten Stromverlaufs vom gemessenen [87, 102].

Für die Modellierung der Solarzellen werden daher in der Regel die Randbedingungen nach dem thermionischen Injektionsmodell von Barker gewählt. Wie in Unterabschnitt 2.2.4 hergeleitet, setzt sich die Stromdichte an den Grenzflächen aus einem Injektions- $\left(J^{inj}\right)$ sowie einem Rekombinationsterm $\left(J^{rec}\right)$ zusammen. Mit den Teilchendichten n_a und n_k an der Grenzfläche zur Anode (links) bzw. Kathode (rechts) und $B = 16\pi\varepsilon_0\varepsilon_r(k_B T)^2/q^2$ ergeben sich für die Elektronen die folgenden Randbedingungen:

$$J^{inj}_{e,links} = \begin{cases} -B\mu_e N_0 \cdot \exp\left(\frac{-\Phi_{el}}{k_E T}\right)\exp\left(\sqrt{f}\right) & E < 0 \\ -B\mu_e N_0 \cdot \exp\left(-\frac{\Phi_{el}+q|E|r_c/4}{k_B T}\right) & E \geq 0 \end{cases} \tag{3.2.16}$$

$$J^{rec}_{e,links} = \begin{cases} B\mu_e n_a \left(\frac{1}{\psi^2}-f\right)/4 & E < 0 \\ B\mu_e n_a & E \geq 0 \end{cases} \tag{3.2.17}$$

$$J^{inj}_{e,rechts} = \begin{cases} B\mu_e N_0 \cdot \exp\left(-\frac{\Phi_{er}+q|E|r_c/4}{k_B T}\right) & E \leq 0 \\ B\mu_e N_0 \cdot \exp\left(\frac{-\Phi_{er}}{k_B T}\right)\exp\left(\sqrt{f}\right) & E > 0 \end{cases} \tag{3.2.18}$$

$$J^{rec}_{e,rechts} = \begin{cases} -B\mu_e n_k & E \leq 0 \\ -B\mu_e n_k \left(\frac{1}{\psi^2}-f\right)/4 & E > 0, \end{cases} \tag{3.2.19}$$

Die freie Zustandsdichte N_0 wird in den Simulationen als ein Fitparameter behandelt und ist daher unabhängig von dem Parameter der freien Zustandsdichte in der Detrappingrate zu sehen. Analog gelten die Randbedingungen gerade spiegelverkehrt für die Löcher und sind explizit in Ref. [128] angegeben. Eine detaillierte Herleitung der Formeln findet sich in Ref. [113].

3.2.9 Verlustprozesse

Die in der Simulation standardmäßig berücksichtigten Verlustprozesse werden in diesem Unterabschnitt erläutert. Die Modellierung der auftretenden Verlustprozesse im Ladungsträger-Generationsprozess im Rahmen des Onsager-Braun-Dissoziationsmodell wurden bereits in 3.2.7 diskutiert.

Langevin-Rekombination

Wie ausführlich in Unterabschnitt 2.2.3 diskutiert, ist die bimolekulare Rekombination in organischen Donor-Akzeptor-Mischsystemen stark reduziert. In der Simulation wird daher eine um den Faktor R_{fac} reduzierte Langevin-Rekombination

$$R = R_{\text{fac}} \cdot \frac{e(\mu_{\text{e}} + \mu_{\text{h}})}{\varepsilon_0 \varepsilon_{\text{r}}} \cdot n_{\text{e}} n_{\text{h}} \qquad (3.2.20)$$

angenommen, der standardmäßig auf einen Wert von $R_{\text{fac}} = 10^{-3}$ gesetzt wird [75, 76].

Exzitonen-Quenching

Aus Rechenzeitgründen und mangels exakter mathematischer Theorien wird auf eine Ratenbeschreibung des Exzitonen-Quenchings an den Elektroden-Oberflächen verzichtet. Vielmehr wird ein vereinfachter Ansatz gewählt, bei dem eine mit dem Abstand d_{q} linear abnehmende Quenching-Wahrscheinlichkeit angenommen wird. Ausgehend von einem Exzitonenverlust von 100% direkt an der Elektrode steigt die Generationsrate linear an auf den ursprünglichen Wert am Ort $x = d_{\text{q}}$, mit einem Standardwert von $d_{\text{q}} = 5\,\text{nm}$.

3.3 Zusammenfassung und Ausblick

In diesem Kapitel wurden die theoretischen Konzepte der optischen wie auch der elektrischen Simulation vorgestellt, sowie Modellierung der grundlegenden physikalischen Eigenschaften organischer Photodioden und Solarzellen im Rahmen der Drift-Diffusions-Näherung. Auf Grundlage dessen folgen im Anschluss an dieses Kapitel die Diskussion erster Simulationsergebnisse der transienten Stromantwort organischer Photodioden, die im Rahmen der konventionellen Drift-Diffusions-Näherung simuliert werden.

4 Simulation der Stromantwort organischer Photodioden

In diesem Kapitel werden optoelektronische Simulationen der transienten Stromantwort organischer Photodioden auf einen einfallenden Laserpuls im Rahmen der konventionellen Modellierung vorgestellt. Mit Hilfe der Transfer-Matrix-Methode wird die lokale Intensitätsverteilung des einfallenden Lichts in der aktiven Schicht bestimmt, aus der sich die räumliche Verteilung der absorbierten Photonen berechnen lässt. Das Absorptionsprofil dient als Eingangsparameter für die elektrische Simulation. Im Anschluss daran wird das Grundprinzip der Impulsantwort sowie der zeitliche Verlauf der Ladungsträgerdichten diskutiert, anhand dessen ein detaillierter Einblick in das charakteristische Abfallverhalten der Stromdichte gewonnen werden kann. Ebenso wird der bedeutende Einfluss der Beweglichkeit auf das Anstiegs- wie auch Abfallverhalten anhand von Simulationen demonstriert. Das gewonnene Grundverständnis der transienten Stromantwort wird weiter vertieft, in dem die Abhängigkeiten von extern veränderbaren Parametern wie Leistungsdichte, extern anliegende Spannung, Diodendurchmesser und Temperatur anhand des Vergleichs der simulierten mit den gemessenen Impulsantworten detailliert studiert werden. Dabei werden starke Auswirkungen von Raumladungseffekten identifiziert, die zusammen mit dem stark vom Diodendurchmesser abhängigen Spannungsabfall am externen Widerstand zu einem drastisch verlangsamten Stromdichteabfall führen. Durch gleichzeitiges Anpassen der Simulationskurven an die Messdaten für drei verschiedene Spannungen, drei verschiedene Leistungsdichten und drei verschiedene Diodendurchmesser lässt sich eine effektive Elektronenbeweglichkeit von $\mu_e = 3.5 \times 10^{-7}\,m^2/Vs$ sowie eine Löcherbeweglichkeit von $\mu_h = 3.0 \times 10^{-8}\,m^2/Vs$ bestimmen. Die gemessene starke Temperaturabhängigkeit der Impulsantwort kann auf eine um bis zu 90% gesteigerte Elektronenbeweglichkeit bei Erhöhung der Temperatur von

$T = 11^\circ C$ auf $T = 50^\circ C$ zurückgeführt werden. Für die temperaturabhängigen Simulationen wird hierfür das feld- und temperaturabhängige correlated-disorder-Beweglichkeitsmodell verwendet[1].

Noch immer sind zahlreiche physikalische Prozesse in organischen *bulk-heterojunction*-Solarzellen und Photodioden nicht vollständig verstanden. Bauteil-Simulationen helfen dabei, ein tieferes Verständnis der auftretenden Prozesse zu erhalten und den Einfluss verschiedener Parameter auf die Kennlinien aufzuzeigen. Seit einigen Jahren arbeiten bereits zahlreiche Forschungsgruppen auf dem Gebiet der numerischen Simulation von organischen Solarzellen [37, 96, 127, 129, 130]. Bislang konzentrierten sich die Arbeiten dabei meist auf die Beschreibung des Gleichgewichtszustandes der Strom-Spannungs-Charakteristik. Ein Nachteil der *steady-state* Untersuchungen ist die Überlagerung verschiedener physikalischer Prozesse, deren Einflüsse folglich nicht immer unabhängig voneinander untersucht werden können.

Ein ergänzender Ansatz ist die Untersuchung der zeitlichen Entwicklung der Strom-Spannungs-Charakteristiken nach gepulster Anregung. Dies ist eine vielversprechende Methode, die prinzipiell ermöglicht, den Einfluss verschiedener physikalischer Prozesse weiter differenziert zu untersuchen, da unterschiedliche physikalische Prozesse in unterschiedlichen Zeitbereichen oder bei unterschiedlichen Feld- bzw. Stromstärken dominant sein können. Bekannteste Vertreter der zeitabhängigen Messungen sind Laufzeitmessungen (engl. *time-of-flight measurements*) [131–133], Messungen der Ladungsträgerextraktion bei linear ansteigender Spannung (engl. *charge carrier extraction by linearly increasing voltage* (CELIV)) [76, 134–136] bzw. Photo-CELIV [134, 137, 138] sowie Photo-Leitfähigkeitsmessungen (engl. *photoconductivity measurements*) [27, 39, 139].

Die in dieser Arbeit verwendete Methode ist das Impulsantwort-

---

[1] Teile dieses Kapitels wurden bereits in folgenden Publikationen veröffentlicht:

N. S. Christ et al., *Nanosecond response of organic solar cells and photodetectors*, J. Appl. Phys. 105, 104513 (2009)

S. Züfle, N. Christ et al., *Influence of temperature-dependent mobilities on the nanosecond response of organic solar cells and photodetectors*, Appl. Phys. Lett. 97, 063306 (2010).

Messverfahren, d.h. die Untersuchung der zeitabhängigen Stromantwort einer organischen Photodiode auf einen einfallenden Laserpuls. Ziel der numerischen Simulationen ist es, die im Experiment gemessene charakteristische Stromantwort nachzuvollziehen und somit ein tiefgehendes Verständnis der ablaufenden physikalischen Prozesse zu erhalten.

Im ersten Abschnitt dieses Kapitels wird die für die elektrische Simulation benötigte Berechnung des lokalen Absorptionsprofils mittels der Transfer-Matrix-Methode vorgestellt. Im Anschluss daran wird im zweiten Abschnitt das Grundprinzip der transienten Stromantwort im Rahmen der konventionellen Drift-Diffusions-Näherung vorgestellt. Im dritten Abschnitt wird der Einfluss der extern veränderbaren Parametern Diodendurchmesser, Leistungsdichte und extern anliegender Spannung auf die Kennlinie diskutiert, bevor im letzten Abschnitt auf die Temperaturabhängigkeit der Stromantwort eingegangen wird.

4.1 Ladungsträgergenerationsprofil

Wie in Abschnitt 3.1 diskutiert, müssen für die Simulation des lokalen Absorptionsprofils aufgrund der dünnen Bauteildicke Interferenzeffekte in organischen Photodioden und organischen Solarzellen berücksichtigt werden. In Abbildung 4.1.1 ist das simulierte Betragsquadrat des elektrischen Feldes über den Ort x in einer organischen Photodiode für senkrecht einfallendes Laserlicht mit einer Wellenlänge von $\lambda = 532\,\text{nm}$ dargestellt. Der Wert am Ort $x = 0$ entspricht dem Betragsquadrat des Feldes links von der Grenzfläche zwischen Glassubstrat und ITO. Die Schichtdicke $d = 110\,\text{nm}$ des Absorbers P3HT:PCBM in Abbildung 4.1.1 ist entsprechend der Schichtdicke des experimentell vermessenen Bauteils gewählt. Die in der Simulation verwendeten komplexen Brechungsindizes sind der Literatur entnommen [140–142]. Licht fällt von links auf das Bauteil ein. Vielfachreflexionen an allen Grenzflächen zwischen den einzelnen Schichten führen zu der dargestellten nichttrivialen Intensitätsverteilung. Mit Gleichung 3.1.16 lässt sich aus dem Betragsquadrat des elektrischen Feldes die Anzahl der in der aktiven Schicht absorbierten Photonen als Funktion der Ortskoordinate x

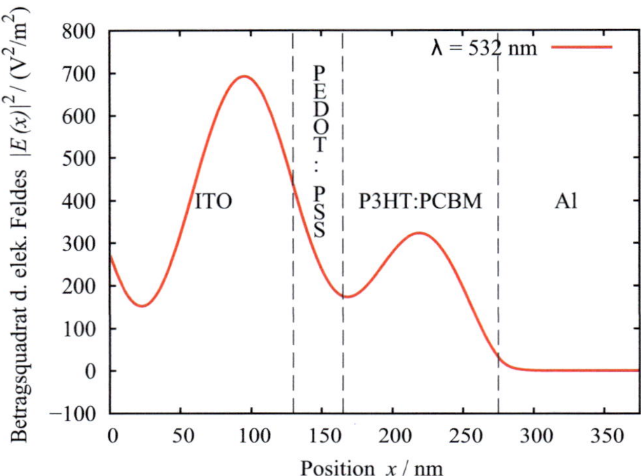

Abb. 4.1.1: Betragsquadrat des elektrischen Feldes in Abhängigkeit vom Ort x in der organischen Photodiode bei einem einfallenden Laserlicht mit einer Wellenlänge von $\lambda = 532$ nm.

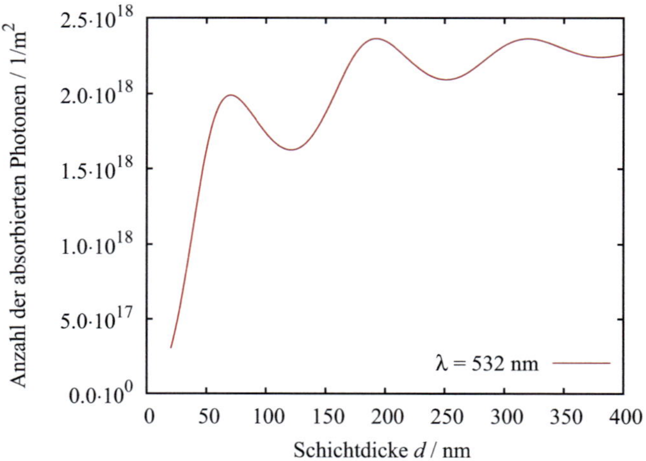

Abb. 4.1.2: Anzahl der absorbierten Photonen in Abhängigkeit der Absorberschichtdicke P3HT:PCBM.

Tab. 4.2.1: Basisparametersatz für die Simulationen im Rahmen der konventionellen Drift-Diffusions-Näherung.

Parameter	Symbol	Wert
Elektronenbeweglichkeit	μ_e	$3 \times 10^{-7}\,\mathrm{m^2/Vs}$
Löcherbeweglichkeit	μ_h	$2 \times 10^{-8}\,\mathrm{m^2/Vs}$
Externer Widerstand	R	$60\,\Omega$
Built-in-Spannung	U_{bi}	-0.9 V
Langevin-Korrekturfaktor	R_{fac}	1×10^{-3}
Elektron-Loch-Paar Abstand	a	1.8 nm
Relaxationsrate	k_f	$1 \times 10^4\,1/s$
Effektive Zustandsdichte (Randbedingung links/rechts)	N_c	$1 \times 10^{25}\,1/m^3$
Komplexer Brechungsindex P3HT:PCBM bei $\lambda = 532$ nm	$\tilde{n}$	$2.05 + i0.46$ [141]

berechnen. Trägt man die aus der optischen Simulation bestimmte Anzahl der absorbierten Photonen über der Schichtdicke d der aktiven Schicht auf, so zeigt sich das Interferenzverhalten sehr deutlich. Wie in Abbildung 4.1.2 zu sehen ist, bilden sich ausgeprägte Maxima und Minima in Abhängigkeit der Schichtdicke aus.

Aufgrund des großen Extinktionskoeffzienten k von Al wirkt die Metall-Elektrode als optischer Spiegel. Durch den Phasensprungs von $\lambda/2$ bei Reflexion einer einfallenden ebenen Welle an einer Grenzfläche zu einem optisch dichteren Medium fällt das Betragsquadrat des elektrischen Feldes exponentiell zur Kathode hin ab, wie in Abbildung 4.1.1 zu sehen ist. Nahe der Kathode wird daher das Betragsquadrat des elektrischen Feldes sehr klein.

4.2 Simulation im Rahmen der konventionellen Drift-Diffusions-Näherung

Exemplarisch für die transiente Simulation der Stromantwort wird einführend im folgenden Unterabschnitt 4.2.1 eine Standardsimulation im Rahmen der konventionellen Drift-Diffusions-Näherung vorgestellt. Zudem wird der Vergleich mit Messkurven herangezogen, um den prinzipiellen Einfluss auf die Kennlinie bei Variation von Messparametern wie der extern angelegten Spannung und der Laserleistung, aber auch bei Variation des Diodendurchmessers zu erklären. Für die Simulationen wird ein Standard-Parametersatz verwendet, der in Tabelle 4.2.1 aufgelistet ist. Der externe Widerstand von $R = 60\,\Omega$ setzt sich dabei aus dem $50\,\Omega$ Widerstand des Oszilloskops sowie einem $10\,\Omega$ seriellen Widerstand zusammen. Letzterer ist im Wesentlichen durch den ohmschen Verlust in der ITO-Schicht bestimmt, da die extrahierten Ladungsträger über die Fläche des ITOs bis hin zu den Zacken des Kontaktstiftkranzes fließen müssen (vgl. Abbildung 2.4.2). Die Abschätzung des Wertes beruht auf Messungen an Blindsubstraten. Die eingebaute Spannung U_{bi} ist entsprechend der Differenz der Elektrodenaustrittsarbeiten gewählt. Der Langevin-Korrekturfaktor wird standardmäßig auf $R_{fac} = 1 \times 10^{-3}$ gesetzt, wie bereits in Unterabschnitt 3.2.9 diskutiert. Die Parameter für die Exzitonen-Dissoziationswahrscheinlichkeit sind an die Werte in Ref. [143] angelehnt und ergeben eine Dissoziationswahrscheinlichkeit von ca. 93% bei typischen Feldwerten von ca. $E = 1 - 5\,V/m$. Die Beweglichkeiten in dem Materialgemisch P3HT:PCBM sind stark vom Mischungsverhältnis und auch von der Morphologie abhängig. Letztere ist wiederum sehr stark von den Prozessierbedingungen beeinflusst. Dies erklärt, dass zum Teil sehr unterschiedliche Werte für die Beweglichkeiten gemessen werden [144–149]. Die für die Standard-Simulationen verwendeten Beweglichkeiten sind an die Messungen von Mihaletchi et al. angelehnt [143], dessen Forschungsgruppe ebenso wie weitere [52, 147] eine signifikant höhere Elektronen- als Löcherbeweglichkeit identifizieren konnten. Unterschiedliche Beweglichkeiten wirken sich signifikant auf den Verlauf der Stromantworten aus, was im folgenden Unterabschnitt 4.2.1 verdeutlicht wird. Die im Unterabschnitt 4.3 verwendeten Beweglichkeiten der simulierten Kennlinien werden aus dem Vergleich mit dem Experiment extrahiert. Es sei dabei betont, dass diese aus dem gleichzeitigen Angleichen der Kennlinien an die Messkurven für drei verschiedene Leistungen, drei verschiedene Spannungen und drei verschiedene Diodendurchmesser extrahiert sind.

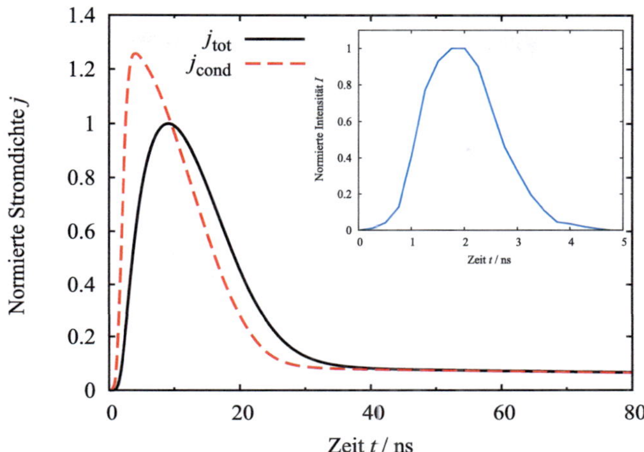

Abb. 4.2.1: Simulation der Impulsantwort einer organischen Photodiode auf einen einfallenden Laserpuls. Aufgetragen ist der zeitliche Verlauf der normierten Gesamtstromdichte j_{tot} sowie des Leitungsstroms j_{cond} bei gleichem Normierungsfaktor. Die Simulationsparameter sind nach dem Basisparametersatz in Tabelle 4.2.1 gewählt. Die Leistungsdichte in dem gewählten Beispiel beträgt $P = 4.6 \times 10^4\,\mathrm{W/m^2}$ und die angelegte Spannung ist $U = -1\,\mathrm{V}$. Im Nebenbild ist der gemessene zeitliche Verlauf des einfallenden Laserpulses dargestellt.

4.2.1 Ladungsträgerdynamik und zeitliches Stromantwortverhalten

Die Pulsbreite des für die folgenden Experimente verwendeten Lasers (frequenzverdoppelter Nd:YAG-Laser, Wellenlänge 532 nm, Wiederholungsrate 6.8 kHz) beträgt ca. 1.6 ns, wie die Messung in der in Abbildung 4.2.1 integrierten Abbildung zeigt. Die Pulsform und damit die zeitlich abhängige Generationsrate wird in der Simulation berücksichtigt, wobei sich die Leistungsdichte pro Puls aus der mittleren Laserleistungsdichte, der Wiederholungsrate sowie der Pulsbreite ergibt[2]. Das für die Simulation verwendete Generationsmodell ist das Onsager-Braun-Dissoziationsmodell (siehe 3.2.7). Die

---

[2]Die Leistungsdichte beschreibt hier und im Folgenden die auf die Halbwertsbreite des gaussförmigen Laserpulses umgerechnete mittlere Leistung eines Rechteckpulses. Die Energiedichte ergibt sich demnach durch Multiplikation der Leistungsdichte mit der Halbwertsbreite des Laserpulses.

räumliche Verteilung der Intensitätsverteilung ergibt sich aus der optischen Simulation. Die über die Dauer des Laserpulses generierten freien Ladungsträger driften im elektrischen Feld zu den Elektroden und generieren dabei einen Photostrom, bis alle Ladungsträger an den Elektroden extrahiert sind. Aufgrund des eingebauten Feldes ist der Photostrom dabei bereits im Kurzschlussfall sowie in Rückwärtsrichtung fast ausschließlich driftdominiert. Der zeitliche Verlauf der Leitungsstromdichte[3] j_{cond} bei einer Leistungsdichte von $P = 4.6 \times 10^4\,\mathrm{W/m^2}$ und einer angelegten Spannung von $U = -1\,\mathrm{V}$ ist in Abbildung 4.2.1 dargestellt. An dieser Stelle sei angemerkt, dass die Stromdichte in Rückwärtsrichtung negativ ist, der besseren Übersicht halber jedoch die Stromdichte in allen in dieser Arbeit vorgestellten transienten Kennlinien invertiert, also mit positivem Vorzeichen aufgetragen wird. Während die Anstiegszeit der Leitungsstromdiche im einstelligen Nanosekundenbereich liegt, verläuft der Anstieg der (tatsächlich messbaren) Gesamtstromdichte j_{tot} deutlich langsamer. Ursache hierfür ist der steigende Spannungsabfall am externen Widerstand mit steigender Stromdichte, der zu einer Änderung der am Bauteil effektiv anliegenden Spannung U_{eff} nach Gleichung 3.2.7 führt. Der durch die Spannungsänderung induzierte Verschiebungsstrom wirkt dem Leitungsstrom entgegen und verlangsamt daher das Anstiegs- wie auch später das Abfallverhalten. Mit dem Ende des Laserpulses nach $t = 4.8\,\mathrm{ns}$ werden keine neuen Ladungsträger mehr generiert und der Leitungsstrom sinkt aufgrund der stetigen Ladungsträgerextraktion an den Elektroden bzw. durch Rekombination der Ladungsträger. Infolgedessen wird die Änderung der effektiv anliegenden Spannung wieder kleiner, bis der Leitungsstrom unter den Wert des Gesamtstroms fällt. Im Kreuzungspunkt ist die Änderung der effektiv angelegten Spannung und damit der Verschiebungsstrom Null[4]. Die Gesamtstromdichte erreicht zu diesem Zeitpunkt ihr Maximum, welches folglich deutlich nach dem Ende des Laserpulses erreicht wird (in der Simulation wird die Laserintensität nach der Zeit $t \geq 4.76\,\mathrm{ns}$ auf Null gesetzt). Der weitere Abfall der Leitungsstromdichte führt wieder zu einer Änderung der am Widerstand abfallenden Spannung

---

[3] Da es sich um eine 1D-Simulation handelt, werden in der Simulation Stromdichten berechnet. Der Gesamtstrom ergibt sich aus der Multiplikation des Stroms mit der Fläche des Bauteils.

[4] Im Maximum der Gesamtstromdichte gilt: $dI_{\mathrm{tot}}/dt = 0$ und damit bei konstant anliegender Spannung auch $dU/dt = 0$.

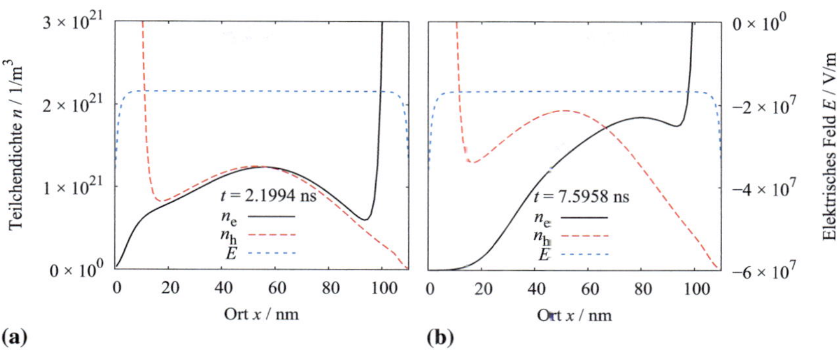

Abb. 4.2.2: Ladungsträgerdichte sowie elektrische Feldverteilung in der aktiven Schicht für die Zeiten $t = 2.2\,\text{ns}$ a) und $t = 7.6\,\text{ns}$ b) nach Beginn des Laserpulses.

mit nun umgekehrtem Vorzeichen, weswegen die Gesamtstromdichte nach Erreichen des Maximums größer ist als die Leitungsstromdichte. Im Folgenden sinkt die Leitungs- sowie auch die Gesamtstromdichte, bis alle Ladungsträger an den Elektroden extrahiert sind. Die Abfallcharakteristik ist dabei im Wesentlichen durch den Ladungsträgertransport bestimmt, der unter anderem vom elektrischen Feld und damit auch von der eingestrahlten Leistung abhängig ist, wie in den folgenden Unterabschnitten näher erläutert wird.

Mit Hilfe der Simulation lässt sich neben dem zeitlichen Verlauf der Stromdichte auch der zeitliche Verlauf der Teilchendichten bzw. der elektrischen Feldverteilung detailliert analysieren. Um dies zu veranschaulichen, sind in Abbildung 4.2.2 die Teilchendichten der Elektronen und der Löcher sowie das elektrische Feld in der 110 nm dicken aktiven Schicht zu zwei verschiedenen Zeitpunkten $t = 2.2\,\text{ns}$ und $t = 7.6\,\text{ns}$ dargestellt. An der räumlich inhomogenen Verteilung der Ladungsträgerdichte in Unterabbildung 4.2.2a erkennt man das Interferenzprofil aus der optischen Simulation. Zudem lässt sich an den Rändern der aktiven Schicht das in den Simulationen berücksichtigte Exzitonen-Quenching anhand der abfallenden Ladungsträgerdichte zu den Elektroden hin erkennen. Die Elektronen driften im (negativen) elektrischen Feld zur Kathode auf der rechten Seite, während die Löcher zur Anode auf der linken Seite driften. Dies führt zu dem zeitlich zunehmenden Versatz des

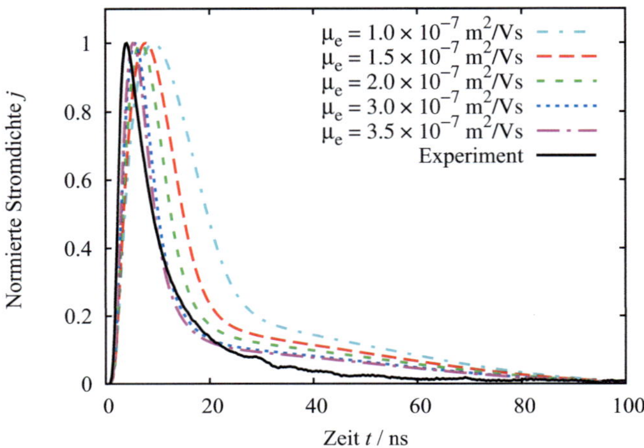

Abb. 4.2.3: Normierte Impulsantworten bei Variation der Elektronenbeweglichkeit μ_e. Die angelegte Spannung beträgt $U = -5\,\text{V}$ und die Löcherbeweglichkeit $\mu_\text{h} = 2 \times 10^{-8}\,\text{m}^2/\text{Vs}$.

Maximums der Ladungsträgerdichte von Elektronen und Löchern zu späteren Zeiten, wie exemplarisch in Abbildung 4.2.2b ersichtlich. Bei dem gewählten Beispiel sind die erzeugten Raumladungsdichten mit einer Laserleistung von $P = 4.6 \times 10^4\,\text{W}/\text{m}^2$ sehr gering, sodass diese die elektrische Feldverteilung nur unwesentlich beeinflussen. Aufgrund der geringen Leistung ist der Gesamtstrom und damit auch der Spannungsabfall am externen Widerstand klein, weswegen über den gesamten Zeitbereich der Stromantwort ein nahezu konstantes elektrisches Feld über der aktiven Fläche anliegt.

4.2.2 Einfluss der Beweglichkeiten μ_e und μ_h

Die Untersuchung der zeitlichen Impulsantwort einer organischen Photodiode bietet prinzipiell die Möglichkeit, den Einfluss der Elektronen und Löcher zu separieren, da sie zu unterschiedlichen Zeitbereichen den Stromanteil dominieren (vorausgesetzt, die Elektronen- und Löcherbeweglichkeiten sind in dem zu untersuchenden Material hinreichend unterschiedlich). Aus dem Vergleich mit experimentellen Daten sollte es daher möglich sein,

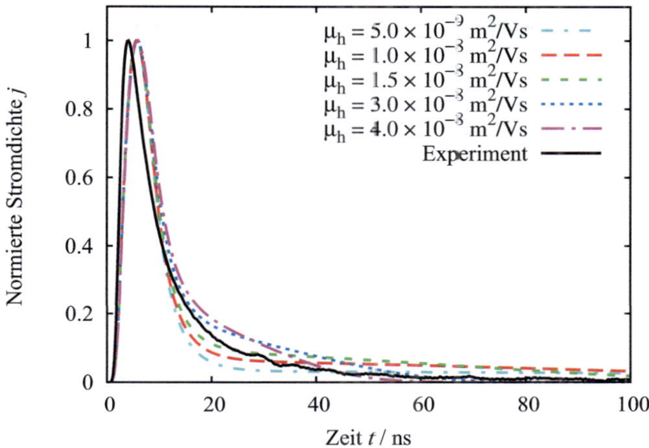

Abb. 4.2.4: Normierte Impulsantworten bei Variation der Löcherbeweglichkeit μ_h. Die angelegte Spannung beträgt $U = -5$ V und die Elektronenbeweglichkeit $\mu_e = 3 \times 10^{-7}$ m^2/Vs.

die Elektronen- und Löcherbeweglichkeit unabhängig voneinander abschätzen zu können. Den einleitend erwähnten starken Einfluss der Beweglichkeit auf das transiente Abfallverhalten der Stromdichte nach einem Laserpuls zeigt sich in Abbildung 4.2.3, worin die simulierten Impulsantworten für verschiedene Elektronenbeweglichkeiten von $\mu_e = 1 \times 10^{-7}$ m^2/Vs bis $\mu_e = 3.5 \times 10^{-7}$ m^2/Vs bei einer angelegten Spannung von $U = -5$ V und einer Leistungsdichte von P=4.6$\times 10^4$ W/m^2 dargestellt sind. Analog dazu sind in Abbildung 4.2.4 die Impulsantworten für verschiedene Löcherbeweglichkeiten von μ_h=1$\times 10^{-8}$ m^2/Vs bis $\mu_h = 3.5 \times 10^{-8}$ m^2/Vs dargestellt.

Betrachtet man Abbildung 4.2.3, so zeigt sich ein deutlich schnelleres Abfallverhalten der Stromdichte mit steigender Elektronenbeweglichkeit. Die Abfallszeit[5] (engl. *fall time*) reduziert sich von 90 ns bei einer angenommenen Beweglichkeit von $\mu_e = 1 \times 10^{-7}$ m^2/Vs auf 55 ns bei $\mu_e = 3.5 \times 10^{-7}$ m^2/Vs. Dies erklärt sich durch den größeren Driftstrom der Ladungsträger, der proportional zur Ladungsträgerbeweglichkeit ist. Je schneller die Elektronen

---

[5]Die Abfallszeit ist definiert als die Zeit, bei der die Stromdichte von 90% auf 10% ihres Maximalwertes abgefallen ist.

im elektrischen Feld driften, desto schneller werden sie an der Kathode extrahiert und tragen im Folgenden nicht mehr zur Stromdichte bei. Aufgrund der ca. zehnfach höheren Elektronenbeweglichkeit im Vergleich zu der der Löcher ist der schnelle Anstieg wie auch der schnelle Abfall durch den Driftstrom der Elektronen dominiert.

Als zweiten Effekt sieht man ein zunehmend zeitlich früheres Erreichen des Maximums der Stromdichte mit zunehmender Elektronenbeweglichkeit. Wie einleitend diskutiert, ist die schnelle Abnahme der Leitungsstromdiche (vgl. Abbildung 4.2.1) im Wesentlichen durch die Extraktion bestimmt (unter Vernachlässigung von Raumladungs- sowie Rekombinationseffekten, siehe Unterabschnitt 4.3.2). Je schneller die Ladungsträger extrahiert werden, desto steiler ist der Abfall und desto früher kreuzen sich Leitungs- und Gesamtstromdichte und desto früher ist daher das Maximum der Gesamtstromdichte erreicht.

Die Unterschiede bei Variation der Löcherbeweglichkeit fallen in dem untersuchten Zeitbereich deutlich geringer aus, wie aus Abbildung 4.2.4 ersichtlich. Aufgrund der kleineren Beweglichkeit der Löcher ist anfangs deren Einfluss auf die Impulsantwort gering, bis die meisten Elektronen extrahiert sind und die Drift der Löcher die Stromdichte dominiert. Dennoch führt eine höhere Beweglichkeit der Löcher zu einer größeren Stromdichte bereits ab ca. $t = 15\,\mathrm{ns}$ und damit zu einem früheren Kreuzen der dominierenden Beiträge von Elektronen und Löchern. Bei hohen Leistungsdichten führen unterschiedliche Löcherbeweglichkeiten zudem zu veränderten Raumladungseffekten, die damit auch auf die Leitungsstromdichte der Elektronen rückwirken können.

4.3 Abhängigkeit von den Parametern Diodendurchmesser, Laserleistung und Spannung

Ziel der Untersuchungsmethode der transienten Impulsantwort ist es, charakteristische Eigenschaften des Absorbermaterials zu identifizieren. Hierfür gilt es zunächst einmal, die prinzipiellen Abhängigkeiten von extern veränderbaren Parametern wie der Laserleistung, des Diodendurchmessers sowie der angelegten Spannung zu verstehen. Einige Abhängigkeiten in den gemesse-

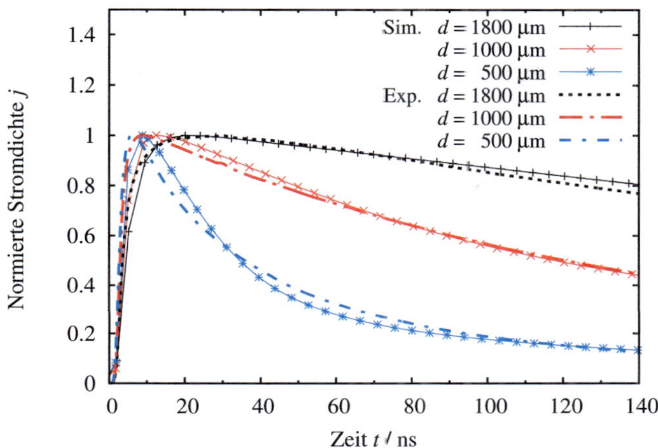

Abb. 4.3.1: Vergleich der simulierten und gemessenen Impulsantworten für drei verschiedene Diodendurchmesser bei einer mittleren gemessenen Leistungsdichte. Die angelegte Spannung ist $U = 0\,\text{V}$.

nen Impulsantworten lassen sich trivial erklären, andere dagegen, wie z.B. die Abhängigkeit von der Laserleistung, nicht. Mit Hilfe der Simulationen lässt sich insbesondere letztere genannte Abhängigkeit dennoch detailliert verstehen und somit letztlich auch erklären. In den folgenden Unterunterabschnitten werden alle genannten Abhängigkeiten vorgestellt und anhand des Vergleichs mit den Messkurven diskutiert. Die für die Messdaten notwendige Herstellung und Vermessung der OPDs wurde hierbei von Mirco Nintz, Simon Züfle, Sebastian Valouch und Siegfried Kettlitz durchgeführt.

4.3.1 Variation des Diodendurchmessers

Der Gesamtstrom I ist proportional zur Fläche der Photodiode und damit proportional zum Quadrat des Radius der kreisrunden Photodioden. Ein größerer Strom führt zu einem größeren Spannungsabfall U_R am externen Widerstand und damit zu einer stärker reduzierten, effektiv am Bauteil anliegenden Spannung U_{eff}. Der durch die Spannungsänderung induzierte Verschiebungsstrom wirkt einem schnellen Anstieg wie auch einem schnellen Abfall der Stromdichte entgegen, wobei dessen Wirkung bei größeren Durchmessern entsprechend größer ausfällt. Zudem, und bei großen Leistungen fast noch bedeutender, reduziert sich aber auch aufgrund der reduzierten effektiv anliegenden Spannung U_{eff} die elektrische Feldstärke und damit die Driftstromdichte stärker mit größerem Durchmesser. Dies hat eine zunehmend langsamere Ladunsgträgerextraktion und damit einen deutlich verlangsamten Stromdichteabfall der Impulsantwort zur Folge. Aufgrund der quadratischen Abhängigkeit des Spannungsabfalls am externen Widerstand vom Radius ($U_{\text{ext}} = \pi \cdot r^2 \cdot j \cdot R$) erwartet man daher einen großen Einfluss der Diodengröße auf die Charakteristik der Kennlinie.

In Abbildung 4.3.1 ist der Vergleich der gemessenen und simulierten Impulsantworten für die Durchmesser $d = 500\,\mu m$, $d = 1000\,\mu m$ und $d = 1800\,\mu m$ dargestellt. Für einen besseren relativen Vergleich der Kennlinien untereinander sind die Stromdichten normiert aufgetragen. Die Parameter für die simulierten Kennlinien entsprechen dem Parametersatz aus Tabelle 4.2.1, lediglich die Beweglichkeiten wurden, wie einleitend diskutiert, aus dem Angleichen der simulierten an die gemessenen Kennlinien bestimmt. Die Elektronenbeweglichkeit beträgt $\mu_e = 3.5 \times 10^{-7}\,\text{m}^2/\text{Vs}$ und die Löcherbeweglichkeit $\mu_h = 3 \times 10^{-8}\,\text{m}^2/\text{Vs}$. Die angelegte Spannung ist in dem dargestellten Beispiel $U = 0\,\text{V}$. Die tatsächliche Laserleistung wird bei jeder Messung neu gemessen und ist daher für die drei Kennlinien leicht unterschiedlich, was in den Simulationen berücksichtigt ist. Die Laserleistung ist $P = 3.89 \times 10^6\,\text{W}/\text{m}^2$ für die Kennlinien mit einem Durchmesser von $d = 500\,\mu m$, $P = 5.27 \times 10^6\,\text{W}/\text{m}^2$ für $d = 1000\,\mu m$ und $P = 3.84 \times 10^6\,\text{W}/\text{m}^2$ für $d = 1800\,\mu m$.

Wie erwartet fällt in der Simulation mit zunehmendem Diodendurchmesser der Abfall der Stromdichte in Übereinstimmung mit dem Experiment deutlich langsamer aus. Während die Stromdichte für die Diode mit dem kleinsten Radius nach 140 ns auf weniger als 20% ihres Maximums gefallen ist, ist diese gerade einmal auf ungefähr 80% ihres Maximums bei der Diode mit dem größten Durchmesser gefallen. Des Weiteren steigt mit zunehmendem Diodendurchmesser die Anstiegszeit[6] (engl. *rise time*). So ist

---

[6]Die Anstiegszeit ist definiert als die Zeit, in der die Stromdichte von 10% auf 90% ihres Maximus gestiegen ist.

das Maximum der Stromdichte in der Simulation nach der Zeit $t \approx 8.7$ ns bei einem Durchmesser von $d = 500\,\mu$m erreicht, während es bei einem Durchmesser von $d = 1800\,\mu$m erst bei $t \approx 21.4$ ns erreicht ist. In allen Fällen ist dabei das Maximum erst deutlich nach Ende der Einstrahldauer des Laserpulses erreicht, was den Einfluss der verzögernden Wirkung des Verschiebungsstroms verdeutlicht. Der sehr drastische Unterschied in der Zeitspanne bis zum Erreichen des Maximums liegt vor allem daran, dass bei den großen Durchmessern der Strom und damit der Spannungsabfall am externen Widerstand sehr groß ist. Die dadurch geringere an der Diode effektiv anliegende Spannung reduziert die Extraktionsgeschwindigkeit der Ladungsträger und damit den schnellen Abfall des Leitungsstroms in den ersten Nanosekunden nach Ende des Laserpulses. Aus der Simulation geht dabei hervor, dass die effektiv an der Diode anliegende Spannung auf bis zu 63% ihres Ausgangswertes reduziert wird bei einem Diodendurchmesser von $d = 1800\,\mu$m und der Laserleistung von $P = 3.84 \times 10^6\,\text{W/m}^2$. Bei Dioden mit großem Durchmesser ist das elektrische Feld und damit die Drift auch für das Zeitintervall nach dem Maximum noch immer stark reduziert. Dies erklärt den drastisch verlangsamten Abfall der Stromdichte bei großen Diodendurchmessern, wie in Abbildung 4.3.1 zu sehen ist. Bei dem gewählten Beispiel wirken sich noch verstärkend für den verlangsamten Abfall Raumladungseffekte aus, deren Einfluss im folgenden Unterunterabschnitt näher erläutert wird.

Die Ergebnisse verdeutlichen, dass der Einfluss des externen Widerstands zwingend in den zeitabhängigen Simulationen berücksichtigt werden muss, um einen realistischen Vergleich mit dem Experiment gewährleisten zu können. Des Weiteren wird ersichtlich, dass für ein schnelles Antwortverhalten der Photodioden für die Detektion hochfrequenter Signale die Dioden möglichst einen kleinen Durchmesser aufweisen sollten. In der Praxis muss bei der Diodengröße jedoch ein Kompromiss zwischen schnellem Antwortverhalten und großer Signalstärke getroffen werden.

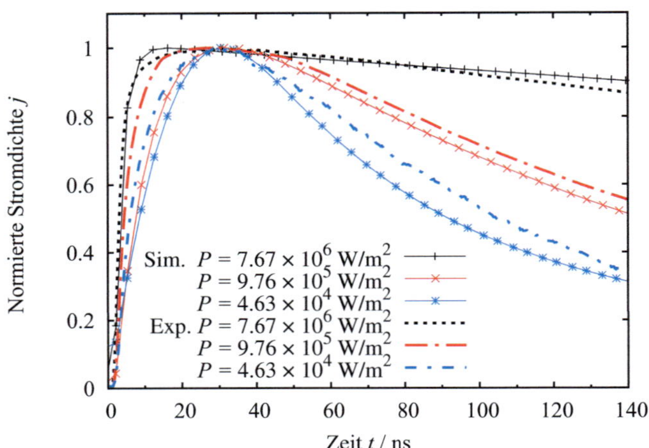

Abb. 4.3.2: Vergleich der simulierten mit den gemessenen Impulsantworten bei drei verschiedenen Leistungsdichten. Die angelegte Spannung ist $U = 0\,$V und der Diodendurchmesser ist $d = 1800\,\mu$m.

4.3.2 Raumladungseffekte bei hohen Laserleistungen

Mit zunehmender Pulsleistung steigt die Stromdichte und damit der Spannungsabfall am externen Widerstand an. Im Zuge der dadurch zunehmend reduzierten, effektiv anliegenden Spannung sinkt die Driftgeschwindigkeit v=$\mu\cdot$E. Dies zeigt sich deutlich im Abfallverhalten der gemessenen und simulierten Kennlinien für verschiedene Leistungsdichten von P=4.63×10^4 W/m^2 bis $P = 7.67 \times 10^6$ W/m^2, wie in Abbildung 4.3.2 exemplarisch für eine Diode mit dem Durchmesser $d = 1800\,\mu$m und einer angelegten Spannung von $U = 0\,$V dargestellt. Mit zunehmender Leistungsdichte fällt der Abfall der Ladungsträgerdichte deutlich langsamer aus. Nach $t = 140\,$ns ist die Stromdichte bei der größten Leistungsdichte auf ca. 90% ihres Maximalwertes gefallen, wohingegen bei der kleinsten Leistungsdichte diese zum gleichen Zeitpunkt bereits auf ca. 35% gefallen ist. Die Spannung im Maximum der Stromdichte bricht bei der größten Leistungsdichte auf einen Wert von $U = 0.25\,$V ein, was einer Spannungsreduktion auf 27% der anfangs effektiv anliegenden *built-in*-Spannung von $U = -0.9\,$V entspricht. Folglich reduziert sich auch die Ex-

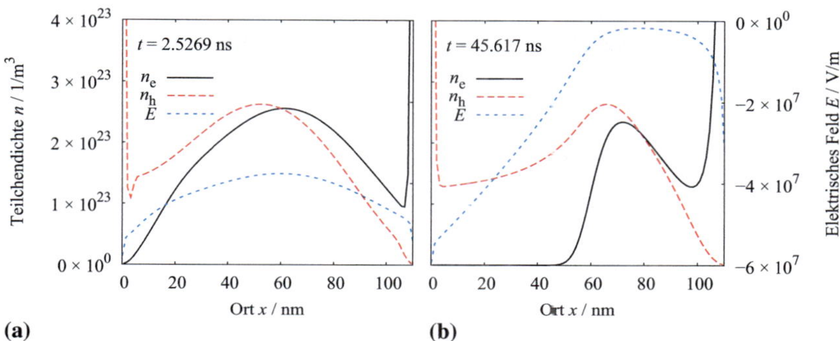

Abb. 4.3.3: Simulierte Ladungsträgerdichte- sowie elektrische Feldverteilung in der aktiven Schicht für die Zeiten $t = 2.5\,\text{ns}$ (a) und $t = 45.6\,\text{ns}$ (b) nach Beginn des Laserpulses bei einer Laserleistung von $P = 3.84 \times 10^6\,\text{W/m}^2$ und einer Spannung von $U = -5\,\text{V}$. Raumladungseffekte und Spannungsabfall am externen Widerstand führen zu einem drastischen Feldstärkeeinbruch und damit zu einer stark reduzierten Driftgeschwindigkeit der Ladungsträger.

traktionsgeschwindigkeit in vergleichbarer Größenordnung. Abhängig von der Leistungsdichte kann sich die Impulsantwort bzw. die Ladungsträgerextraktion daher um mehrere hundert Nanosekunden unterscheiden.

In Abbildung 4.3.2 zeigt sich jedoch noch ein weiterer, signifikanter Unterschied in den Impulsantworten für verschiedene Leistungsdichten. Während in der Simulation bei der größten Leistungsdichte das Maximum bereits zum Zeitpunkt $t = 17.2\,\text{ns}$ erreicht ist, ist dieses bei der kleinsten Leistungsdichte erst deutlich später zum Zeitpunkt $t = 34.7\,\text{ns}$ erreicht. Wie einleitend diskutiert, ist das Maximum durch den schnellen Abfall der Leitungsstromdichte in den ersten Nanosekunden bestimmt, der sich bei kleinen Leistungen im Wesentlichen durch die Extraktion der Elektronen ergibt. Bei großen Leistungen fällt der Leitungsstrom aus zwei Gründen: Zum einen fällt er durch die stark reduzierte, an der OPD anliegenden Spannung und der damit verbundenen reduzierten Drift und zum anderen aber auch durch den lokalen Feldeinbruch zwischen entgegengesetzt driftenden Ladungsträgern. Dies verdeutlicht sich in dem zeitlichen Verlauf der Ladungsträgerdichten sowie der Feldverteilung in Abbildung 4.3.3. Die angelegte Spannung ist in dem gewählten Beispiel $U = -5\,\text{V}$, da bei dieser Spannung der genannte Effekt am deutlichsten in Erscheinung tritt. Das Maximum der Ladungsträgerdichte der Elektronen verschiebt sich mit der Zeit in Richtung der Kathode (nach rechts), während die Löcher zur Anode driften. Aufgrund der großen Raumladungsdichte schirmen die Ladungsträger zunehmend das externe Feld ab und reduzieren die elektrische Feldstärke zwischen den zwei Maxima der Elektronen- bzw. Löcherdichte in der Mitte des Bauteils, wie in Abbildung 4.3.3a und 4.3.3b zu erkennen ist. Dies reduziert verstärkend die Drift der Ladungsträger und führt zusammen mit dem Spannungseinbruch dazu, dass bei der größten Leistungsdichte bereits nach 2.05 ns der Leitungsstrom sein Maximum erreicht und im Folgenden einbricht, obwohl der einfallende Laserpuls noch bis zu dem Zeitpunkt $t = 4.76\,\text{ns}$ neue Ladungsträger generiert. Der Leitungsstromabfall ist dabei bei der größten Leistungsdichte in den ersten Nanosekunden so drastisch, dass das Kreuzen der Kennlinie der Leitungsstromdichte und der Gesamtstromdichte und damit das Maximum der Gesamtstromdichte sehr früh erreicht ist. Im Gegensatz dazu ist bei der kleinsten Leistungsdichte der Abfall der Leitungsstromdichte im Wesentlichen nur durch die Extraktion der Ladungsträger bestimmt, die bei einer anliegenden Spannung von $U = 0\,\text{V}$ sehr langsam verläuft. Dies erklärt die zunehmende Verschiebung des Zeitpunktes des Maximums zu späteren Zeiten mit abnehmender Leistungsdichte.

Unterabbildung 4.3.3b verdeutlicht zudem noch einmal den oben bereits mehrfach erwähnten Spannungseinbruch und die damit verbundene geringe Feldstärke in der aktiven Schicht. Auch nach $t = 45.6\,\text{ns}$ ist das Feld noch in der gesamten aktiven Schicht im Bereich um das Maximum der sich fortbewegenden Ladungsträger stark reduziert. Aufgrund der geringen Feldstärke driften diese nur sehr langsam und es kommt zu dem sehr lang andauernden Abfall der Gesamtstromdichte bei hohen Leistungsdichten.

4.3.3 Spannungsabhängigkeit der Abfallszeit

Aufgrund der Feldabhängigkeit des Driftstroms erwartet man eine Veränderung der Anstiegs- sowie Abfallszeit der Impulsantwort für verschiedene an-

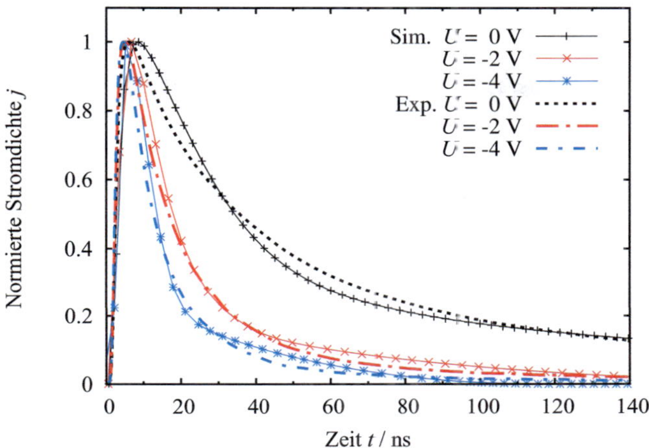

Abb. 4.3.4: Vergleich von Simulation und Experiment für verschiedene angelegte
Spannungen bei einer Leistungsdichte von $P = 3.89 \times 10^6\,\mathrm{W/m^2}$ und einem
Diodendurchmesser von $d = 500\,\mu\mathrm{m}$.

gelegte Spannungen. Durch die schnellere Ladungsträgerextraktion mit größerer Spannung sowie der schnelleren räumlichen Separation der Ladungsträger
und dem damit verbundenen schnelleren Feldeinbruch wird das Maximum der
Stromdichte schneller erreicht. Des Weiteren ist der Abfall der Stromdichte
durch die größere Driftgeschwindigkeit beschleunigt.

Wie in Abbildung 4.3.4 zu sehen ist, weisen sowohl die simulierten
als auch die gemessenen Kennlinien das vohergesagte Verhalten auf. In
dem dargestellten Beispiel ist der Diodendurchmesser $d = 500\,\mu\mathrm{m}$ und
die Leistungsdichte $P = 3.89 \times 10^6\,\mathrm{W/m^2}$. Die Anstiegszeit steigt in den
Simulationen von $t_\mathrm{r} = 2.8\,\mathrm{ns}$ bei der angelegten Spannung von $U = -4\,\mathrm{V}$
auf $t_\mathrm{r} = 3.6\,\mathrm{ns}$ bei $U = 0\,\mathrm{V}$. Entsprechend verschiebt sich das Maximum
der Stromdichte mit zunehmender negativ anliegender Spannung zu früheren
Zeiten, wobei der Effekt in der Simulation etwas stärker ausfällt als in
den gemessenen Impulsantworten. Die Diskrepanz des Zeitpunktes des
Maximums der Stromdichte zwischen Experiment und Simulation verstärkt
sich bei kleinen Leistungen und kleinen Durchmessern. Das Maximum wird

in der Simulation generell später erreicht als im Experiment, wie auch in Abbildung 4.3.4 bei der einer anliegenden Spannung von $U = -0\,$V zu sehen ist. Die Diskrepanz deutet darauf hin, dass im Rahmen der Modellierung ein Effekt unberücksichtigt bleibt, der im Experiment für einen schnellen Einbruch der Leitungsstromdichte in den ersten Nanosekunden und damit zu einem schnelleren Erreichen der maximalen Gesamtstromdichte führt. Mögliche Ursachen hierfür sind auftretende Verluste und/oder Trapzustände mit der Folge, dass ein Teil der Ladungsträger gleich zu Beginn der Pulsantwort nicht zum Stromtransport beiträgt.

Analog zu der schnelleren Anstiegszeit mit zunehmender Spannung sinkt auch die Abfallszeit aufgrund der größeren Drift von t_f=174.0 ns auf t_f=34.4 ns in den simulierten Kennlinien in Abbildung 4.3.4. Berücksichtigt man die Addition der in der Simulation berücksichtigten eingebauten Spannung von $U_\mathrm{bi} = -0.9\,$V und der angelegten Spannung, so verläuft der Anstieg der Abfallszeit näherungsweise linear mit der am Bauteil anliegenden Spannung. Lediglich bei hohen Leistungen treten Abweichungen von einem linearen Verhalten auf, deren Ursache starke lokale Feldverzerrungen aufgrund von Raumladungseffekten sind.

4.4 Temperaturabhängigkeit: Modellierung mit dem Correlated-Disorder-Modell

Für die Untersuchung der Temperaturabhängigkeit wurde der Messaufbau erweitert und eine neue Charge von Photodioden mit einer Schichtdicke von $d = 185\,$nm und einem Diodendurchmesser von $d = 1.5\,$mm vermessen. Die Messergebnisse werden im ersten Unterabschnitt 4.4.1 vorgestellt und diskutiert. Anhand des Vergleichs mit konventionellen Simulationen werden im zweiten Unterabschnitt 4.4.2 die Ursachen der gemessenen, starken Temperaturabhängigkeit erörtert. Für die Simulationen bedarf es hierbei einer Erweiterung des bisherigen Transportmodells. So erfolgt die Simulation im Rahmen der konventionellen Modellierung und einem *Gaussian-Disorder*-Beweglichkeitsmodell zur Berücksichtigung einer temperatur- und feldabhängigen Beweglichkeit.

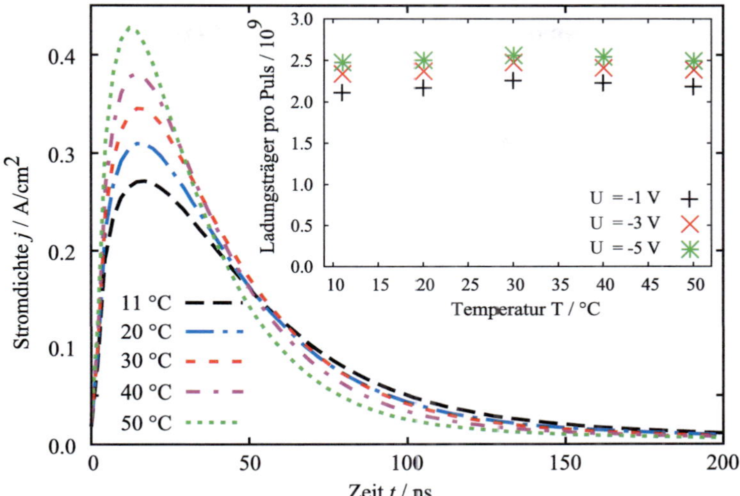

Abb. 4.4.1: Gemessene Impulsantworten im Temperaturbereich von 11 °C bis 50 °C. Die angelegte Spannung ist $U = -3\,\mathrm{V}$ und die Laser-Leistungsdichte $P = 6.25 \times 10^5\,\mathrm{W/m^2}$. Zusätzlich ist im eingefügten Bild die Anzahl der extrahierten Ladungsträger in Abhängigkeit der Temperatur für verschiedene Spannungen aufgetragen.

Für die Simulation der temperaturabhängigen Messungen wird daher das *Correlated-Disorder*-Beweglichkeitsmodell mit der feld- und temperaturabhängigen Beweglichkeit

$$\mu(x) = \mu_\infty \cdot \exp\left[-\left(\frac{3\sigma}{5k_B T}\right)^2 + 0.78 \cdot \sqrt{\frac{eaE(x)}{\sigma}} \cdot \left(\left(\frac{\sigma}{k_B T}\right)^{3/2} - \Gamma\right)\right]$$

$$(4.4.1)$$

verwendet, welches bereits in Abschnitt 2.2.2 diskutiert wurde.

4.4.1 Messergebnisse

In Abbildung 4.4.1 sind die gemessenen Impulsantworten im Temperaturbereich von 11 °C bis 50 °C dargestellt. Mit zunehmender Temperatur erhöht sich das Maximum der Stromdichte bei gleichzeitig sinkender Abfallszeit. In der darin integrierten Abbildung ist die Anzahl der extrahierten Ladungsträger aufgetragen, die aus dem Integral der Impulsantwort berechnet ist. Es findet sich dabei keine Temperaturabhängigkeit in der Anzahl der extrahierten Ladungsträger. Daraus lässt sich schließen, dass die gemessenen Änderungen in der Pulsform nicht auf eine temperaturbedingte erhöhte Absorption, erhöhte Exzitonen- bzw. CT-Dissoziationswahrscheinlichkeit oder eine temperaturabhängige Rekombination zurückzuführen sind, sondern ausschließlich auf eine mit zunehmender Temperatur größer werdende Beweglichkeit der Ladungsträger. Eine höhere Beweglichkeit führt zu einem höheren Maximalwert des Stromes und zu einem rascheren Abfall, wobei das Integral und damit die Anzahl der extrahierten Ladungsträger konstant bleiben. Die Diskussion der gemessenen Feldstärkeabhängigkeit in der Anzahl der extrahierten Ladungsträger wird in Kapitel 7 anhand von leistungsabhängigen Messungen und den entsprechenden Simulationen geführt.

4.4.2 Simulationen

Wie in Unterabschnitt 2.2.2 beschrieben, beschreibt das *correlated-disorder*-Beweglichkeitsmodell (CDM) die Beweglichkeit in ungeordneten Halbleitern unter Berücksichtigung des Einflusses von Temperatur und elektrischem Feld. Mit diesem Modell findet man eine gute Übereinstimmung des linearen Stromverlaufs der simulierten und gemessenen Kennlinien für verschiedene Spannungen und Leistungsdichten innerhalb des untersuchten Temperaturbereichs unter Verwendung der nachfolgend angegebenen Parameter für die Beweglichkeit: $\mu_\infty^e = 2.8 \times 10^{-6}\,\text{m}^2/\text{Vs}$, $\mu_\infty^h = 8.5 \times 10^{-7}\,\text{m}^2/\text{Vs}$, $\sigma_{e,h} = 0.068\,\text{eV}$, $\Gamma_{e,h} = 4.1$ und $a_{e,h} = 0.9\,\text{nm}$. Die extrahierten Werte sind vergleichbar mit Ergebnissen anderer Forschungsgruppen [150–152]. In Abbildung 4.4.2 ist ein exemplarisches Ergebnis der Parameteranpassung mit einer Spannung $U = -3\,\text{V}$ und einer Laser-Leistungsdichte von $P = 6.7 \times 10^6\,\text{W/m}^2$ zu sehen. Zum besseren Vergleich der Pulsamplituden und der Abfallzeiten wurde der Zeitpunkt Null jeweils im Pulsmaximum der Stromdichte gewählt.

Aus den simulierten Ergebnissen zeigt sich, dass die effektive Elektronenbeweglichkeit im CDM-Modell von $7.3 \times 10^{-8}\,\text{m}^2/\text{Vs}$ bei $11\,°\text{C}$ auf

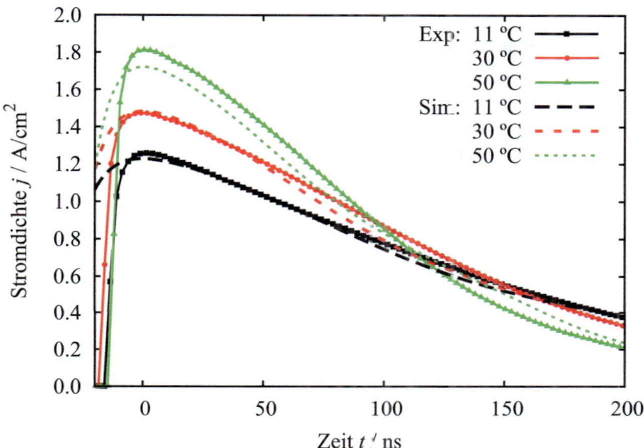

Abb. 4.4.2: Exemplarischer Vergleich der simulierten und gemessenen Impulsantworten bei Modellierung der Beweglichkeit mit dem CDM-Modell. Die angelegte Spannung ist $U = -3\,\text{V}$ und die Laser-Leistungsdichte $P = 6.7 \times 10^6\,\text{W}/\text{m}^2$.

$13.9 \times 10^{-8}\,\text{m}^2/\text{Vs}$ bei $50\,^\circ\text{C}$ und damit um 90% steigt. Dies ist ein beachtlicher Anstieg bei der nur geringen Temperaturdifferenz von knapp $40\,^\circ\text{C}$ und verdeutlicht die starke Temperaturabhängigkeit des Ladungsträgertransports in P3HT:PCBM. Analog dazu sinkt die Abfallszeit im gleichen Temperaturbereich um 40%, was der schnelleren Ladungsträgerextraktion aufgrund der erhöhten Beweglichkeit bei höheren Temperaturen zuzuschreiben ist.

4.5 Zusammenfassung und Ausblick

In diesem Kapitel wurden die Ergebnisse der optischen und elektrischen Simulation im Rahmen der konventionellen Drift-Diffusions-Näherung vorgestellt. Der Vergleich mit Messungen zeigte, dass der Einfluss des externen Widerstands in den Simulationen selbst bei geringen Leistungsdichten berücksichtigt werden muss. Die beobachtete starke Leistungsabhängigkeit im zeitlichen Abfallverhalten ließ sich auf den Einfluss von Raumladungseffekten sowie den Spannungsabfall am externen Widerstand zurückführen. Des Weiteren konnte die Ursache der gemessenen starken Temperaturabhängigkeit in den Impulsantworten auf die Beweglichkeit zurückgeführt werden. Die Temperaturabhängigkeit konnte in den Simulationen mit Hilfe des feld- und temperaturabhängigen *correlated-disorder*-Beweglichkeitsmodells berücksichtigt werden.

Die Ergebnisse in diesem Kapitel beschränken sich auf einen untersuchten Zeitbereich der Stromantwort bis maximal $t = 200\,\mathrm{ns}$. Zudem wurden die Stromantworten zumeist auf das Pulsmaximum normiert dargestellt, was Vorteile beim relativen Vergleich der Abfallcharakteristika in Abhängigkeit der extern veränderbaren Parametern mit sich bringt. Jedoch gilt es zu untersuchen, in wie weit die konventionellen Simulationen nicht nur qualitativ, sondern auch quantitativ mit den Messungen übereinstimmen. Im folgenden Kapitel wird daher ein vergrößerte Zeitbereich bei der transienten Stromantwort ebenso wie der qualitative Verlauf der simulierten Kennlinien im Vergleich zu den Messungen diskutiert.

5 Erweitertes Modell: Multiple-Trapping

Bei doppeltlogarithmischer Auftragung der Kennlinien bis in den Mikrose-kundenbereich zeigt sich in den Messungen ein dispersiver Charakter des Ladungsträgertransports in P3HT:PCBM, der ursächlich für einen charak-teristischen Abfall der Stromdichte nach der Form $j(t) \sim t^{-\alpha}$ ist. Wie in diesem Kapitel gezeigt wird, lässt sich das gemessene Verhalten der Impul-santwort nicht mit konventionellen Halbleitermodellen im Rahmen der Drift-Diffusions-Näherung beschreiben, bei denen gewöhnlich eine parametrisierte Form einer effektiv feld-, temperatur- und/oder dichteabhängigen Beweglich-keit angenommen wird. Im Zuge dessen wird ein erweitertes Modell einge-führt und implementiert, in dem der Transport der Ladungsträger im Rahmen von Multiple-Trapping sowie einer energetischen Verteilung von Trapzustän-den beschrieben wird. Mit Hilfe des erweiterten Modells kann nicht nur der charakteristische Abfall der Stromdichte für lange Zeiten reproduziert wer-den, sondern die simulierten und gemessenen Kennlinien stimmen ebenfalls sowohl bei der ansteigenden Flanke als auch im Absolutwert des Maximums der Stromdichte deutlich besser überein. Mit Hilfe einer semi-automatisierten Anpassung der simulierten an die gemessenen Kennlinien für zwei Durch-messer, drei Spannungen und die höchste und kleinste Leistungsdichte wird ein Satz von Parametern extrahiert, bei dem alle gemessenen und simulierten Kennlinien in guter Übereinstimmung sind[1].

---

[1]Teile dieses Kapitels wurden bereits in folgender Publikation veröffentlicht:
  N. Christ et al., *Nanosecond response of organic solar cells and photodiodes: Role of trap states*, Phys. Rev. B, 83, 195211 (2011)

Neben dem Einfluss extern veränderbarer Parameter wie der Diodengröße, der Leistungsdichte des einfallen Laserlichts, der angelegten Spannung und der Temperatur auf die Impulsantwort wird der Verlauf der Stromantwort auch sehr wesentlich durch den Ladungsträgertransport der Elektronen und Löcher bestimmt. Somit lässt sich im Umkehrschluss die Methode der transienten Stromantwort an organischen Photodioden dafür nutzen, charakteristische Eigenschaften des Ladungsträgertransports in dem aktiven Material zu untersuchen.

Untersuchungen der Laufzeitmessungen an P3HT:PCBM-Schichten weisen bei doppeltlogarithmischer Auftragung sichtbare Ausläufer in der Stromantwort für lange Zeiten auf, die charakteristisch für dispersiven Ladungsträgertransport unter dem Einfluss von Trapzuständen sind [145]. In der genannten Referenz bildet sich je nach Mischungsverhältnis beider Materialien ein mehr oder weniger ausgeprägtes Plateau in der Stromcharakteristik aus und damit korrelierend ein steilerer oder flacherer Abfall der Stromantwort für lange Zeiten. Je weniger stark das Plateau ausgeprägt ist, desto flacher fällt der Ausläufer der Stromantwort ab und desto dispersiver ist der Ladungsträgertransport [145].

Dispersiver Ladungsträgertransport ist auf stark ungleichmäßigen Ladungsträgertransport zurückführen. Die Korrelation von dispersivem Ladungsträgertransport und dem Einfluss von Trapzuständen zeigten McNeill et al. [153]. Unter dem Einfluss einer Hintergrundbeleuchtung beobachteten sie ein Verschwinden des langen Abfalls der Stromantwort bei zeitabhängigen Messungen von Rechteck-Photopulsantworten, was sie auf die Sättigung von Trapzuständen zurückführten. Auch bei Untersuchungen von raumladungsbegrenzten Strömen in Vorwärtsrichtung an P3HT weisen Messungen einen trapraumladungsbegrenzten Strom-Spannungsverlauf (TSCLC) auf, der sich sehr gut im Rahmen einer exponentiellen Verteilung von Trapzuständen beschreiben lässt [102].

Ein dispersiver Charakter des Ladungsträgertransports sollte sich auch in den gemessenen Kennlinien der OPDs bemerkbar machen. Hierfür wird in diesem Kapitel das Langzeit-Abfallverhalten der transienten Stromantwort der OPDs untersucht. Im Rahmen der Modellierung lässt sich ein dispersiver Ladungsträgertransport mit Hilfe einer energetischen Verteilung von Trapzuständen im Rahmen des *Multiple-Trapping*-Modells beschreiben. Hierfür wird das bestehende konventionelle Drift-Diffusions-Modell um den Einfluss von Traps erweitert und die Simulationen mit den experimentellen Daten verglichen.

Im ersten Abschnitt 5.1 dieses Kapitels werden die Grenzen der konventionellen Modellierung im Vergleich zu dem erweiterten Modellierungsansatz anhand des Langzeit-Abfallverhaltens aufgezeigt. Im darauffolgenden Abschnitt 5.2 werden die Ergebnisse der erweiterten Drift-Diffusions-Simulation unter Berücksichtigung des *Multiple-Trapping*-Modells vorgestellt und anhand des Vergleichs mit dem Experiment diskutiert. Die Ursachen des charakteristischen Langzeit-Abfallverhaltens der Stromdichte werden erörtert und mittels der Simulationen anschaulich verdeutlicht. Im letzten Abschnitt dieses Kapitels wird das Ergebnis der semi-automatisierten Parameteranpassung aus dem Vergleich der simulierten und gemessenen Kennlinien vorgestellt und diskutiert, sowie auftretende Diskrepanzen erörtert.

5.1 Grenzen der konventionellen Modellierung

Wie im vorangehenden Kapitel gezeigt, stimmen die Simulationen der Impulsantwort im Rahmen der konventionellen Drift-Diffusions-Simulation auf einer Zeitachse bis zu wenigen hundert Nanosekunden und normierter Auftragung der Stromdichte hinreichend gut mit den experimentell gewonnenen Daten überein. Jedoch bricht das verwendete Modell bei der Beschreibung der Stromantwort für längere Zeitskalen ein, wie sich sehr deutlich bei doppeltlogarithmischer Auftragung der simulierten und gemessenen Impulsantwort in dem exemplarischen Beispiel in Abbildung 5.1.1 zeigt. Es finden sich drei grundlegend vom Experiment abweichende Charakteristika in den simulierten Impulsantworten: Zum ersten fällt die Stromdichte in der Simulation bei der gewählten Spannung und Leistungsdichte bei einer Zeit von ca. $t = 100$ ns steil ab, wohingegen experimentell sich ein viel langsamerer Abfall zeigt, der proportional zu $t^{-\alpha}$ ist. Je nach Spannung und Leistung besitzt der Parameter α mit der Dimension 1 Werte zwischen 1.0 und 1.6. In der Simulation korrespondiert der Zeitpunkt des starken Einbruchs der Stromdichte mit der

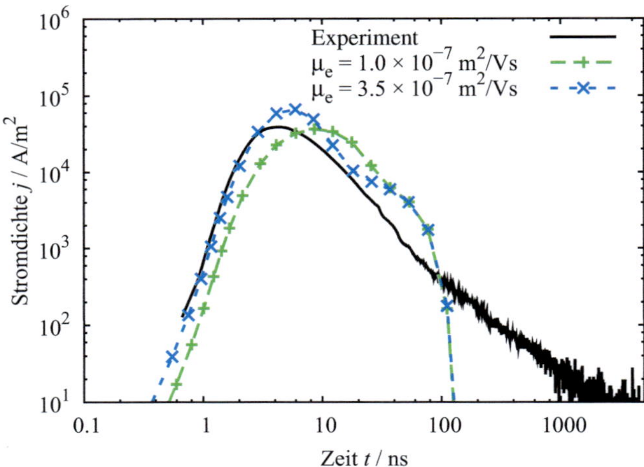

Abb. 5.1.1: Doppeltlogarithmische Darstellung der Impulsantwort für zwei simulierte Kennlinien und die dazu korrespondierende, gemessene Kennlinie. Die Simulationen sind im Rahmen der konventionellen Modellierung ohne Trapzustände für zwei Elektronenbeweglichkeiten berechnet. Die Löcherbeweglichkeit ist entsprechend dem Standardwert $\mu_h = 2 \times 10^{-8}\,\text{m}^2/\text{Vs}$ gewählt, die Leistungsdichte ist $P = 1.7 \times 10^6\,\text{W}/\text{m}^2$, die angelegte Spannung $U = -5\,\text{V}$ und der Diodendurchmesser $d = 5 \times 10^{-4}\,\text{m}$.

Zeit, die die Ladungsträger brauchen, um durch die gesamte aktive Schicht mit ihrer Beweglichkeit zu driften. Der Zeitpunkt des Einbruchs wird hierbei von der langsameren Ladungsträgersorte bestimmt. Unabhängig vom exakten Wert der Beweglichkeit wird im Rahmen der konventionellen Modellierung die Stromdichte immer zu einem je nach Beweglichkeit früheren oder späteren Zeitpunkt t einbrechen, jedoch immer schlagartig. Der gemessene lange Abfall kann daher grundsätzlich nicht reproduziert werden. Zum zweiten ist der Zeitpunkt des Maximums in der Simulation entweder deutlich später erreicht, und bzw. oder aber fällt dieser je nach Elektronenbeweglichkeit deutlich höher aus als im Experiment. Wie in Abbildung 5.1.1 zu sehen ist, fällt der Anstieg der Stromdichte bei einer Elektronenbeweglichkeit von $\mu_e = 1 \cdot 10^{-7}\,\text{m}^2/\text{Vs}$ viel langsamer aus als in der Messung. Bei einer erhöhten Elektronenbeweglichkeit von $\mu_e = 3.5 \cdot 10^{-7}\,\text{m}^2/\text{Vs}$ fällt der Anstieg zwar schneller aus, jedoch übersteigt der maximale Wert der Stromdichte in der Simulation den im Experiment gemessenen Wert sehr deutlich. Als dritte Diskrepanz sieht man in den Simulationskurven einen sehr prägnanten Knick bei der Zeit (je nach Beweglichkeit) $t = 10\ \text{ns} - 100\ \text{ns}$, der sich in dieser Form einer Doppelschulterform im Experiment nicht zeigt. Der Knick ist in der Simulation auf die unterschiedlichen Beweglichkeiten für Elektronen und Löcher zurückzuführen. Sind die meisten Elektronen extrahiert, so dominieren die Löcher den Stromanteil, wobei der Zeitpunkt des Übergangs sich gerade im Knick zu erkennen gibt.

Als Fazit nach intensiver Variation aller Simulationsparameter ergibt sich, dass sich die gemessene Charakteristik der Impulsantwort über große Zeitskalen vom Nano- bis in den Mikrosekundenbereich vom grundsätzlichen Ansatz her nicht im Rahmen des konventionellen Drift-Diffusions-Modells mit ausreichender Genauigkeit beschreiben lässt.

5.2 Erweiterung um Trapzustände

Wie im vorangehenden Abschnitt dargestellt, ist das gängige Modellierungskonzept im Rahmen der konventionellen Drift-Diffusion mit einer konstanten Beweglichkeit der Ladungsträger offensichtlich nicht ausreichend, um den Ladungsträgertransport im Materialgemisch P3HT:PCBM korrekt zu beschreiben. Insbesondere der charakteristische $t^{-\alpha}$ Abfall der Stromdichte deutet darauf hin, dass zumindest ein Teil der Ladungsträger für längere Zeiten in der aktiven Schicht verweilt, bevor dieser nach und nach extrahiert wird. Berücksichtigt man die energetische Unordnung in organischen Materialien, so liegt die Annahme nahe, dass bei der Fortbewegung ein Teil der Ladungsträger energetisch tiefer liegende Zustände besetzt und dieser somit stark in seiner Fortbewegung behindert ist, während ein anderer Teil in höher liegenden Zuständen weniger stark verzögert wird.

Um dies zu berücksichtigen, wird in einer erweiterten Drift-Diffusions-Simulation der Ladungsträgertransport im Rahmen von *Multiple-Trapping* beschrieben. Das Modell beinhaltet eine Verteilung an Zuständen sowohl im Donor- als auch im Akzeptor-Material, wobei Zustände unterhalb einer Leitungsbandkante als Trapzustände für die freien Ladungsträger fungieren. Wäh-

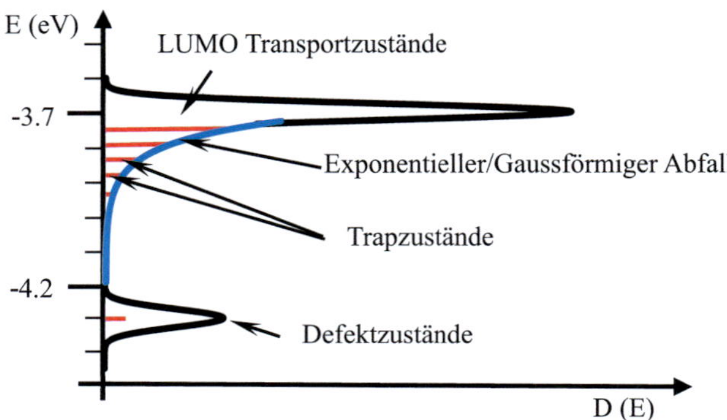

Abb. 5.2.1: Schematisches Diagramm der Elektronen-Transportzustände im Rahmen des *Multiple-Trapping*-Modells. Ladungsträgertransport findet entlang von Zuständen statt, die sich energetisch in der schmalen gaussförmigen Verteilung befinden. Die je nach Modell gaussförmig bzw. exponentiell abfallenden Zustände unterhalb der Transportbandkante wirken als Trapzustände. Die kontinuierliche Verteilung wird durch eine diskrete Anzahl an Trapniveaus in der Simulation angenähert. Mögliche Defektzustände oder chemische Verunreinigungen werden durch ein einzelnes, energetisch sehr tief liegendes Trapniveau berücksichtigt.

rend die Grundlagen des Modells bereits in Unterabschnitt 2.2.2 beschrieben sind, wird im folgenden Abschnitt die Modellierung und Implementierung des Modells dargestellt.

5.2.1 Das Multiple-Trapping-Modell

Basierend auf dem Ansatz von Nelson [57] wird in der Simulation im Rahmen des *Multiple-Trapping*-Modells die Zustandsdichte durch eine bimodale Verteilung von energetischen Zuständen der HOMO- sowie der LUMO-Transportzustände approximiert, wie schematisch in Abbildung 5.2.1 exemplarisch für die LUMO-Transportzustände dargestellt ist. Der Transport findet über Zustände statt, die sich in der schmalen Gaussverteilung rund um das Transportniveau befinden, und wird dabei mit einer (im Vergleich zur Simulation ohne Trapzustände) signifikant erhöhten Beweglichkeit beschrieben. Der abfallende Ausläufer an kontinuierlichen Zuständen wird durch eine diskrete

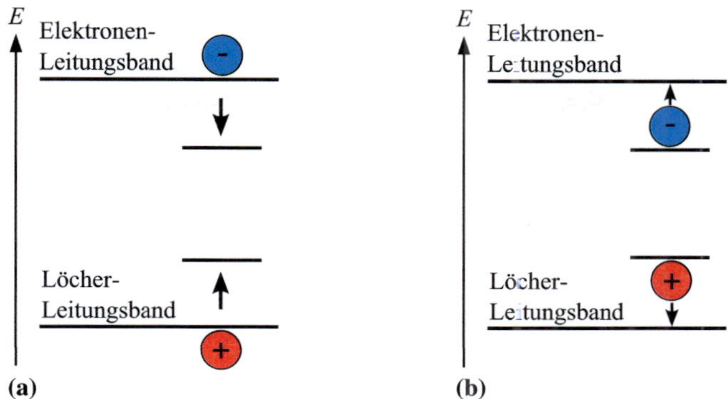

Abb. 5.2.2: Schematische Skizze des (a) Trappings eines Ladungsträgers in ein freies Trap und (b) des Detrappings eines Ladungsträgers aus einem Trapniveau in das Transportband.

Anzahl an Trapniveaus mit der jeweiligen energetischen Traptiefe $E_{t_{e,h}}^{i}$ in der Simulation approximiert. Ladungsträger in den Trapzuständen sind unbeweglich und tragen somit nicht zur Stromdichte bei. Zusätzlich wird ein einzelnes, tief liegendes Trapniveau zur Beschreibung von Defektzuständen berücksichtigt. Die Dichte der Trapzustände eines Trapniveaus bei der Energie $E_{t_{e,h}}$ berechnet sich durch lineare Diskretisierung der Trapzustandsverteilung, die bei einer exponentiellen Verteilung gegeben ist durch

$$
N_{\text{trap}_{a,d}}(E_{t_{a,d}}) \;=\; \frac{N_{\text{total}_{a,d}}}{E_{T_{a,d}}} \cdot \exp\left[-\frac{(E_{t_{a,d}} - \Delta E_0)}{E_{T_{a,d}}} \right]. \tag{5.2.1}
$$

In Gleichung 5.2.1 ist $N_{\text{total}_{a,d}}$ die Gesamtdichte aller Trapzustände und $E_{T_{e,h}}$ die charakteristische Energie, welche im Wesentlichen die Form der exponentiellen Verteilung beschreibt. Zustände, die energetisch tiefer als $\Delta E_0 = n \cdot k_{\text{B}} T$ mit $n \in [1,2]$ unterhalb der Mitte der schmalen Gausskurve liegen, werden als Trapzustände berücksichtigt. Die Dichte der Trapzustände bei einer gaussförmig abfallenden Verteilung ist für $E_{t_{a,d}} < 0$ gegeben durch

$$
N_{\text{trap}_{a,d}}(E_{t_{e,h}}) = \frac{N_{\text{total}_{a,d}}}{\sigma\sqrt{2\pi}} \cdot \exp\left(-\frac{1}{2}\left(\frac{E_{t_{a,d}}}{\sigma}\right)^2 \right). \tag{5.2.2}
$$

Sich fortbewegende Ladungsträger können mit den noch unbesetzten Trapzuständen wechselwirken. Die Trappingrate $R^i_{t_{e,h}}$ für die freien Elektronen und Löcher in das i-te Trapniveau ist gegeben durch

$$R^i_{t_{e,h}}(x) \;=\; r_{e,h} \cdot \left(n_{e,h}(x) \cdot (N^i_{\text{trap}_{a,d}}(x) - n^i_{t_{e,h}}(x)) \right). \tag{5.2.3}$$

Dies beschreibt die Reaktionsrate für den Übergang der freien Ladungsträger in noch unbesetzte Trapzustände, wie schematisch in Abbildung 5.2.2a dargestellt. Der umgekehrte Prozess des Detrappings von eingefangenen Ladungsträgern aus Trapniveaus heraus ist in Abbildung 5.2.2b schematisch skizziert. Die Detrappingrate aus den Trapniveaus mit der Energie $E^i_{t_{e,h}}$ ist gegeben durch

$$R^i_{d_{e,h}}(x) \;=\; r_{e,h} \cdot \left(n^i_{t_{e,h}}(x)(N - n_{e,h}(x)) \cdot \exp\left(\frac{-E^i_{t_{e,h}}}{k_B T} \right) \right). \tag{5.2.4}$$

Hierbei ist $n_{e,h}$ die Dichte der freien Ladungsträger, N die Anzahl der freien Zustände, $N^i_{\text{trap}_{a,d}}$ die Dichte der Trapzustände im Akzeptor/Donor und $n^i_{t_{e,h}}$ die Dichte der besetzten Trapzustände im i-ten Trapniveau. Aus der Boltzmann-Statistik und dem Prinzip des dynamischen Gleichgewichts im thermodynamischen Gleichgewicht ergibt sich, dass die Ratenkoeffizienten $r_{e,h}$ für die Trapping- und Detrappingraten gleich sein müssen [154]. Die effektive Beweglichkeit $\mu_{\text{eff}_{e,h}}$ setzt sich aus dem Besetzungsverhältnis der beweglichen Ladungsträger in den Transportzuständen und den unbeweglichen Ladungsträgern in den Trapzuständen zusammen. Sie ist gegeben durch

$$\mu_{\text{eff}_{e,h}}(x,t) = \mu_{0_{e,h}} \frac{n_{e,h}(x,t)}{n_{e,h}(x,t) + n_{t_{e,h}}(x,t)}. \tag{5.2.5}$$

5.2.2 Simulation im Rahmen von Multiple-Trapping

In Abbildung 5.2.3 ist exemplarisch das Ergebnis einer Simulation, basierend auf dem neuen Modellierungskonzept, dargestellt. Die Verteilung der Trapzustände ist hierbei exponentiell gewählt, wobei alle Zustände mit Energien

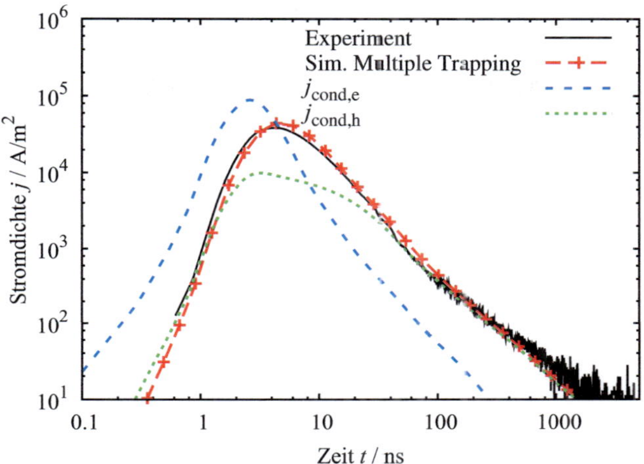

Abb. 5.2.3: Simulation der Impulsantwort im Rahmen des *Multiple-Trapping-Modells*. Zusätzlich sind in der Abbildung die Elektronen- und Löcher-Leitungsstromdichten $j_{\mathrm{cond_e}}$ und $j_{\mathrm{cond_h}}$ eingezeichnet. Die Leistungsdichte ist $P = 1.7 \times 10^6\,\mathrm{W/m^2}$, die angelegte Spannung $U = -5\,\mathrm{V}$ und der Diodendurchmesser $d = 500\,\mu\mathrm{m}$.

unterhalb $k_{\mathrm{B}}T$ des Leitungsbandes als Trapzustände berücksichtigt werden. Die exponentielle Verteilung der Trap-Zustände wird bis zu einer energetischen Tiefe von $E = 0.4\,\mathrm{eV}$ berücksichtigt und wird durch neun Trap-Niveaus approximiert. Die Zustände unterhalb von $E = 0.4\,\mathrm{eV}$ sind zahlenmäßig sehr gering und wirken sich daher nicht wesentlich auf den Kennlinienverlauf aus. Wie in Unterabschnitt 3.2.6 erläutert, wird ein weiteres, zehntes Trap-Niveau für die Beschreibung sehr tief liegender Defektzustände berücksichtigt. Die weiteren Parameter der Simulation sind in Tabelle 5.3.1 aufgelistet, wobei auf die Diskussion der einzelnen Werte in den folgenden Unterabschnitten eingegangen wird. Vergleicht man die simulierte Impulsantwort mit dem Experiment, so zeigt sich eine drastisch verbesserte Übereinstimmung im Vergleich zu der simulierten Impulsantwort basierend auf dem konventionellen Modell in Abbildung 5.1.1. Die Kennlinien der erweiterten Simulation in Abbildung 5.2.3 weisen nicht nur das charakteristische $t^{-\alpha}$ Abfallverhalten der gemessenen Kennlinie auf, sondern auch Zeitpunkt und Absolutwert des Maximums

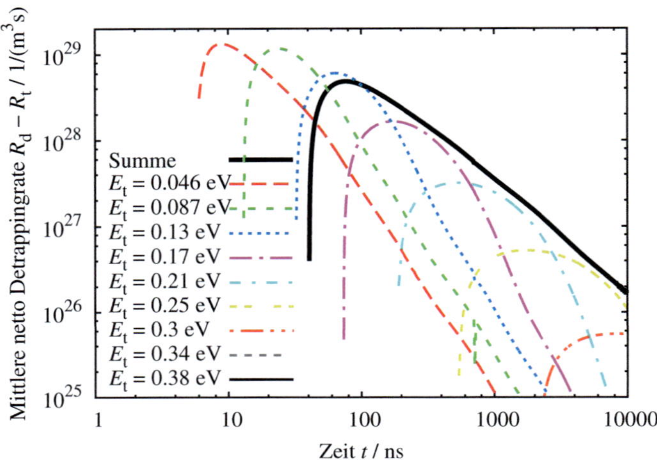

Abb. 5.2.4: Mittlere netto Detrappingrate der in den Trapzuständen gefangenen Löcher aus den jeweiligen Trapniveaus. Die schwarze Linie stellt die Summe aller mittleren netto Detrappingraten aus allen Trapniveaus dar, die im Wesentlichen verantwortlich für den lang abfallenden Ausläufer der Stromdichte ist.

stimmen nun gut mit dem Experiment überein. Des Weiteren tritt der auftretende sehr starke Knick in der konventionell simulierten Kennlinie nicht mehr auf, da der Übergang zwischen elektronendominiertem und löcherdominiertem Transport nicht mehr abrupt erfolgt. Um dies zu verdeutlichen, sind in Abbildung 5.2.3 die Leitungsstromdichten der Elektronen und Löcher eingezeichnet. Es zeigt sich, dass der frühere Teil des Pulses von den Elektronen und der spätere, lang abfallende Ausläufer durch die Löcher dominiert ist. Der Übergang zwischen elektronen- und löcherdominiertem Bereich erfolgt bei ca. der Zeit $t = 60$ ns und führt zu einem leichten Knick in den simulierten Kennlinien. Der Übergang fällt jedoch deutlich weicher aus als bei der konventionell simulierten Kennlinie in Abbildung 5.1.1. Dies liegt zum einen daran, dass sowohl der Abfall der Leitungsstromdichte der Elektronen als auch der Löcher nicht abrupt erfolgt, und zum anderen, dass der Übergang durch den Einfluss des Verschiebungsstroms zusätzlich verschmiert ist.

Das charakteristische $t^{-\alpha}$ Abfallverhalten bis in den Mikrosekundenbereich hinein ist durch das zeitlich verzögerte Entkommen (Detrapping) der Löcher aus den energetisch exponentiell verteilten Trapzuständen verursacht. Dies ist leichter zu verstehen, wenn man einen Blick auf Abbildung 5.2.4 wirft, worin die mittleren netto Detrappingraten (Detrappingrate R_d minus Traprate R_t) der in den Trapzuständen gefangenen Löcher aus den jeweils neun Trap-Niveaus dargestellt sind. Die Form der exponentiellen Verteilung (definiert durch die charakteristische Energie E_T) bestimmt im Wesentlichen die effektive Gesamt-Detrappingrate, die sich aus der Superposition der mittleren netto Detrappingraten aus den verschiedenen Trap-Niveaus ergibt und in der Abbildung schwarz eingezeichnet ist. Die effektive Detrappingrate der Löcher ist damit hauptsächlich verantwortlich für den langen Ausläufer in den Kennlinien. Die Grafik verdeutlicht, dass die Wahl von neun Trapzuständen ausreicht, um die exponentielle Verteilung hinreichend gut zu approximieren. Eine weitere Erhöhung der Anzahl der Trap-Niveaus in der Simulation verbessert zwar noch die Statistik der simulierten Kennlinien, jedoch stellen sich neun Trap-Niveaus als ein geeigneter Kompromiss zwischen langen Rechenzeiten und hinreichender Genauigkeit heraus.

Wie erwähnt, stimmt die simulierte Kennlinie in Abbildung 5.2.3 auch im Maximum der Stromdichte signifikant besser mit dem Experiment überein als bei einer Simulation ohne Trapzustände. Die Beweglichkeiten $\mu_{e,h}$ beschreiben nun im Rahmen der erweiterten Modellierung den freien, ungestörten Transport im Transportband und sind daher deutlich größer als die mittleren, aus zeitgemittelten Experimenten bestimmten Beweglichkeiten. Die effektive Beweglichkeit μ_{eff} ergibt sich im Rahmen des Modells aus dem Besetzungsverhältnis der beweglichen Ladungsträger in den Transportzuständen und den unbeweglichen Ladungsträgern in den Trapzuständen nach Gleichung 5.2.5. Der einfallende Laserpuls generiert freie Ladungsträger, die sofort aufgrund der großen Beweglichkeit einen schnellen Anstieg der Stromdichte generieren, während gleichzeitig die Ladungsträger zunehmend Trapzustände besetzen. Die zunehmende Zahl der in den Traps eingefangenen Ladungsträger reduziert die effektive Beweglichkeit und führt dazu, dass trotz des anfangs steilen Anstiegs die Stromdichte in den Simulationen nicht überschießt, wie dies bei der konventionellen Modellierung der Fall ist. Je nach energetischer Tiefe der Niveaus entkommen die Ladungsträger dann wieder nach der jeweiligen Verweildauer τ_i dem *i*-ten Trapniveau und gehen in das Transportband über. Die Verweildauer ist proportional zum Kehrwert der Detrappingrate.

5.3 Semi-automatisierte Parametergewinnung

Unter der Vorraussetzung, dass die Beweglichkeiten der Elektronen und Löcher stark differieren, eignet sich die Messmethode der transienten Impulsantwort prinzipiell dafür, die Eigenschaften des Donor- und Akzeptor-Materials getrennt voneinander zu untersuchen. Dies ermöglicht die Bestimmung verschiedener Materialparameter des Gemisches P3HT:PCBM durch Anpassen der simulierten an gemessene Impulsantworten. Im vorangehenden Abschnitt wurde exemplarisch an einer Kennlinie gezeigt, dass die Implementierung einer bimodalen Verteilung an Zuständen prinzipiell zu einer guten Übereinstimmung von Experiment und Simulation führt. Um die Richtigkeit des Modells zu verifizieren, sollten die simulierten Kennlinien nicht nur für ein ausgewähltes Beispiel mit dem Experiment übereinstimmen, sondern das Modell sollte die prinzipiellen Abhängigkeiten der Kennlinien von verschiedenen Messparametern reproduzieren können. Experimentell wurden daher Impulsantworten für sieben verschiedene Leistungsdichten, sechs verschiedene Spannungen und vier verschiedene Diodendurchmesser durchgeführt. Aufgrund der Vielzahl der Messkurven (168 Stück) ist ein gleichzeitiges Anpassen der Simulationsparameter an alle Messkurven aufgrund des damit verbundenen hohen Rechen- und damit auch Rechenzeitaufwandes nicht zu rechtfertigen bzw. auch praktisch kaum machbar. Um dennoch, bei deutlich reduziertem Aufwand, das gesamte Spektrum der Messkurven zu berücksichtigen, wird die Anpassung der Kennlinien simultan für den größten und kleinsten Durchmesser, die größte und kleinste Spannung sowie die größte und kleinste Leistungsdichte durchgeführt. Die Auswahl garantiert die Korrektheit der extrahierten Parameter über ein großes Intervall an Messparametern, insbesondere da große Feldstärkevariationen bei den Extremwerten der untersuchten Leistungsdichten und angelegten Spannungen auftreten. Eine Auswertung der Ergebnisse zeigt dabei, dass bei einer guten Übereinstimmung der Extremwerte auch alle Kennlinien mit mittleren Werten gut übereinstimmen.

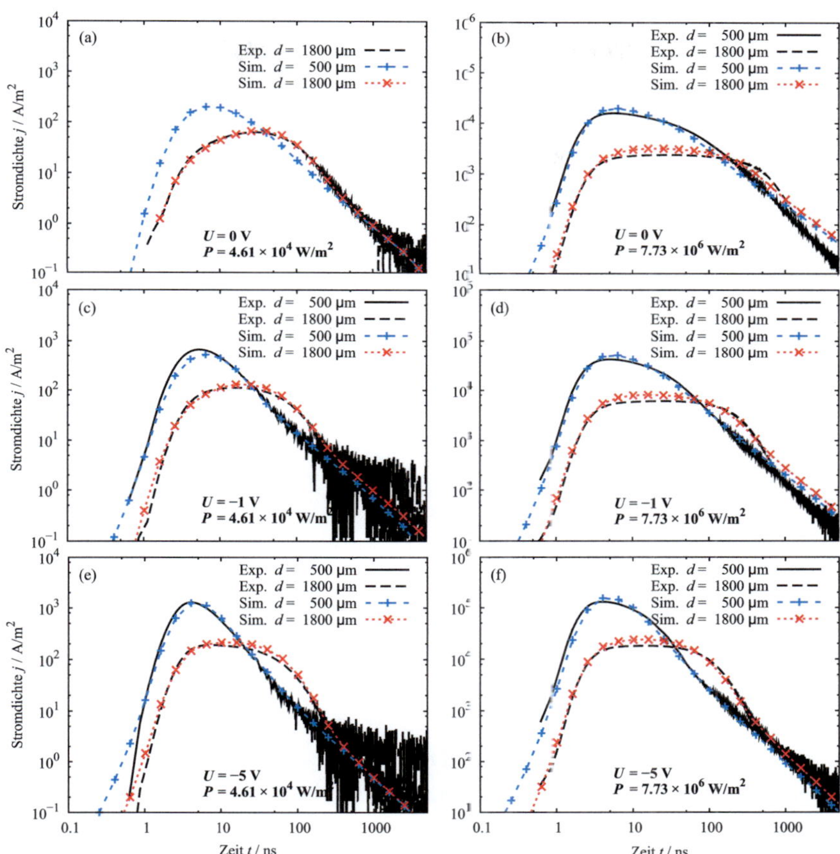

Abb. 5.3.1: Vergleich der simulierten und gemessenen Impulsantworten für die kleinste (linke Spalte) und höchste (rechte Spalte) Leistungsdichte sowie für die Spannungen $U = 0\,\mathrm{V}$, $U = -1\,\mathrm{V}$ und $U = -5\,\mathrm{V}$. In jedem Unterbild sind jeweils die Kennlinien des Vergleichs für den kleinsten und größten Diodendurchmesser dargestellt. Alle Simulationen sind mit dem gleichen Satz an Simulationsparametern simuliert. Die Kennlinie bei der kleinsten Spannung, der kleinsten Leistungsdichte und dem kleinsten Diodendurchmesser konnte aufgrund messtechnischer Beschränkungen nicht ausgewertet werden.

Tab. 5.3.1: Aus der semiautomatisierten Parameteranpassung gewonnene Satz an Simulationsparametern.

Parameter	Symbol	Wert
Elektronenbeweglichkeit	μ_e	$7.0 \times 10^{-7}\,\mathrm{m^2/Vs}$
Löcherbeweglichkeit	μ_h	$4.3 \times 10^{-8}\,\mathrm{m^2/Vs}$
Trapzustandsdichte im Akzeptor	$N_{\mathrm{trap,A}}$	$4.3 \times 10^{24}\,\mathrm{m^{-3}}$
Trapzustandsdichte im Donor	$N_{\mathrm{trap,D}}$	$4.1 \times 10^{24}\,\mathrm{m^{-3}}$
Externer Widerstand[2]	R	$65\,\Omega$
Charakteristische Energie im Akzeptor	$E_{\mathrm{T,A}}$	$45\,\mathrm{meV}$
Charakteristische Energie im Donor	$E_{\mathrm{T,D}}$	$75\,\mathrm{meV}$
Langevin-Korrekturfaktor	R_{fac}	10^{-3}
Akzeptor-Ratenkoeffizient	$r_{0,e}$	$5 \times 10^{-16}\,\mathrm{m^3/Vs}$
Donor-Ratenkoeffizient	$r_{0,h}$	$3.8 \times 10^{-17}\,\mathrm{m^3/Vs}$
Freie Transportzustandsdichte	N	$1 \times 10^{26}\,\mathrm{m^{-3}}$
Komplexer Brechungsindex ($\lambda = 532\,\mathrm{nm}$)	$\tilde{n}$	$1.98 + i0.22$ [155]

In Abbildung 5.3.1 ist das Ergebnis der Parameteranpassung für drei verschiedene Spannungen sowie zwei verschiedene Leistungsdichten dargestellt, wobei in jeder einzelnen Unterabbildung die Kennlinien für den kleinsten und größten Durchmesser dargestellt sind. Hierbei tritt der im vorhergehenden Kapitel 4 anhand des linearen Strom-Spannungsverlaufs diskutierte Einfluss der Diodengröße auf den Verlauf der Kennlinien deutlich hervor. So wirkt insbesondere bei einem Diodendurchmesser von $d = 1800\,\mu$m der Verschiebungsstrom der steilen Anstiegsflanke der Stromdichte sehr stark entgegen. Die Anstiegszeit sowie das Maximum der Stromdichte fallen daher deutlich kleiner aus als bei der kleinsten Diodengröße mit einem Durchmesser von $d = 500\,\mu$m. Aufgrund der vernachlässigbar geringen Rekombination verzögert sich jedoch der Stromverlauf lediglich, das Integral der Stromdichte bleibt

---

[2]Die Kontaktierung auf der ITO-Seite erfolgt über die Zacken im Kranz des Kontakstiftes. Bei kleineren Diodendurchmessern ist die mittlere radiale Wegstrecke für die extrahierten Ladungsträger zwischen Bauteil und dem Kranz größer als im Falle von größeren Durchmessern, und folglich auch der Serienwiderstand. Vergleichsmessungen an Blindsubstraten ergeben dabei einen ca. um $6\,\Omega$ größeren Widerstand zwischen den kleinsten und größten Diodendurchmessern. Entsprechend werden daher bei einem Durchmesser von $500\,\mu$m in den Simulationen zu dem angegebenen Wert des Widerstands $6\,\Omega$ addiert.

jedoch von der Diodengröße unberührt. Dies zeigt sich auch im Zusammenlaufen der Kennlinien für lange Zeiten.

Alle simulierten Kennlinien sind mit dem selben, aus dem Vergleich mit dem Experiment extrahierten, Satz an Simulationsparametern simuliert. Alle relevanten Simulationsparameter sind in Tabelle 5.3.1 aufgelistet. Es zeigt sich eine gute Übereinstimmung aller simulierter Kennlinien über knapp fünf Dekaden in der Zeit sowie bis fünf Dekaden in der Stromdichte, was die Richtigkeit des *Multiple-Trapping*-Modells stützt. Die Parameteranpassung erfolgt zum einen durch manuelle Variation der Parameter, zum anderen mit Hilfe eines einfachen Optimierungsverfahrens, welches im Anhang in Kapitel A.2 erläutert wird. In der Praxis gestaltet sich jedoch der Einsatz des Optimierungsverfahrens als schwierig. Die Bestimmung des globalen Minimums bei einem derart großen Parameterraum ist nahezu unmöglich, weswegen man davon ausgehen muss, dass lokale Minima gefunden werden, die jedoch sehr stark von den Startbedingungen, und damit von den manuell bestimmten Anfangswerten abhängig sind. Stimmen allerdings die mit den Anfangswerten simulierten Kennlinien bereits mit dem Experiment recht gut überein, so führt die automatisierte Optimierung zu sinnvollen Ergebnissen.

Die extrahierten Beweglichkeiten der freien Ladungsträger sind mit μ_e=7.0×10^{-7} m^2/Vs und $\mu_h = 4.3 \times 10^{-8}$ m^2/Vs mehr als dreimal so groß als die mittleren, aus zeitgemittelten Experimenten bestimmten Beweglichkeiten ($\mu_e \approx 2 \times 10^{-7}$ m^2/Vs und $\mu_h \approx 1 \times 10^{-8}$ m^2/Vs [143, 144, 149]). Die bestimmten Trapzustandsdichten betragen im Donor $N_{\text{trap}_D} = 4.1 \times 10^{24}$ m^{-3} und im Akzeptor $N_{\text{trap}_A} = 4.3 \times 10^{24}$ m^{-3} und der bestimmte Ratenkoeffizient für das Elektronen/Löcher-(De-)Trapping $r_e = 5.0 \times 10^{-16}$ m^3/s bzw. $r_h = 3.8 \times 10^{-17}$ m^3/s. Die charakteristische Energie im Donor ist mit $E_{T_D} = 75$ meV deutlich größer als im Akzeptor mit $E_{T_A} = 45$ meV. In der Simulation ist dabei eine Dichte der Transportzustände von $N = 1 \times 10^{26}$ m^{-3} für Donor und Akzeptor angenommen.

Aus dem Anstieg der Stromdichte lässt sich das Zusammenspiel von Beweglichkeit und Trappingrate abschätzen. Die Trappingrate ist proportional zu dem Produkt der Dichte der noch freien Trapzustände sowie dem Ratenkoeffizienten. Die Detrappingrate hängt wiederum von dem (selben) Ratenkoeffizienten sowie einem zusätzlichen Boltzmann-Faktor ab, der wiederum von der energetischen Tiefe des jeweiligen Trap-Niveaus und somit von der charakteristischen Energie E_T abhängt. Nur aus dem Vergleich mit einer Vielzahl verschiedener gemessener Impulsantworten ist es prinzipiell möglich, Aussagen über die jeweiligen Parameter zu treffen. Kleine Änderungen einzelner Parameter resultieren in Veränderungen der einzelnen Kennlinien in einer komplexen Weise. Dabei ist zu beachten, dass bei Veränderung des Wertes der freien Zustandsdichte N die Parameter der Trapdichte N_{trap} sowie der Ratenkoeffizienten r_0 entsprechend angepasst werden können, um ein vergleichbares Resultat zu erreichen. Da der exakte Wert der freien Transportzustände nicht bekannt ist, sind die jeweiligen extrahierten Einzelwerte daher nicht eindeutig. Es können lediglich Aussagen über die Größenordnung der Gesamttrapping- und Detrappingrate getroffen werden. Jedoch lässt sich z.B. der Wert der Trapdichte nach unten hin eingrenzen. So zeigen Simulationsergebnisse, dass bei angenommenen Trapdichten unter $10^{24}\,\mathrm{m}^{-3}$ Sättigungseffekte bei den untersuchten hohen Leistungsdichten auftreten, die sich in den Messergebnissen nicht finden.

Der Wert der charakteristischen Energie kann jedoch isoliert extrahiert werden, da dieser wesentlich für die charakteristische Form des Stromdichteabfalls verantwortlich ist. Der lange Abfall in der Stromdichte lässt sich im Rahmen des Modells nur mit einer deutlich größeren charakteristischen Energie $E_T = 75\,\mathrm{meV}$ und damit einer größeren Dichte an tief liegenden Trapzuständen des Donor-Materials im Vergleich zum Akzeptor-Material erklären. Für das Akzeptor-Material ergibt sich aus den Simulationen eine deutlich kleinere charakteristische Energie mit $E_T = 45\,\mathrm{meV}$. Dies zeigt sich insbesondere an der steil abfallenden Flanke der Stromdichte, die im Wesentlichen proportional zur mittleren Detrappingrate der Elektronen ist, wie analog bereits in Abbildung 5.2.4 für die Löcher diskutiert ist. Berücksichtigt man die bei weitem symmetrischere molekulare Struktur von PCBM im Vergleich zu dem großen Freiheitsgrad in der Anordnung der Polymerketten in P3HT, so ist eine geringere energetische Unordnung in PCBM plausibel.

Des Weiteren zeigt sich in den Simulationen, dass der Ratenkoeffizient r_0 für das Trapping/Detrapping der Elektronen deutlich größer ausfällt als für die Löcher. Ein erhöhter Wert von r_0 in den Raten für die Löcher würde dazu führen, dass anfangs viele Löcher getrappt werden, und diese dann auch wieder zeitlich früher aus den Trapzuständen entkommen. Dies steht jedoch im Widerspruch zu dem langen Ausläufer in den Messkurven, der ein breites Spektrum an Trapzuständen (großes E_T) sowie ein langsameres Trapping- und Detrappingverhalten im Donor-Material zwingend nahelegt.

5.3.1 Diskrepanzen

Während sich prinzipiell eine gute Übereinstimmung zwischen Simulation und Experiment zeigt, gibt es dennoch charakteristische Diskrepanzen. In den gemessenen Kennlinien der Dioden mit einem Durchmesser von $d = 1800\,\mu$m zeigt sich ein deutlicher Knick in der Stromdichte direkt im Anschluss an den plateauförmigen Stromdichteverlauf. Derselbe, wenn auch weniger stark ausgeprägte Knick zeigt sich auch in den gemessenen Kennlinien der kleinsten Dioden, wie z.B. bei der größten Leistungsdichte und der angelegten Spannung $U = -5\,$V bei ca. der Zeit $t \approx 30$ ns zu sehen ist (siehe Abbildung 5.3.1f). In der Simulation tritt der Knick zwar bei den großen Durchmessern auf, ist jedoch im Vergleich zum Experiment bei kleinem Durchmesser zu schwach ausgeprägt. Eine derartige Steigungsänderung in der Stromdichte ist ein fundamentales Kennzeichen von dispersivem Ladungsträgertransport, wie Arkhipov et al. theoretisch herleiteten [54]. Der Zeitpunkt des Knicks ist dabei durch die Transitzeit der schnelleren Ladungsträgersorte bestimmt, wie ausgiebig im folgenden Kapitel erörtert wird. Offensichtlich ist der dispersive Charakter im Experiment stärker ausgeprägt als in den Simulationen mit den bisher bestimmten Simulationsparametern. Problematisch bei der Untersuchung dieses Effektes ist jedoch, dass abhängig von der Schichtdicke, der Leistungsdichte und/oder der Spannung der Knick teilweise durch andere Effekte überlagert ist, wie z.B. dem Einfluss des Verschiebungsstroms. Detaillierte Untersuchungen der Ursache des Knicks werden daher im folgenden Kapiteln an Photodioden mit dickerer aktiver Schicht präsentiert, bei denen die Messungen einen deutlich ausgeprägteren Knick aufweisen.

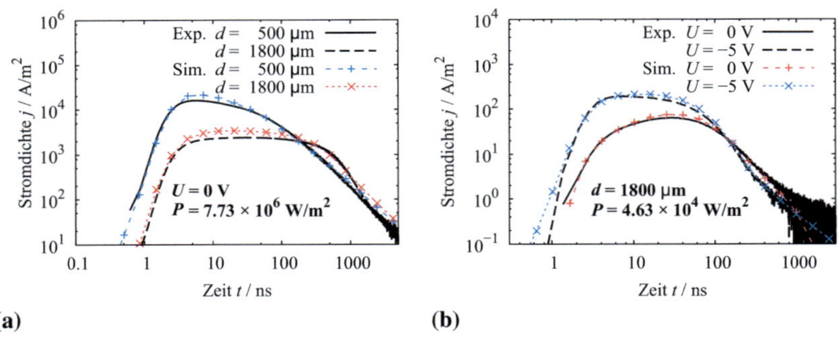

(a)　　　　　　　　　　　　　　　　　**(b)**

Abb. 5.3.2: a) Verbesserte Übereinstimmung bei der größten Leistungsdichte und $U = 0\,\mathrm{V}$ unter der Annahme einer erhöhten Donor-Trapzustandsdichte des tiefsten Trapniveaus. Dies führt jedoch zu einem Abknicken der Kennlinien bei kleinen Leistungen und kleinen Spannungen, wie in Unterabbildung b) ersichtlich.

Als weitere Diskrepanz fällt bei großen Leistungsdichten auf, dass die Übereinstimmung der Kennlinie zwar bei der größten Spannung $U = -5\,\mathrm{V}$ sehr gut ist, jedoch die simulierten Stromdichten mit abnehmender Spannung zunehmend größer sind als die experimentell gemessenen. Im Rahmen des Modells lässt sich dieser offensichtlich feldabhängige Effekt nicht reproduzieren. Der Effekt wird in Kapitel 7 eingehend erörtert und eine fehlende Berücksichtigung möglicher Effekte im bisherigen Modell diskutiert.

5.3.2 Variation des tiefsten Trapniveaus

Ein einzelnes, in der Simulation zehntes, energetisch tief liegendes Trapniveau berücksichtigt Störstellen aufgrund von chemischen Verunreinigungen oder Strukturdefekten. Aufgrund der großen energetischen Tiefe des tiefsten Trapniveaus von $E = 0.6\,\mathrm{eV}$ ist die Detrappingrate der darin eingefangenen Ladungsträger sehr gering. Das tiefste Trapniveau wirkt somit im gemessenen Zeitintervall bis in den Mikrosekundenbereich hinein im Wesentlichen als Senke für die freien Ladungsträger. Die aus dem Anpassen der Simulationsparameter extrahierten Dichten des tiefsten Trapniveaus im Donor/Akzeptor betragen 1.7%/0.7% der gesamten Donor-/Akzeptor-Trapzustandsdichte. Aufgrund der vergleichsweise geringen Dichte ist der Einfluss dieser Niveaus bei schneller Ladungsträgerextraktion gering. Jedoch bei kleinen Spannungen, bzw. hauptsächlich bei $U = 0\,\mathrm{V}$, wirkt sich das tiefste Trap-Niveau auf den Verlauf der Kennlinien sichtbar aus. So zeigt sich in Abbildung 5.3.2a, dass mit einer von $N_{\mathrm{trap_d}} = 7 \times 10^{22}\,1/\mathrm{m}^3$ auf $N_{\mathrm{trap_d}} = 1.7 \times 10^{23}\,1/\mathrm{m}^3$ erhöhten Dichte des tiefsten Trap-Niveaus im Donor die beschriebene Diskrepanz zwischen Simulation und Experiment bei der größten Leistungsdichte und $U = 0\,\mathrm{V}$ sogar verkleinert wird. Insbesondere die im Mikrosekundenbereich zu hohe Stromdichte in den vergleichbaren simulierten Kennlinien in Abbildung 5.3.1 ist deutlich reduziert, da Ladungsträger vermehrt in das tiefste Niveau übergehen und infolgedessen nicht mehr zur Stromgeneration beitragen können. Aufgrund von veränderten Raumladungseffekten führt es zudem zu einer verbesserten Übereinstimmung im Zeitbereich um $t \approx 100\,\mathrm{ns}$ in dem gewählten Beispiel. Die verbesserte Übereinstimmung bei der höchsten Leistung geht jedoch einher mit einem Abknicken der Kennlinien bei kleinen Leistungsdichten und kleinen Spannungen, wie in Abbildung 5.3.2b ersichtlich. Darin eingezeichnet ist der Vergleich bei der kleinsten Leistungsdichte und den Spannungen $U = 0\,\mathrm{V}$ und $U = -5\,\mathrm{V}$. Ein vergleichbarer Effekt zeigt sich auch bei Erhöhung der Dichte des tiefsten Trap-Niveaus im Akzeptor. In den Messungen zeigt sich jedoch ein derartiges Verhalten nicht. Aus der signifikanten Diskrepanz bei kleinen Leistungsdichten lässt sich daher schliessen, dass die Annahme einer Donor-Trapzustandsdichte des tiefsten Trapniveaus von 4.1% von der exponentiell abfallenden Donor-Trapzustandsdichte deutlich zu groß gewählt ist. Offensichtlich ist die verbesserte Übereinstimmung bei hohen Leistungsdichten zwar in gewisser Form mit einem Ladungsträgerverlust in Verbindung zu bringen, rührt aber nicht von einem als Senke wirkenden tiefen Trapniveau her. Vielmehr lässt der Ladungsträgerverlust bei hohen Leistungen auf noch bisher unberücksichtigte nichtlineare Effekte schließen. Eine weitergehende Untersuchung von Verlustprozessen bei hohen Leistungsdichten erfolgt in Kapitel 7.

5.4 Zusammenfassung und Ausblick

Die gemessenen Kennlinien weisen bei doppeltlogarithmischer Auftragung der Stromdichte einen charakteristischen Abfall bis in den Mikrosekundenbereich nach der Form $j(t) \sim t^{-\alpha}$ auf, der charakteristisch für dispersiven Ladungsträgertransport ist. In diesem Kapitel wurde anhand von Simulationen gezeigt, dass sich dieses gemessene Verhalten der Impulsantwort nicht im Rahmen der konventionellen Modellierung beschreiben lässt. Im Zuge der Erkenntnisse wurde daher die Drift-Diffusions-Simulation um den Einfluss von Traps im Rahmen des *Multiple-Trapping*-Modells erweitert. Mit Hilfe der Erweiterung konnte eine quantitative Übereinstimmung über den gesamten untersuchten Zeitbereich, und damit auch insbesondere das gemessene charakteristische Langzeit-Abfallverhalten in den Simulationen reproduziert werden. Mittels einer semi-automatisierten Anpassung der simulierten an die gemessenen Kennlinien konnte eine gute Übereinstimmung für verschiedene Diodendurchmesser und Spannungen für verschiedene Leistungsdichten mit einem einzigen Parametersatz erreicht werden.

Eine Schwierigkeit bei der Bestimmung der Parameter ist die Nichteindeutigkeit aufgrund von Kreuzabhängigkeiten einzelner Parameter. Ein bisher im Rahmen der erweiterten Modellierung noch nicht untersuchter Parameter ist die Temperatur, deren Berücksichtigung zu einer weiteren Eingrenzung der materialspezifischen Parameter führen könnte. Im Zusammenspiel mit der vorhergesagten starken Temperaturabhängigkeit des Ladungsträgertransports im *Multiple-Trapping*-Modell sollte die Auswertung von temperaturabhängigen Messungen daher äußerst aufschlussreich für die Aussagekraft der Anwendbarkeit des *Multiple-Trapping*-Modells sein. Dies wird zusammen mit einer weiteren Untersuchung der genannten charakteristischen Merkmale des dispersiven Ladungsträgertransports im folgenden Kapitel untersucht. Weitere Messungen bei noch höheren Leistungsdichten können zudem hilfreich sein um den möglichen Wertebereich einzelner Parameter weiter einzugrenzen, bzw. die sichtbaren Diskrepanzen bei hohen Leistungsdichten zu ergründen. Im Zuge der temperaturabhängigen Messungen wird dies daher gleichzeitig untersucht und in Kapitel 7 diskutiert.

6 Charakteristische Ladungsträger-Transportphänomene

In diesem Kapitel werden temperaturabhängige Messungen der transienten Impulsantwort im Rahmen des Multiple-Trapping-Modells bei kleinen Leistungsdichten diskutiert. Dabei werden wesentliche Eigenschaften des Ladungsträgertransports in P3HT:PCBM identifiziert, sowie die Zeitskala der Trapping- und Detrapping-Prozesse bestimmt. Mittels der Simulationen kann ein umfangreiches Verständnis des dispersiven Ladungsträgertransports gewonnen werden, welcher ursächlich für die auftretende charakteristische Steigungsänderung bei der Transitzeit $t_{transit}$ in den gemessenen Kennlinien ist. Es zeigt sich dabei eine auftretende Nichtlinearität in der Feldabhängigkeit der Transitzeit, welche sich rein aus dem dispersiven Charakter des Ladungsträgertransports ergibt. Aus den gewonnen Erkenntnissen sowie insbesondere dem Potenzverhalten der Stromdichte lässt sich eine exponentielle Verteilung der Trapzustände im Donor und Akzeptor ableiten, welche im Akzeptor-Material mit einer charakteristischen Energie von $E_T = 38.7\,meV$ deutlich flacher ausfällt als im Donor mit einer charakteristischen Energie von $E_T = 66.0\,meV$. Die separate Charakterisierung der Transporteigenschaften von Elektronen und Löchern ist durch den unterschiedlichen Zeitbereich möglich, in denen der Beitrag der Elektronen bzw. der Löcher zur Stromdichte überwiegt. Der Übergang zeigt sich durch das Auftreten einer signifikanten zweiten Steigungsänderung sowohl in den Messungen als auch in den Simulationen. Ergänzend werden in diesem Kapitel Methoden zur Extraktion der effektiven Beweglichkeit aus charakteristischen Punkten der Kennlinien vorgestellt und mit den Methoden von TOF und Photo-CELIV verglichen[1].

---

[1] Teile dieses Kapitels sind bereits zur Publikation eingereicht:

N. Christ et al., *Dispersive transport in the temperature dependent transient photoresponse of organic photodiodes and solar cells,* eingereicht (2012).

Ausgehend von den gewonnenen Erkenntnissen des dispersiven Ladungsträgertransports aus Kapitel 5 gilt es, die Auswirkungen der erweiterten Modellierung im Rahmen des *Multiple-Trapping*-Modells weiter zu untersuchen. Insbesondere lässt sich aus dem Modell eine intrinsische Temperaturabhängigkeit im Ladungsträgertransport erwarten, welche sich im Experiment bemerkbar machen sollte. Daher liegt der Vergleich mit temperaturabhängigen Messungen nahe, um weiteren Einblick in den charakteristischen Ladungsträgertransport zu erhalten.

Im ersten Abschnitt dieses Kapitels werden temperaturabhängige Messungen vorgestellt, um im Rahmen der Simulationen mit den extrahierten Parametern aus dem vorigen Kapitel diskutiert. Weitere temperatur- und feldabhängige charakteristische Knickpunkte in den Kennlinien werden dabei aufgezeigt und im Vergleich mit analytischen Berechnungen analysiert. Im gleichen Abschnitt wird auch die Anpassung der simulierten an die gemessenen Kennlinien vorgestellt, bevor im darauffolgenden Abschnitt die Ergebnisse diskutiert und interpretiert werden. Dabei wird detailliert auf das Potenzverhalten der Stromdichte vor und nach einer auftretenden charakteristischen Steigungsänderung in den Kennlinien eingegangen, so wie die Feld- und Temperaturabhängigkeit ausgiebig diskutiert. Im dritten Abschnitt werden Methoden zur Extraktion der effektiven Beweglichkeit der schnelleren Ladungsträgersorte vorgestellt und mit den Methoden von TOF und Photo-CELIV verglichen. Im letzten Abschnitt wird der Einfluss einer gaussförmigen Trapverteilung auf die Kennlinien untersucht und in den Kontext der Ergebnisse der Messdaten und der bisher angenommenen exponentiellen Trapverteilung gestellt.

6.1 Temperaturabhängigkeit im Rahmen des Multiple-Trapping-Modells

Eine temperaturabhängige Zunahme der effektiven Beweglichkeit ergibt sich im *Multiple-Trapping*-Modell intrinsisch aufgrund des temperaturabhängigen Boltzmannfaktors in der Detrapping-Rate, ohne dass eine explizit parametrisierte Beweglichkeit $\mu_{e,h}$ in Abhängigkeit der Temperatur angenommen werden muss. Ein Vergleich mit temperaturabhängigen Messungen bietet sich daher an, um die Aussagekraft des Modells zu untersuchen und gegebenenfalls das verwendete, erweiterte Modellierungskonzept des *Multiple-Trappings* zu verifizieren.

6.1.1 Messergebnisse

Im Zuge der Untersuchung der Temperaturabhängigkeit soll gleichzeitig der im vorangehenden Kapitel erwähnte Knick in der Impulsantwort aufgrund des dispersiven Charakters des Ladungsträgertransports näher betrachtet werden. Um den Knick deutlicher herauszukristallisieren, werden neue temperaturabhängige Messungen an Photodioden mit dem kleinsten verfügbaren Diodendurchmesser und einer dickeren P3HT:PCBM Schicht mit einer Schichtdicke von $d = 185\,$nm durchgeführt. Eine Vermessung der Diodengröße mit Hilfe eines Mikroskops ergibt dabei einen Diodendurchmesser von $d = 535\,\mu$m. Der Durchmesser ist damit ein wenig größer als erwartet, da für das Aufdampfen der Aluminium-Elektrode eine Lochmaske mit acht Löchern mit jeweils einem Lochdurchmessers von $d = 500\,\mu$m verwendet werden. Die Abweichung kann zum einen auf ein herstellungsbedingtes minimales Abweichen der tatsächlichen Lochgrößen der Maske, oder aber auf einer nicht perfekt homogenen und senkrechten Aufdampfprozess des Aluminiums zurückzuführen sein. Für die Lichtpulse kommt der in Kapitel 2.4 beschriebene zweite Nd:YAG-Laser (modifizierter Crystal-Laser, Wellenlänge $\lambda = 532\,$nm, Pulsbreite 1.0 ns) zum Einsatz, der die Untersuchung noch höherer Laser-Leistungsdichten ermöglicht, um einen möglichst großen Parameterraum untersuchen zu können. Im Zuge dessen werden Impulsantworten für neun Laser-Leistungsdichten von $P = 6.3 \times 10^3\,$W/m^2 bis $P = 1.3 \times 10^8\,$W/m^2, vier Spannungen von $U = 0\,$V bis $U = -5\,$V und fünf Temperaturen von $T = 11\,°$C bis $T = 50\,°$C gemessen[2]. Die Diskussion der Ergebnisse sowie der Vergleich mit den Simulationen in diesem und dem/(den) folgenden Abschnitt/(en) sowie auch im nächsten Kapitel erfolgt anhand dieser erweiterten Messungen. Hier in diesem Kapitel be-

---

[2]Die Leistungsdichte des Lasers wird nach jeder Temperaturvariation neu vermessen. Wie die Auswertung ergibt, sind die zeitliche Schwankungen der Laserintensität zwischen den Messungen kleiner als 2%. Die extakten Werte werden in den Simulationen berücksichtigt, jedoch werden übersichtshalber hier und im Folgenden nur die mittleren Laser-Leistungsdichten für jede Leistungsdichte angegeben.

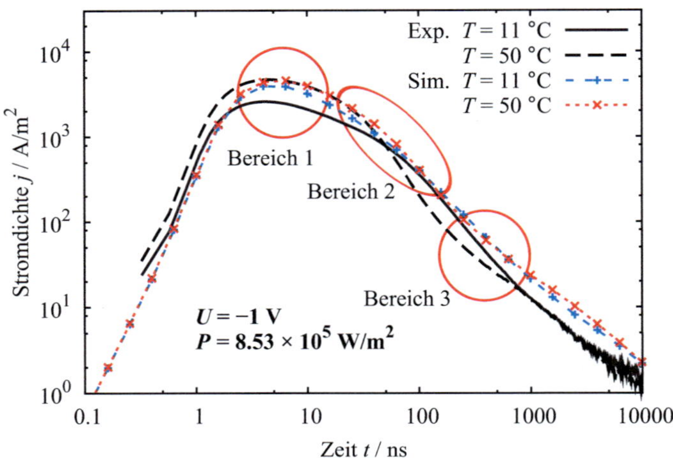

Abb. 6.1.1: Vergleich der gemessenen und der nach dem Parametersatz aus Kapitel 5 simulierten Impulsantwort für zwei Temperaturen und der angelegten Spannung von $U = -1\,\mathrm{V}$.

schränkt sich dabei die Diskussion auf die Untersuchung der Messergebnisse bei der kleinsten gemessenen Leistungsdichte von $P = 8.5 \times 10^5\,\mathrm{W/m}^2$, bei der Kennlinien für alle vier Spannungen gemessen werden konnten. Es liegen zwar Messdaten für zwei noch kleinere Leistungsdichten vor, jedoch sind aufgrund messtechnischer Beschränkungen bei sehr kleinen Strömen die gemessenen Kennlinien für die Spannungen $U = 0\,\mathrm{V}$ und $U = -1\,\mathrm{V}$ nicht auswertbar. Die Wahl der kleinsten, vollständig auswertbaren Leistungsdichte garantiert, die auftretenden Effekte unabhängig von Raumladungseffekten diskutieren zu können, die bei höheren Leistungsdichten zunehmend auf die charakteristische Form der Impulsantwort Einfluss haben.

6.1.2 Zeitskala der Trapping-/Detrapping Prozesse

In Abbildung 6.1.1 ist exemplarisch der Vergleich der gemessenen und der nach dem Parametersatz aus Kapitel 5 simulierten Impulsantwort für zwei Temperaturen und der angelegten Spannung von $U = -1\,\mathrm{V}$ dargestellt. Es zeigt sich, dass die gemessene starke Temperaturabhängigkeit in den Kenn-

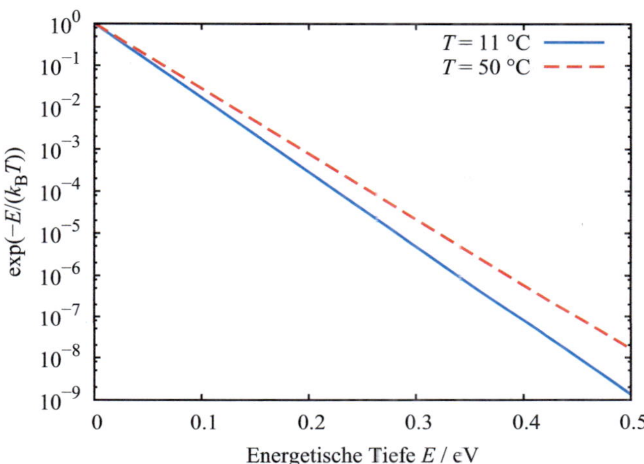

Abb. 6.1.2: Boltzmannfaktor in Abhängigkeit der energetischen Tiefe E für zwei Temperaturen.

linien mit den gewonnenen Parametern aus dem vorhergehenden Kapitel nicht widergegeben wird. Auch geringe Veränderungen in den Parametern, um eventuell vorhandene Variationen in der Morphologie aufgrund unterschiedlicher Proben zu berücksichtigen, führen zu keiner signifikanten Verbesserung.

Betrachtet man die Messdaten in Abbildung 6.1.1 genauer, so findet sich im Vergleich zu den simulierten Kennlinien eine deutlich größere temperaturabhängige Differenz der Stromdichte bereits von Beginn der Stromantwort an (vergleiche den rot markierten Bereich 1 in Abbildung 6.1.1 rund um das Maximum der Stromdichte). Dies deutet darauf hin, dass die schnellsten Trapping-/Detrapping-Prozesse der schnelleren Ladungsträgersorte auf Zeitskalen ablaufen, die kleiner sind als die maximale zeitliche Auflösung der Messapparatur von ca. 1 ns. Bei den gewählten Parametern in den Simulationen in Abbildung 6.1.1 beträgt die Trappingrate der freien Elektronen $r_0 \cdot N_{\text{trap}_a} = 2.2 \, \text{V}^{-1}\text{s}^{-1}$ und damit die mittlere Verweildauer im Transportband ca. $\tau_t = 0.5 \, \text{ns}$. Analog dazu reichen die Zeitkonstanten für das Detrapping aus dem flachsten ($E_{t_a} = 0.075 \, \text{eV}$) bzw. dem tiefsten ($E_{t_a} = 0.475 \, \text{eV}$) der neun Trapniveaus von $\tau_d = 0.3 \, \text{ns}$ bis $\tau_d = 799 \, \text{ns}$. Mit den gewählten Parametern kommen die Ladungsträger daher nur nach und nach aus den Trapzuständen wieder heraus. Insbesondere zum Zeitpunkt des Maximums sind daher nur wenige Ladungsträger wenigstens einmal eingefangen worden und, wenn überhaupt, lediglich aus flachen Trapniveaus wieder entkommen. Dies erklärt auch den geringen Temperaturunterschied, da sich für kleine Energiebarrieren der Boltzmannfaktor nur wenig mit der Temperatur ändert und damit die Detrappingrate für den untersuchten Temperaturbereich nahezu gleich ist. Letzteres ist aus Abbildung 6.1.2 ersichtlich, in der der Boltzmannfaktor in Abhängigkeit der energetischen Tiefe für zwei Temperaturen dargestellt ist.

6.1.3 Charakteristische Steigungsänderungen

In den gemessenen Impulsantworten in Abbildung 6.1.1 sind zwei signifikante Steigungsänderungen auszumachen, die in den simulierten Kennlinien in Abbildung 6.1.1 zwar ansatzweise in den markierten Bereichen 2 und 3 zu erkennen sind, jedoch deutlich zu schwach im Vergleich zum Experiment ausfallen. Im folgenden Unterabschnitt sollen diese näher charakterisiert werden.

Dispersiver Ladungsträgertransport

Die erste signifikante Steigungsänderung in Abbildung 6.1.1 zeigt sich in dem rot markierten Bereich 2 bei der Zeit $t \approx 40\,\mathrm{ns}$ bei der Temperatur $T = 50\,°\mathrm{C}$ bzw. bei $t \approx 100\,\mathrm{ns}$ bei $T = 11\,°\mathrm{C}$, die deutlich stärker ausfällt als in den in der Abbildung ebenfalls dargestellten simulierten Kennlinien mit den Parametern aus Tabelle 5.3.1. Wie bereits mehrfach erwähnt und in Unterabschnitt 2.2.2 erläutert, ist das Auftreten einer derartigen Steigungsänderung ein fundamentales Kennzeichen von dispersivem Ladungsträgertransport [44]. Stark dispersiver Transport in zeitabhängigen Messungen bedeutet, dass die energetische Verteilung der lokalisierten Ladungsträger weit entfernt vom Gleichgewichtszustand ist. Dies ist der Fall, wenn sich zur Laufzeit der Messung die meisten Ladungsträger in tiefen Trapniveaus befinden. Lediglich Ladungsträger, die sich in Trapniveaus oberhalb eines entsprechenden Energieniveaus $\varepsilon^*(t)$ befinden, sind im Rahmen des *Multiple-Trapping*-Modells zum Zeitpunkt t im

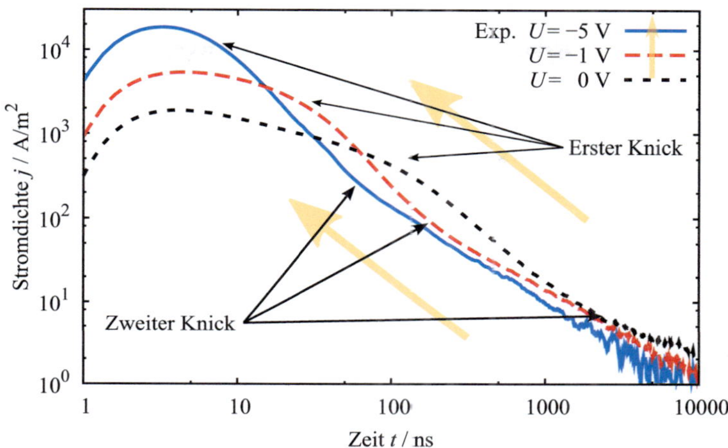

Abb. 6.1.3: Gemessene Pulsantworten in Abhängigkeit der angelegten Spannung bei einer Leistungsdichte von $P = 8.53 \times 10^5\,\mathrm{W/m^2}$. Alle Kurven weisen zwei signifikante Steigungsänderungen (Knicke) in der Stromdichte auf. Die zusätzlich eingezeichneten Pfeile dienen zur Veranschaulichung der Spannungsabhängigkeit der auftretenden Steigungsänderungen.

quasi thermodynamischen Gleichgewicht mit den freien Ladungsträgern im Transportband, wobei sich das entsprechende Energieniveau mit der Zeit zunehmend zu tieferen Energien hin verschiebt.

Verkürzt dargestellt bewegen sich die Ladungsträger im Mittel mit einer effektiven Beweglichkeit nach Gleichung 5.2.5, wobei diese mit der Zeit stetig abnimmt, da die tiefen Trapniveaus mit der Zeit zunehmend besetzt werden. Der Zeitpunkt des Knicks ist in stark vereinfachter Darstellung durch das Erreichen der letzten Ladungsträger an der Elektrode bestimmt, die mit der mittleren Geschwindigkeit $v = \mu_{\mathrm{eff}} \cdot E$ durch die gesamte aktive Schicht driften. Daher lässt sich der Zeitpunkt des Knicks als Transitzeit interpretieren, der mit zunehmender Spannung früher erreicht wird, wie in Abbildung 6.1.3 mit Hilfe der Pfeile verdeutlicht. Da die effektive Beweglichkeit jedoch mit der Zeit stetig abnimmt und die Drift-Zeit mit dem Feld variiert, ist keine Linearität in der Transitzeit in Abhängigkeit des elektrischen Feldes zu erwarten. Nach der Transitzeit sind im Bauteil lediglich noch in tiefen Trapniveaus eingefangene Ladungsträger vorhanden, und der weitere Verlauf

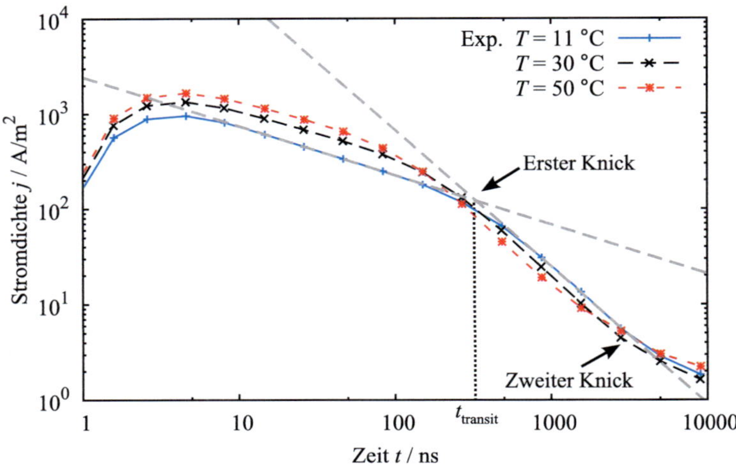

Abb. 6.1.4: Gemessene Pulsantworten im Kurzschlussfall für drei Temperaturen bei der Leistungsdichte von $P = 8.53 \times 10^5 \, \text{W/m}^2$. Zusätzlich eingezeichnet sind exemplarisch zwei an die Messdaten bei der Temperatur $T = 11\,°C$ angelegte Geraden bei doppeltlogarithmischer Auftragung der Stromantwort vor und nach der Transitzeit t_{transit}. Die aus der Steigung der Geraden extrahierten Werte betragen $\alpha_1 = 0.48$ für die flache und $\alpha_2 = 0.43$ für die steile Gerade.

der Stromdichte ist daher nur durch das zeitliche Verhalten des Detrappings dieser Ladungsträger bestimmt, was wiederum von der charakteristischen Verteilung der Trapzustände abhängt. Eine detailliertere Beschreibung des dispersiven Ladungsträgertransports erfolgt in Abschnitt 6.2 anhand der Diskussion der Simulationsergebnisse.

Vergleich mit analytischer Berechnung

Arkhipov veröffentlichte 1984 erstmals im Rahmen von *Multiple-Trapping* theoretische Berechnungen der Stromantwort einer Solarzelle auf einen Lichtpuls unter der Annahme homogener Absorption und stark dispersiven Transports [44]. Für kleine Leistungsdichten lässt sich die Stromantwort danach in zwei charakteristisches Teilbereiche vor und nach einer sogenannten Transitzeit t_{transit} unterteilen. Für eine exponentiell abfallende energetische

Verteilung der Trapzustände lässt sich der zeitliche Stromverlauf durch einen Potenzansatz nach der Form

$$j(t) \sim t^{(-1+\alpha)} \quad \text{für} \quad t < t_{\text{transit}}$$
$$j(t) \sim t^{(-1-\alpha)} \quad \text{für} \quad t > t_{\text{transit}} \tag{6.1.1}$$

darstellen, mit dem dimensionslosen Parameter α. Bei doppeltlogarithmischer Auftragung lässt sich dieses Potenzverhalten jeweils mit den Geraden mit der Steigung $m_1 = -1 + \alpha$ vor und mit der Steigung $m_2 = -1 - \alpha$ nach der Transitzeit t_{transit} annähern. Wie sich anhand der Beispiele für verschiedene Temperaturen und der Spannung $U = 0\,\text{V}$ in Abbildung 6.1.4 erkennen lässt, entsprechen die experimentell gemessenen Kennlinien sehr gut dem theoretischen Verlauf nach Gleichung 6.1.1. Die Stromdichte weist also sowohl vor als auch nach der Transitzeit das entsprechende Potenzverhalten auf. Der Theorie nach Ref. [44] sollte sich aus beiden Steigungen jeweils der gleiche Parameter α ergeben. Jedoch zeigt sich in den Messungen, dass je nach Spannung und Temperatur die aus den Geraden extrahierten Werte vor der Transitzeit α_1 bzw. nach der Transitzeit α_2 mehr oder weniger stark differieren können. So weichen die aus den in Abbildung 6.1.4 eingezeichneten Geraden extrahierten Werte $\alpha_{1,2}$ leicht voneinander ab und betragen $\alpha_1 = 0.48$ für die flache und $\alpha_1 = 0.43$ für die steile Gerade. Unabhängig von den leichten Abweichungen lässt sich aus den jeweiligen Steigungen $m_{1,2}$ der Geraden mit

$$E_{\text{T}}^{1,2} = k_{\text{B}} T / \alpha_{1,2} \tag{6.1.2}$$

die charakteristische Energie der Verteilung der Trapzustände im Akzeptor (bzw. prinzipiell ebenso im Donor) berechnen.

Die prinzipiell gute Übereinstimmung des gemessenen Stromdichteverlaufs mit dem theoretisch vorhergesagten Potenzverhalten vor und nach dem Knick ist ein signifikantes Zeichen für stark dispersiven Ladungsträgertransport sowie eine näherungsweise exponentielle Verteilung der Trapzustände. Wie im Folgenden anhand der numerischen Simulationen gezeigt wird, ist das von der Theorie abweichende Verhalten $\alpha_1 \neq \alpha_2$ auf zu grobe Näherungen in der theoretischen Beschreibung nach Ref. [44] zurückzuführen.

Beitrag der Elektronen und Löcher

In den gemessenen Kennlinien in Abbildung 6.1.4 zeigt sich noch ein zweiter Knick, dessen Steigungsänderung entgegengesetzt zu dem des ersten Knicks ist. Der genannte Knick ist in der genannten Abbildung gekennzeichnet sowie in Abbildung 6.1.1 mit Bereich 3 rot markiert. Auch dieser verschiebt sich mit zunehmend größer angelegter Spannung zu früheren Zeiten, wie in Abbildung 6.1.3 mit einem Pfeil verdeutlicht ist. Mit Hilfe des Vorwissens aus den bisherigen Simulationen lässt sich diese Steigungsänderung als Zeitpunkt des Übergangs identifizieren, ab dem der Beitrag der Löcher zur Stromdichte den der Elektronen überwiegt. Dies wird im folgendem Unterabschnitt 6.2.4 anhand der Simulationen näher erläutert.

6.1.4 Vergleich von Simulation und Experiment

Die starke Temperaturdifferenz bereits zu Anfang der Impulsantwort wie auch das ausgeprägte Verhalten des dispersiven Ladungsträgertransports und dem damit verbundenen Auftreten der charakteristischen ersten Steigungsänderung verdeutlichen, dass die Trapzustände stärker als bisher angenommen den Transport der schnelleren Ladungsträgersorte bestimmen. Offensichtlich sind die Zeitskalen für das Trapping sowie das Detrapping deutlich kleiner, was in den Simulationen erhöhten Ratenkoeffizienten der Trapping-/Detrappingrate sowie erhöhten Trapdichten entspricht. Entsprechend muss auch die freie Zustandsdichte deutlich größer sein, wobei in Anlehnung an geometrische Betrachtungen von einer maximalen Zustandsdichte aller LUMO/HOMO Zustände (freie Zustände plus Trapzustände) von $N = 5 \times 10^{27}\,\mathrm{m}^{-3}$ sowohl im Akzeptor als auch im Donor ausgegangen wird. Die Abschätzung beruht auf einer räumlichen Ausdehnung benachbarter Zustände von $0.6\,\mathrm{nm}$ [154]. In den Simulationen wird daher von einer freien Zustandsdichte von $N{=}2.5{\times}10^{27}\,\mathrm{m}^{-3}$ ausgegangen.

Tab. 6.1.1: Aus dem Vergleich mit dem Experiment extrahierter Satz von für dieses Kapitel relevanten Simulationsparametern. Die Parameteranpassung erfolgt durch gleichzeitiges Anpassen der simulierten Kennlinien an Messungen für drei verschiedene Spannungen, vier Laser-Leistungsdichten und der höchsten sowie der niedrigsten Temperatur.

Parameter	Symbol	Wert
Elektronenbeweglichkeit	μ_e	$1.03 \times 10^{-4}\,\mathrm{m^2/Vs}$
Löcherbeweglichkeit	μ_h	$2.3 \times 10^{-5}\,\mathrm{m^2/Vs}$
Trapzustandsdichte im Akzeptor	N_{trap_a}	$1.8 \times 10^{27}\,\mathrm{m^{-3}}$
Trapzustandsdichte im Donor	N_{trap_c}	$1.2 \times 10^{27}\,\mathrm{m^{-3}}$
Externer Widerstand	R	$80\,\Omega$
Charakteristische Energie im Akzeptor	$E_{\mathrm{T},A}$	$38.7\,\mathrm{meV}$
Charakteristische Energie im Donor	$E_{\mathrm{T},D}$	$66\,\mathrm{meV}$
Langevin-Korrekturfaktor	R_{fac}	1
Akzeptor-Ratenkoeffizient	$r_{0,e}$	$4.5 \times 10^{-15}\,\mathrm{m^3/Vs}$
Donor-Ratenkoeffizient	$r_{0,h}$	$5.5 \times 10^{-16}\,\mathrm{m^3/Vs}$
Freie Zustandsdichte	N	$2.5 \times 10^{27}\,\mathrm{m^{-3}}$
Beweglichkeitskante	ΔE_0	$50\,\mathrm{meV}$
Built-in-Spannung	U_{bi}	$-0.7\,\mathrm{V}$
Komplexer Brechungsindex ($\lambda = 532\,\mathrm{nm}$)	$\tilde{n}$	$2.05 + i0.46$ [141]

Aufgrund der Vielzahl der gemessenen Kennlinien erfolgt die Parameteranpassung durch gleichzeitiges Anpassen der simulierten Kennlinien an Messungen für drei Spannungen, vier Laser-Leistungsdichten und zwei Temperaturen. Die ausgewählten Kennlinien garantieren dabei die Berücksichtigung der gesamten Breite der Messdaten, insbesondere da immer der kleinste und größte gemessene Wert (der Temperatur, der Leistungsdichte und der Spannung) in der Auswahl berücksichtigt ist. Das Ergebnis der im Vergleich zum vorherigen Kapitel modifizierten Parameter ist in Abbildung 6.1.5 exemplarisch für vier Spannungen von $U = 0\,\mathrm{V}$ und $U = -5\,\mathrm{V}$ zu sehen, wobei in jeder Abbildung jeweils die Kennlinien der kleinsten ($T = 11\,^\circ\mathrm{C}$) und größten ($T = 50\,^\circ\mathrm{C}$) gemessenen Temperatur dargestellt sind. Die aus dem Angleichen extrahierten, für dieses Kapitel relevanten Parameter sind in Tabelle 6.1.1 auf-

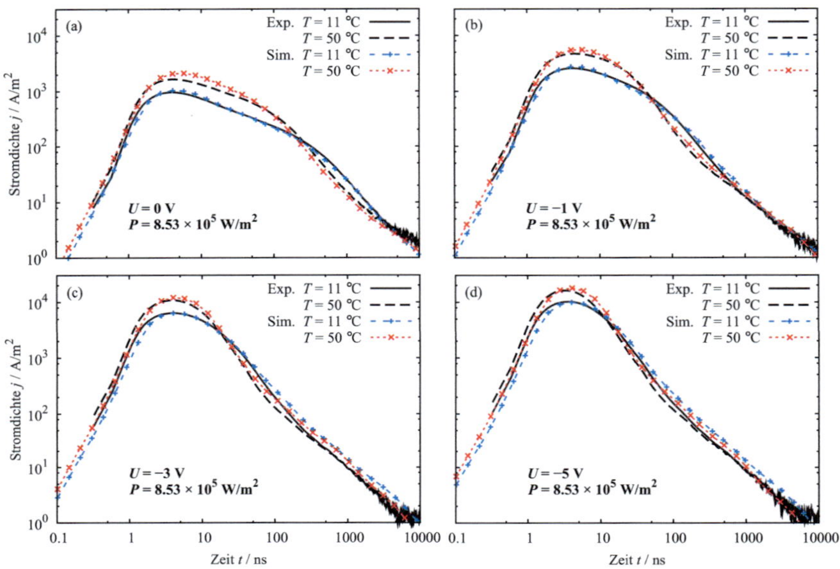

Abb. 6.1.5: Vergleich der Impulsantworten für jeweils zwei Temperaturen bei der Leistungsdichte von $P = 8.53 \times 10^5\,\mathrm{W/m^2}$ und vier Spannungen von $U = 0\,\mathrm{V}$ bis $U = -5\,\mathrm{V}$.

gelistet. Wie erwartet führen die erhöhten Raten für das Trapping/Detrapping der Elektronen zu einer stärkeren Temperaturdifferenz über beinahe die gesamte Dauer der Impulsantwort bis zum Zeitpunkt des Auftretens des zweiten Knicks in Übereinstimmung mit dem Experiment[3]. Des Weiteren weisen die neuen Simulationen für alle Spannungen die in den Messungen auftretende charakteristische erste sowie zweite Steigungsänderung auf. Ebenso reproduzieren die Simulationen den linearen Verlauf der Stromdichte bei doppeltlogarithmischer Auftragung vor und nach dem ersten Knickpunkt, wie auch den

---

[3] Aufgrund der erhöhten Raten werden in den hier und im Folgenden dargestellten Simulationen auch sehr flache Trapzustände bis zu Energien E_0 unterhalb der Leitungsbandkante berücksichtigt. Dieser werden jedoch aufgrund der sehr kurzen Lebensdauer der Ladungsträger in diesen Traps nicht in der exponentiellen Verteilung der Traps berücksichtigt, sondern werden vielmehr durch eine minimal temperaturabhängigen freien Beweglichkeit μ_0 beschrieben. Die Berücksichtigung dieser Traps führt lediglich zu einem geringen temperaturabhängigen Unterschied der freien Beweglichkeit von maximal 12% in dem untersuchten Temperaturbereich. Die Herleitung der Berechnung wird ausführlich unter Abschnitt A.1 im Anhang beschrieben.

langen Ausläufer der Stromdichte bis in den zweistelligen Mikrosekundenbereich. Eine detaillierte Diskussion der Ursache beider Knicks sowie eine
tiefgreifende Analyse des Stromdichteverlaufs erfolgt unter anderem anhand
eines Vergleichs mit analytischen Berechnungen in den folgenden Abschnitten.

6.2 Diskussion der Ergebnisse

In diesem Abschnitt werden die extrahierten Parameter aus der Anpassung
der simulierten an die gemessenen Kennlinien diskutiert und die im vorherigen Abschnitt erwähnten Effekte anhand der Simulationen näher erläutert.
An dieser Stelle sei betont, dass alle simulierten Kennlinien in diesem und
im folgenden Kapitel mit einem einzigen, aus allen Simulationen extrahierten
Parametersatz berechnet sind, also insbesondere auch für die verschiedenen
Leistungsdichten. Während dieses Kapitel sich auf die kleinen Leistungen beschränkt, folgt im folgenden Kapitel die Diskussion für hohe Leistungsdichten, bei denen weitere dichteabhängige Effekte im Generationsprozess auftreten. Im Zuge dessen wird die Generation der Ladungsträger in den hier sowie
im folgenden Kapitel gezeigten Simulationen nicht nach dem Onsager-Braun-
Dissoziationsmodell berechnet, sondern mit Hilfe eines neuen Dissoziationsmodells, welches im folgenden detailliert Kapitel beschrieben wird. Relevant
für die Diskussion in diesem Kapitel ist hierbei lediglich die interne Quanteneffizienz (Ausbeute der generierten Ladungsträgerpaare pro Photon), die
im Rahmen des Modells temperaturunabhängig ist und sich bei kleinen Leistungsdichten hauptsächlich aus dem Wechselspiel der feldabhängigen Dissoziation und der paarweisen Rekombination ergibt. Sie beträgt in den Simulationen ca. $\eta = 67\%$ im Kurzschlussfall sowie $\eta = 82\%$ bei der Spannung
$U = -5\,\mathrm{V}$.

6.2.1 Zeitlicher Verlauf der Ladungsträgerdichte der Elektronen

Die extrahierte Beweglichkeit der freien Elektronen im Transportband
ist mit $\mu_\mathrm{e} = 1.03 \times 10^{-4}\,\mathrm{m^2/Vs}$ deutlich größer als in den vorangehenden Simulationen bisher angenommen. Gleichzeitig werden aber aufgrund

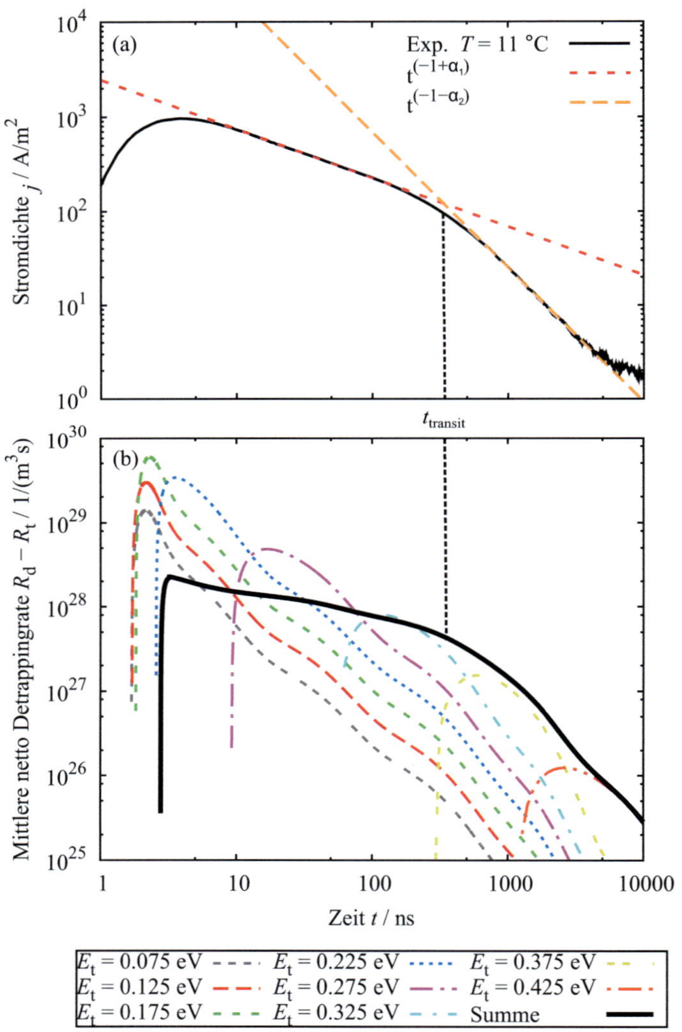

Abb. 6.2.1: In Unterabbildung (a) ist die gemessene Impulsantwort bei der Spannung $U = 0\,\text{V}$ und der Temperatur $T = 11\,°\text{C}$ dargestellt. Zusätzlich eingezeichnet sind zwei an die Messdaten angelegten Geraden mit den Steigungen $\alpha_1 = 0.48$ und $\alpha_2 = 0.43$. In Unterabbildung (b) ist die zu der Kennlinie korrespondierende simulierte netto Detrappingrate $R_\text{d} - R_\text{t}$ aus den neun Trapniveaus dargestellt.

der deutlich höheren Trappingrate alle generierten Ladungsträger beinahe instantan eingefangen (Lebensdauer der Elektronen im Transportband $\tau_t = 1/(N_{\text{trap}_a} \cdot r_0) = 0.12\,\text{ps}$), woraus sich im Zusammenspiel mit der ebenfalls erhöhten Detrappingrate ein zum vorangehenden Kapitel vergleichbares Anstiegsverhalten der Stromdichte ergibt. Die Verweildauer der Ladungsträger in den Trapzuständen ist wesentlich kürzer und reicht von $\tau_d = 1.62\,\text{ps}$ im flachsten Trapzustand mit einer energetischen Tiefe des Traps von $E_{t_a} = 0.075\,\text{eV}$ bis zu $\tau_d = 8.48\,\mu\text{s}$ im energetisch tiefsten Trapniveau bei $E_{t_a} = 0.475\,\text{eV}$. Ladungsträger, die sich in flachen Trapniveaus oberhalb eines entsprechenden Energieniveaus $\varepsilon^*(t)$ befinden, sind aufgrund der sehr kurzen Verweildauer sehr schnell im quasi thermodynamischen Gleichgewicht mit dem Transportband und generieren daher einen entsprechenden Anteil an freien Ladungsträgern im Transportband bereits zu Beginn der Impulsantwort. Das Energieniveau $\varepsilon^*(t)$ lässt sich näherungsweise definieren durch die Wahrscheinlichkeit des Entkommens der Ladungsträger aus dem Trapniveau mit der energetischen Tiefe $E_t = \varepsilon^*(t)$, die zum jeweiligen Zeitpunkt t gerade eins ist:

$$\left[r_0 \cdot N_C \cdot \exp\left(-\frac{E_t}{k_B T} \right) \right] t = 1 \tag{6.2.1}$$

Aufgrund des Boltzmannfaktors in der Detrappingrate liegt das Energieniveau $\varepsilon^*(t)$ zum gleichen Zeitpunkt t bei höherer Temperatur nach Gleichung 6.2.1 energetisch tiefer. Somit befinden sich bei höherer Temperatur signifikant mehr Ladungsträger im Transportband und infolgedessen ist die Stromdichte signifikant größer, was den starken Temperaturunterschied bereits zu Beginn der Impulsantwort in Abbildung 6.1.5 erklärt. Ladungsträger, die zum Zeitpunkt t in Trapniveaus unterhalb der Energie $\varepsilon^*(t)$ lokalisiert sind, entkommen bis zu diesem Zeitpunkt nicht aus den Trapniveaus und tragen somit nicht zur Stromdichte bei. Die Ladungsträger, die sich im thermodynamischen Gleichgewicht befinden, driften zur Elektrode, wobei sie auf ihrem Weg mehrfach in alle energetisch verteilten Trapzustände neu eingefangen werden und aus flachen Trapzuständen wieder herauskommen können. Folglich werden zunehmend tiefe Trapniveaus besetzt, was eine Abnahme der Stromdichte nach der Form $j(t) \sim t^{(-1+\alpha)}$ zur Folge hat. Mit voranschreitender Zeit verschiebt sich das Energieniveau $\varepsilon^*(t)$ zu tieferen Energien, da zunehmend Gleichung 6.2.1 für energetisch tiefer liegende Trapzustände erfüllt ist. Aufgrund der exponentiellen Verteilung der Zustände sinkt damit auch zunehmend die Anzahl der Zustände unterhalb dieses Energieniveaus. Wenn die Trapping-Zeitkonstante $\tau = 1/\left(r_0 \cdot N_{\text{traps}}\left(E < \varepsilon^*(t)\right)\right)$ für das Trapping von Ladungsträgern in Trapniveaus unterhalb von $\varepsilon^*(t)$ größer wird als die nach Ref. [44] definierte mittlere Driftzeit $\tau = d/\left(\sqrt{6} \cdot \mu_{\text{eff}} \cdot F\right)$ der sich fortbewegenden Ladungsträger, so werden diese extrahiert und nicht erneut in tiefe Trapniveaus wieder eingefangen. Ab diesem Zeitpunkt befinden sich dann lediglich noch Ladungsträger in tiefen Trapzuständen und die Stromantwort wird im Folgenden bestimmt durch das Herauskommen der Ladungsträger aus diesen Trapzuständen und verläuft nach der Form $j(t) \sim t^{(-1-\alpha)}$. Der Übergang der zwei Zeitbereiche ist als Transitzeit t_{transit} definiert und zeigt sich anhand der signifikanten Steigungsänderung in der Stromdichte, wie exemplarisch ersichtlich bei ca. der Zeit $t = 200\,\text{ns}$ und $t = 400\,\text{ns}$ in den Kennlinie in Abbildung 6.2.1a bei der Temperatur $T = 50\,°\text{C}$ bzw. $T = 11\,°\text{C}$.

Der charakteristische Übergang zeigt sich auch in Unterabbildung 6.2.1b, in der die, zu der gemessenen Stromantwort in Unterabbildung 6.2.1a korrespondierende, simulierte netto Detrappingrate (Detrappingrate R_d minus Trappingrate R_t) der Elektronen aus den jeweiligen neun Trapniveaus sowie die Summe der netto Detrappingraten aus allen Trapniveaus dargestellt sind. Die Spannung ist bei dem gewählten Beispiel in Abbildung 6.2.1 $U = 0\,\text{V}$ und die Temperatur $T = 11\,°\text{C}$. Der Zeitpunkt der charakteristischen Steigungsänderung in der Stromdichte entspricht dem Zeitpunkt in Abbildung 6.2.1b, in dem die Summe der netto Detrappingraten erstmals größer ist als die jeweilige netto Detrapping-Rate aus allen diskretisierten einzelnen Trapniveaus. Dies beschreibt den Umstand, dass ab diesem Zeitpunkt insgesamt mehr Ladungsträger herauskommen als in tiefe Trapniveaus neu eingefangen werden. Alle herauskommenden Ladungsträger werden ab diesem Zeitpunkt extrahiert, und in der Folge ergibt sich der Stromdichteverlauf aus dem zeitlichen Verhalten des Detrappings aus den tiefen Trapniveaus. Dies ist lediglich von der Verteilung der Zustände in dem entsprechenden Material und damit bei einer ex-

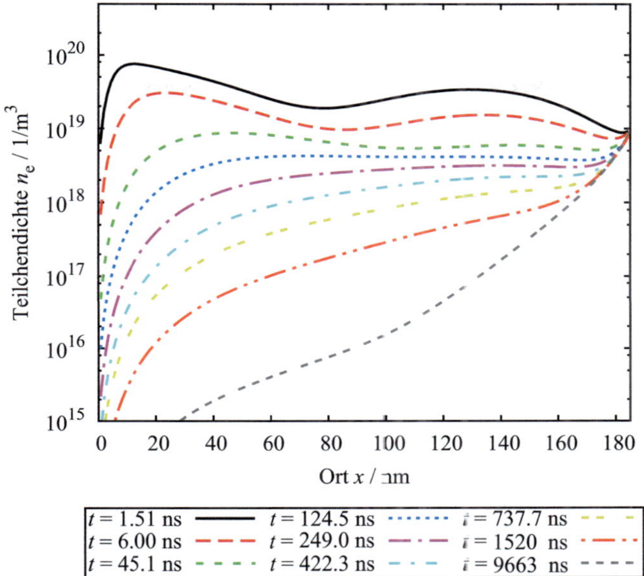

Abb. 6.2.2: Zeitlicher Verlauf der Ladungsträgerdichte der freien Elektronen im Transportband für die simulierte Impulsantwort bei einer angelegten Spannung von $U = 0\,$V und der Temperatur $T = 11\,°$C.

ponentiellen Verteilung der Zustände von der charakteristischen Energie E_T bestimmt.

Veranschaulichen lässt sich das charakteristische dispersive Verhalten auch anhand des zeitlichen Verlaufs der freien Ladungsträgerdichte, die in Abbildung 6.2.2 für die Stromantwort bei der angelegten Spannung $U = 0\,$V und der Temperatur $T = 11\,°$C dargestellt ist. Die Dichte der freien Elektronen im Transportband bleibt über einen langen Zeitraum (bis ca. $t = 400\,$ns) räumlich nahezu unverändert, da sich die meisten Ladungsträger in tiefen Trapzuständen befinden und diese somit ein Reservoir an Ladungsträgern zur Verfügung stellen. Driften freie Ladungsträger weg, so stellt sich nahezu instantan wieder ein momentaner Gleichgewichtszustand zwischen freien und getrappten Ladungsträgern für den jeweiligen Zeitpunkt ein. Die Ladungsträgerdichte sinkt jedoch kontinuierlich mit der Zeit, da zunehmend tiefere Trapzustände besetzt werden und sich die Ladungsträger im quasi thermodynamischen Gleichgewicht oberhalb von $\varepsilon^*(t)$ fortbewegen bzw. an der Kathode (in Abbildung 6.2.2 auf der rechten Seite) extrahiert werden. Dieses Verhalten ändert sich jedoch, wenn die Ladungsträger von der Anodenseite (links in Abbildung 6.2.2) im Mittel mit der effektiven Beweglichkeit μ_{eff} die Kathodenseite nach ca. der Zeit $t = 400\,\text{ns}$ erreicht haben und folglich überall im Bauteil das Reservoir an Ladungsträgern in tieferen Trapniveaus erschöpft ist. Ab diesem Zeitpunkt sinkt daher von der linken Seite ausgehend die Dichte der freien Ladungsträger sehr schnell, da alle aus den tiefen Trapniveaus herauskommenden Ladungsträger sofort extrahiert werden. Der Zeitpunkt des Übergangs ist durch die Transitzeit definiert und zeigt sich in den Kennlinien anhand der Steigungsänderung, wie in Abbildung 6.2.1 anschaulich dargestellt ist.

6.2.2 Diskussion des Potenzverhaltens vor und nach der Transitzeit t_{transit}

Wie bereits in Unterabschnitt 6.1.3 erwähnt, verhält sich der gemessene Stromdichteverlauf vor und nach der Transitzeit t_{transit} entsprechend dem Potenzverhalten nach Gleichung 6.1.1 und kann bei doppeltlogharitmischer Auftragung durch zwei Geraden angenähert werden. Exemplarisch ist dies an dem Beispiel für die Spannung $U = 0\,\text{V}$ in Abbildung 6.2.1a verdeutlicht. Auch in fast allen Kennlinien mit angelegter Rückwärtsspannung lässt sich in den Unterabbildungen (b)-(d) in Abbildung 6.1.5 ein linearer Bereich vor und nach dem ersten Knick erkennen. Lediglich bei hohen Spannungen ist der Zeitpunkt der Transitzeit sehr früh erreicht, weswegen das Potenzverhalten vor dem ersten Knick durch den Einfluss des Verschiebungsstroms überlagert ist und sich daher kein linearer Bereich in den Kennlinien ausmachen lässt.

Die mit den Geraden in Abbildung 6.2.1 korrespondierenden charakteristischen Energien für die Kennlinie bei der Spannung $U = 0\,\text{V}$ und der Temperatur $T = 11\,°\text{C}$ betragen $E_{T_e} = 50.6\,\text{meV}$ $(t < t_t)$ und $E_{T_e} = 56.3\,\text{meV}$ $(t > t_t)$. Die Werte sind deutlich größer als der aus der Anpassung der simulierten Kennlinien extrahierte Wert von $E_{T_e} = 38.7\,\text{meV}$. Die Diskrepanz ist auf die zu vereinfachte Näherung bei der theoretischen Beschreibung nach Arkhipov zurückzuführen, bei der alle Ladungsträger oberhalb von $\varepsilon^*(t)$ als freie Ladungsträger behandelt werden und sich mit der (freien) Beweglichkeit μ_0 fortbewegen. Tatsächlich aber kommen zwar die Ladungsträger hinreichend schnell aus Zuständen oberhalb von $\varepsilon^*(t)$ wieder heraus, jedoch werden sie auf dem Weg zur Elektrode mehrmals wieder auch von selbigen Trapzuständen erneut eingefangen. Im Unterschied zur Theorie nach Ref. [44] ist daher die pseudo-effektive Beweglichkeit $\mu'(t)$, die sich aus den freien und in den Trapzuständen oberhalb von $\varepsilon^*(t)$ befindlichen Ladungsträgern n'_t nach der Form

$$\mu'(t) = \frac{n_e(t)}{n_e(t) - n'_t(t)} \qquad (6.2.2)$$

berechnet, reduziert. Mit voranschreitender Zeit und der damit verbundenen Verschiebung von $\varepsilon^*(t)$ zu tieferen Energien nimmt diese pseudo-effektive Beweglichkeit $\mu(t)'$ zunehmend ab, was einen immer größer werdenden zusätzlichen Beitrag zur Abnahme der Stromdichte für Zeiten $t < t_{\text{transit}}$ zur Folge hat. Damit fällt der Abfall der Impulsantwort stärker ab bzw. ist die Steigung des Abfalls für $t < t_{\text{transit}}$ größer als nach dem vorhergesagten Verhalten nach Arkhipov, weswegen ein zu großer Wert für die charakteristische Energie aus den an die Messdaten angelegten Geraden extrahiert wird. Die Berechnungen nach Arkhipov basieren auf der Näherung $E_T > k_B T$, was bei einer Temperatur $T = 50\,^\circ\text{C}$ der Bedingung $0.0387\,\text{eV} > 0.028\,\text{eV}$ entspricht. Aufgrund der nur schwach erfüllten Näherung ist die Zahl der Trapzustände oberhalb von $\varepsilon^*(t)$ relativ groß, und damit auch die Abweichung der Simulation von der approximierten Berechnung nach Arkhipov.

Ebenso können auch die aus den tiefen Trapniveaus herauskommenden Ladungsträger nach der Transitzeit $t > t_{\text{transit}}$ von energetisch höher liegenden Trapzuständen teilweise mehrfach wieder eingefangen werden, bevor sie an der Elektrode extrahiert werden. Die zusätzlichen Beiträge der höher liegenden Zustände verlangsamen mit der Zeit zunehmend die Extraktion, was einen flacheren als den theoretisch erwarteten Abfall der Stromdichte für $t > t_{\text{transit}}$ zur Folge hat, also einen Abfall der Stromdichte mit einer kleineren Steigung.

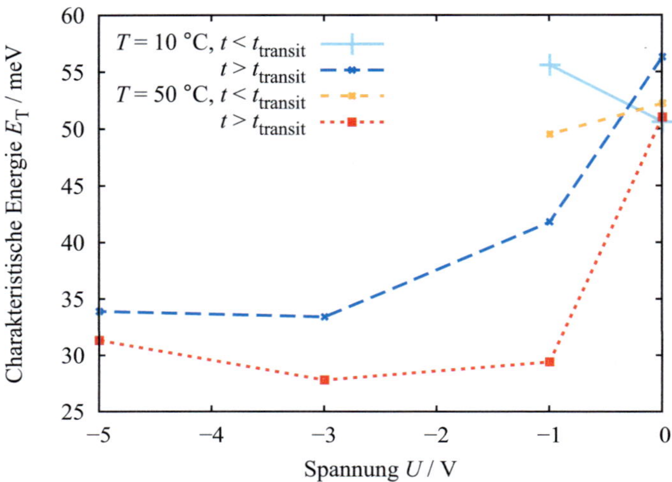

Abb. 6.2.3: Die jeweils aus den Geraden bestimmten Werte der charakteristischen Energien für zwei Temperaturen vor und nach der Transitzeit $t_{transit}$ in Abhängigkeit der Spannung.

Je größer die angelegte Spannung ist, desto schneller driften die Ladungsträger und desto weniger oft werden die Ladungsträger auf ihrem Weg zur Elektrode mehrfach wieder eingefangen. Mit größerer Spannung wird somit die Abweichung der pseudo-effektiven von der freien Beweglichkeit im Transportband zunehmend kleiner und damit auch die Abweichung der Approximation von der exakten Beschreibung der numerischen Simulation. Dies erklärt die in Abbildung 6.2.3 dargestellte, der Approximation nach nicht erwartete, Abnahme der aus der Steigungen der (an die gemessenen Kennlinien angelegten) Geraden bestimmten charakteristischen Energie mit zunehmender Spannung. Bei hohen Spannungen und der damit verbundenen schnellen Ladungsträgerextraktion ist die Stromdichte rund um die Transitzeit jedoch überlagert durch den Einfluss des Verschiebungsstromes. Dies führt zum einen dazu, dass sich für große Spannungen kein Potenzverhalten für Zeiten $t < t_{transit}$ in den Kennlinien ausmachen lässt. Zum anderen ist der Abfall der Stromdichte für Zeiten $t > t_{transit}$ RC-limitiert und fällt dadurch signifikant langsamer ab, womit die Steigung des Abfalls kleiner ausfällt und entsprechend ein zu klei-

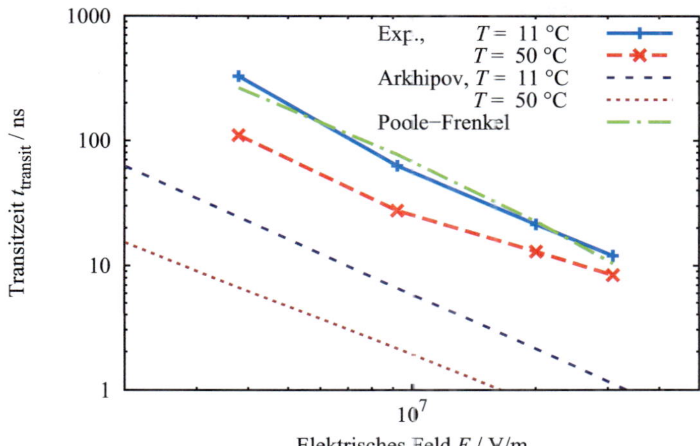

Abb. 6.2.4: Transitzeit in Abhängigkeit von der elektrischen Feldstärke für die Temperaturen $T = 11\,°\mathrm{C}$ und $T = 50\,°\mathrm{C}$. Aufgetragen sind sowohl die aus dem Experiment extrahierten als auch die berechneten Werte nach Gleichung 6.2.3 aus Ref. [44]. Zum Vergleich sind zusätzlich noch die berechnete Transitzeit nach Gleichung 6.2.5 und der feldabhängigen Beweglichkeit nach Poole-Frenkel mit $E_0 = 1 \times 10^7\,\mathrm{V/m}$ und der Nullfeldbeweglichkeit $\mu_0 = 1 \times 10^{-7}\,\mathrm{m^2/Vs}$ eingezeichnet.

ner Wert der charakteristischen Energie extrahiert wird. Generell ist daher die Extraktion der exakten charakteristischen Energie aus den Messdaten äußerst schwierig, sollte aber prinzipiell für kleine Temperaturen und moderate Spannungen möglich sein. Für die kleinste Temperatur $T = 11\,°\mathrm{C}$ und der Spannung $U = -1\,\mathrm{V}$ ist die aus der zweiten Gerade extrahierte charakteristische Energie im Akzeptor mit $E_{T_e} = 41.8\,\mathrm{meV}$ in guter Übereinstimmung mit dem aus der Parameteranpassung bestimmten Wert von $E_{T_e} = 38.7\,\mathrm{meV}$.

6.2.3 Feldabhängigkeit der Transitzeit

In Abbildung 6.2.4 sind die Transitzeiten t_{transit} in Abhängigkeit der elektrischen Feldstärke E für die in diesem Kapitel untersuchten Kennlinien bei der Leistungsdichte von $P = 8.6 \times 10^5\,\mathrm{W/m^2}$ und den Temperaturen $T = 11\,°\mathrm{C}$ und $T = 50\,°\mathrm{C}$ dargestellt. Die Transitzeiten sind aus den Schnittpunkten der

Geraden bestimmt, die an den jeweiligen linearen Bereich bei doppeltlogarith-mischer Auftragung vor und nach der ersten Steigungsänderung an die gemes-senen Kennlinien angefittet sind. Wie aus Abbildung 6.2.4 ersichtlich, zeigt sich dabei ein nichtlinearer Zusammenhang von Transitzeit und elektrischer Feldstärke bei den aus dem Experiment extrahierten Werten. Die nach der analytischen Approximation nach Arkhipov berechnete Abhängigkeit weist ebenfalls ein nichtlineares Verhalten auf und ist gegeben durch

$$
t_{\text{transit}} = \frac{N_{\text{trap}}}{N} \tau_0 \left(\frac{d}{\sqrt{6\mu_0 E \tau_0}} \right)^{E_{\text{T}}/k_{\text{B}}T} ,
\tag{6.2.3}
$$

mit $\tau_0 = 1/(N_{\text{trap}} \cdot r_0)$ und der Schichtdicke d der aktiven Schicht. In Abbil-dung 6.2.4 sind zusätzlich die nach dieser Formel berechneten Transitzeiten aufgetragen, wobei die Werte für die jeweiligen Parameter in Gleichung 6.2.3 der numerischen Simulation entnommen sind[4]. Dabei zeigt sich eine qualitati-ve Übereinstimmung des Potenzverhaltens in der Abhängigkeit der Transitzeit von der elektrischen Feldstärke zwischen den berechneten und den aus dem Experiment extrahierten Werten, welches proportional zu der Form

$$
t_{\text{transit}} \sim \left(\frac{d}{E} \right)^{E_{\text{T}}/k_{\text{B}}T}
\tag{6.2.4}
$$

ist. Bei doppeltlogarithmischer Auftragung ergibt sich somit der Theorie nach aus der Steigung der gemessenen Kennlinie ebenfalls die charakteristische Energie E_{T}, die bereits für die charakteristische Form des Abfalls für $t > t_{\text{transit}}$ verantwortlich ist. Die Abweichungen der berechneten Transitzeiten nach Gleichung 6.2.3 von den gemessenen in Abbildung 6.2.4 sind erneut auf die fehlende Berücksichtigung der reduzierten effektiven Beweglichkeit aufgrund der Trapzustände oberhalb des zeitabhängigen Energieniveaus $\varepsilon^*(t)$ in den

---

[4]Bei der Berechnung nach Gleichung 6.2.3 muss berücksichtigt werden, dass in der Simulation nur Trapzustände, die energetisch um den Wert $E_0 = 0.05\,\text{eV}$ unterhalb des Transportbandes liegen, als solche berücksichtigt werden. Daher muss in der analytischen Berechnung in Gleichung 6.2.3 die Anzahl der Traps N_{trap} um die Multiplikation mit dem Faktor $\exp(E_0/E_{\text{T}})$ korrigiert werden, um die gleiche Anzahl der Traps unterhalb von E_0 zu gewährleisten. Gleichung 6.2.3 ist damit noch immer gültig, da in der Berechnung der Formel nur Zustände unterhalb des Energieniveaus $\varepsilon^*(t)$ eingehen, welches bei der Transitzeit t_{transit} deutlich tiefer als E_0 liegt.

theoretischen Berechnungen zurückzuführen. Zum einen sind die berechneten Transitzeiten daher grundsätzlich kleiner als die gemessenen. Zum zweiten ist die Temperaturdifferenz leicht größer als im Experiment. Je größer die Temperatur, desto tiefer liegt $\varepsilon^*(t)$ zum gleichen Zeitpunkt t und desto mehr Zustände liegen oberhalb dieses Energieniveaus $\varepsilon^*(t)$. Damit steigt der Fehler der analytischen Abschätzung mit steigender Temperatur.

Die Nichtberücksichtigung der Zustände oberhalb von $\varepsilon^*(t)$ führt auch zu der spannungsabhängigen Abweichung des theoretisch vorhergesagten Verhaltens nach Arkhipov von der gemessenen Transitzeit. Damit lässt sich aber auch keine eindeutige Steigung aus den gemessenen Transitzeiten definieren. Vergleicht man jedoch die Steigungen der nach Gleichung 6.2.3 berechneten Kennlinien mit dem gemessenen Verlauf, so zeigt sich eine hinreichend gute Übereinstimmung mit dem aus der Parameteranpassung bestimmen Wert von $E_T = 0.0387\,\text{eV}$. Wie vorangehend diskutiert, sollten prinzipiell für hohe Feldstärken (Spannungen) die extrahierten Werte besser mit der theoretischen Approximation übereinstimmen, woraus sich aus Abbildung 6.2.4 ein geringere Steigung und damit eine geringe charakteristische Energie in Übereinstimmung mit den Ergebnissen aus Abschnitt 6.2.2 ergeben würde. Man beachte dabei aber, dass die Extraktion der Transitzeit bei großen Feldern ungenauer ist, da der Knick zunehmend durch andere Einflüsse überlagert wird.

Vergleicht man die hier verwendete Methode der Stromantwort mit Laufzeitmessungen (TOF), so findet sich für organische Materialien häufig ein nahezu identisches Verhalten des Stromverlaufes, wobei die Messungen lediglich an dickeren Bauteilen durchgeführt werden. Aus dem Knickpunkt in den Kennlinien der TOF-Messungen wird standardmäßig die Beweglichkeit mittels der Transitzeit und der Wegstrecke d nach der Gleichung

$$\mu = \frac{d^2}{t_{\text{transit}} \cdot U} \tag{6.2.5}$$

berechnet. Im Allgemeinen wird dabei eine Nichtlinearität in der Transitzeit in Abhängigkeit der elektrischen Feldstärke gemessen, aus der typischerweise eine feldabhängige Beweglichkeit abgeleitet wird [132, 150, 156]. Die Feldabhängigkeit lässt sich in aller Regel gut mit einem Poole-Frenkel-

Verhalten vergleichen, woraus sich eine Beweglichkeit proportional zur Wurzel des elektrischen Feldes ergibt (vergleiche Gleichung 2.2.6). Zur Veranschaulichung sind in Abbildung 6.2.4 daher zusätzlich die berechneten Transitzeiten nach Gleichung 6.2.5 für eine angenommene Beweglichkeit der Form $\mu = \mu_0 \cdot \exp\left(\sqrt{E/E}\right)$ eingezeichnet, deren feldabhängiger Verlauf sich ebenfalls sehr gut mit den Messdaten deckt und woraus auf eine feldabhängige Beweglichkeit geschlossen werden könnte.

Die Interpretation einer feldabhängigen Beweglichkeit ist jedoch nicht richtig. Die Ursache der Nichtlinearität in der Transitzeit ist den gewonnenen Erkenntnissen nach nicht auf den Einfluss einer feldunterstützten, erhöhten „Hüpfrate" und damit einer feldabhängigen Beweglichkeit zurückzuführen, sondern ausschließlich auf den dispersiven Charakter des Ladungsträgertransports. Es sei an dieser Stelle betont, dass in den Simulationen keinerlei explizite Feldabhängigkeiten weder in der Beweglichkeit, noch in der Trapping- oder der Detrappingrate angenommen sind, die Simulationsergebnisse aber dennoch den gemessenen nichtlinearen Verlauf der Transitzeit mit dem elektrischen Feld reproduzieren. Die Erkenntnisse aus der in dieser Arbeit verwendeten Methode können dabei auf die Ergebnisse der TOF-Methode aus folgendem Grund übertragen werden: 1979 formulierte Arkhipov die gleiche Berechnung des dispersiven Ladungsträgertransports unter der Randbedingung der nicht wie vorangehend diskutierten, homogenen Absorption, sondern entsprechend den Bedingungen bei TOF-Messungen, der Ladungsträgergeneration nahe der Oberfläche (engl. *surface generation*) [157]. Dabei ergeben sich sowohl die identischen Abhängigkeiten der Transitzeit von der elektrischen Feldstärke und der Temperatur als auch das gleiche Potenzverhalten vor und nach dem Knick in der Stromdichte entsprechend den Gleichungen 6.1.1.

Selbiger Umstand führt auch dazu, dass die in Messungen häufig über einen großen Temperaturbereich gefundene Abhängigkeit von der Temperatur einer thermisch aktivierten Beweglichkeit $\mu \sim \exp(\varepsilon/k_\mathrm{B}T)$ zugeschrieben wird [30], deren Ursache sich aber wiederum auf die Auswirkungen von Trapzuständen zurückführen lässt.

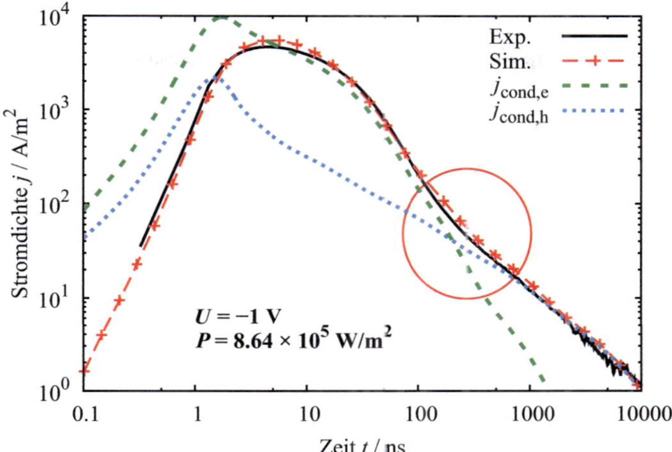

Abb. 6.2.5: Simulierte und gemessene Impulsantwort bei der angelegten Spannung von $U = -1\,\text{V}$ und der Temperatur $T = 50\,^\circ\text{C}$. Zusätzlich eingezeichnet sind die jeweiligen Leitungsstromdichtebeiträge der Elektronen und Löcher. Die Verschiebungsstromdichte wirkt dem steilen Anstieg der Leitungsstromdichte zu Anfang stark entgegen, weswegen die Gesamtstromdichte anfangs kleiner als die Leitungsstromdichte ist.

6.2.4 Differenzierung von Elektronen- und Löcheranteil am Gesamtstrom

Zur Veranschaulichung der Ursache des zweiten Knicks ist in Abbildung 6.2.5 der Vergleich der simulierten und gemessenen Impulsantworten für eine angelegte Spannung von $U = -1\,\text{V}$ und der Temperatur $T = 50\,^\circ\text{C}$ dargestellt. Zusätzlich ist darin der Beitrag der Elektronen sowie Löcher am Leitungsstrom eingezeichnet. Unter der bereits mehrfach diskutierten Annahme, dass die Elektronen die schnellere Ladungsträgersorte sind, ist die Stromdichte in dem dargestellten Beispiel bis zu ca. der Zeit $t = 600\,\text{ns}$ dominiert von der Drift der Elektronen im elektrischen Feld. Da zu diesem Zeitpunkt bereits die meisten Elektronen an den Elektroden extrahiert sind, wird in der Folge die Stromdichte vom Beitrag der Löcher dominiert. Wie in Abbildung 6.2.5 rot markiert, zeigt sich der Übergang von dem elektronen- zu dem löcherdominierten Regime als Steigungsänderung in der

Stromdichte, dessen Zeitpunkt je nach Spannung, Temperatur und Leistung zu verschiedenen Zeiten auftreten kann. Wird die Spannung erhöht, so verringert sich die Transitzeit der Elektronen und infolgedessen wird auch der Zeitpunkt früher erreicht, an dem der Beitrag der Elektronen zur Leitungsstromdichte unter den Wert des Beitrages der Löcher fällt. Dies erklärt die Verschiebung des zweiten Knicks mit zunehmender Spannung zu früheren Zeiten, wie in Abbildung 6.1.3 zu sehen ist.

6.2.5 Unterschiede im Löchertransport

Die Beschreibung des Löchertransports gestaltet sich deutlich schwieriger. Dies liegt unter anderem an dem Nichtvorhandensein einer signifikanten dritten Steigungsänderung in den gemessenen Kennlinien, also einem weiteren Knick in der Stromdichte aufgrund des dispersiven Charakters des Löchertransports bei der Transitzeit $t_{\mathrm{transit,h}}$ der Löcher. Hinzu kommt, dass der löcherdominierte Abfall der Stromdichte über einen gewissen Zeitbereich eine scheinbar verschwindende Temperaturabhängigkeit aufweist, wie in Abbildung 6.1.5d bei der Spannung $U = -5\,\mathrm{V}$ zu sehen ist. Zu guter Letzt verschiebt sich zudem noch bei kleinen Spannungen der Übergang von dem elektronen- zu dem löcherdominierten Bereich in den Mikrosekundenbereich und damit in den Grenzbereich der Messdaten. Folglich kommen bei der geringsten Spannung nicht alle Löcher innerhalb von $10\,\mu\mathrm{s}$ nach dem Laserpuls aus den Trapniveaus wieder heraus, was eine genaue Beschreibung des Löchertransports anhand der Messdaten erschwert. So bleiben für die Auswertung der Kennlinien in Bezug auf den Löchertransport dennoch drei Kernpunkte. Der prägnanteste ist der in allen Kennlinien auftretende Zeitpunkt des Übergangs von einer elektronen- zu einer löcherdominierten Stromdichte. Als zweites lassen sich anhand der Steigung des Abfalls bei hohen Spannungen Aussagen über die Trapverteilung extrahieren. Als drittes zeigt sich bei sehr genauer Betrachtung der Kennlinien bei mittlerer Leistungsdichte doch eine sichtbare, geringe Temperaturabhängigkeit der Stromdichte im späten Mikrosekundenbereich, die auf den temperaturabhängigen Löchertransport zurückzuführen ist.

Die Steigung des Abfalls nach dem zweiten Knick, also in dem Zeitbe-

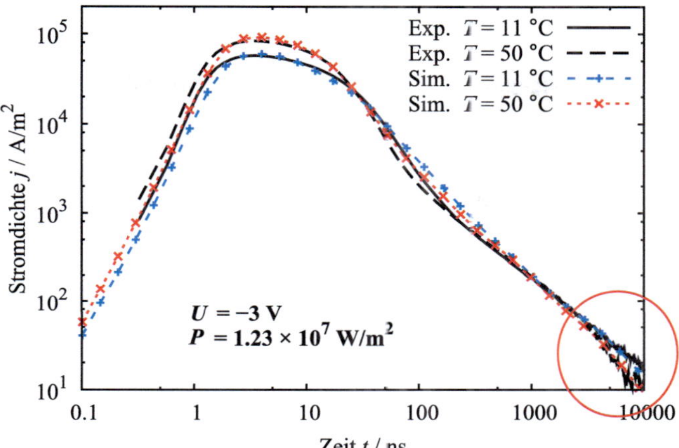

Abb. 6.2.6: Vergleich der simulierten und gemessenen Impulsantworten für zwei Temperaturen und einer für den untersuchten Intensitätsbereich mittleren Leistungsdichte von $P = 1.2 \times 10^7\,\text{W/m}^2$ und der Spannung $U = -3\,\text{V}$. Bei genauer Betrachtung zeigt sich ein temperaturabhängiger Unterschied in den Kennlinien bei sehr lange Zeiten ab ca. 3000 ns.

reich, in dem die Stromdichte von den Löchern dominiert wird, weist je nach Spannung und Leistung Werte um $m \approx 1.0 - 1.3$ auf und ist damit wesentlich kleiner als im Falle der Elektronen. Dies entspricht einer weniger steil abfallenden exponentiellen Verteilung der Trapzustände, also einer größeren charakteristischen Energie E_T im Donor als im Akzeptor. Für eine Steigung nahe Eins fällt auch die erwartete Steigungsänderung nach Gleichung 6.1.1 deutlich geringer aus als im Falle der Elektronen. Die Extraktion des Wertes der charakteristischen Energie bei Steigungen kleiner als $m \approx 1.3$ ist schwierig, jedoch würde dies in erster Näherung einer charakteristischen Energie von über $E_\text{T} = 100\,\text{meV}$ entsprechen. Dies stellt sich jedoch anhand der Simulationen als ein deutlich zu hoher Wert heraus. Der aus der Anpassung der simulierten Kennlinien extrahierte Wert der charakteristischen Energie im Donor beträgt $E_\text{T} = 66\,\text{meV}$ und ist damit immer noch wesentlich größer als im Akzeptor. Offensichtlich existieren deutlich mehr energetisch tief liegende

Trapniveaus, in die entsprechend viele Löcher auch eingefangen werden[5]. Die deutlich verlangsamte Extraktion der Löcher aus tiefen Trapniveaus erklärt das lange Abfallverhalten der Stromdichte über den zweistelligen Mikrosekundenbereich hinaus. Die scheinbare Temperaturunabhängigkeit der Stromdichte in den Messkurven im Zeitbereich von ca. $t = 500\,\mathrm{ns}$ bis $t = 2000\,\mathrm{ns}$, wie z.B. in Abbildung 6.1.5c und 6.1.5d zu sehen ist, suggeriert auf den ersten Blick einen temperaturunabhängigen Löchertransport. Betrachtete man jedoch an dieser Stelle exemplarisch den Vergleich der Kennlinien bei einer höheren Leistungsdichte von $P = 1.2 \times 10^7\,\mathrm{W/m^2}$ und der Spannung $U = -3\,\mathrm{V}$, so zeigt sich in Abbildung 6.2.6 eine geringe Temperaturabhängigkeit in dem rot markierten Bereich ganz am Ende der Impulsantwort sowohl in den simulierten als auch in den gemessenen Kennlinien. Ein gleiches Verhalten zeigt sich in identischer Form auch bei anderen Spannungen sowie anderen Leistungsdichten. Von Bedeutung daran ist, dass die Stromdichte der höheren Temperatur über einen längeren Zeitbereich identisch mit der Stromdichte der geringeren Temperatur verläuft, dann aber früher abfällt. Das Verhalten ist identisch zu dem der Elektronen, bei denen sich ebenfalls ein früherer Abfall der Stromdichte mit höherer Temperatur zeigt. Zu diesem Zeitpunkt kommen bereits mehr Löcher aus den Trapzuständen wieder heraus, der Zeitpunkt der Transitzeit der Löcher ist damit schon überschritten. Wie auch im Falle der Elektronen fällt die Steigung vor/nach der Transitzeit steiler/flacher aus als nach der theoretischen Approximation nach Arkipov, was die, aufgrund des großen Wertes von E_T, bereits geringe Steigungsänderung noch weiter reduziert. Dies erklärt auch die Abweichung des Wertes der charakteristischen Energie von dem Wert, der sich aus der Steigung der Geraden ergibt. Da zudem zum Zeitpunkt der Transitzeit der Löcher noch die Elektronen die Stromdichte dominieren, erklärt sich auch das Nichtvorhandensein einer dritten Steigungsänderung.

Im Unterschied zum Elektronentransport ist die Beweglichkeit der Löcher mit $\mu_\mathrm{h} = 2.3 \times 10^{-5}\,\mathrm{m^2/Vs}$ geringer, was insbesondere im Zusammenwirken mit der größeren charakteristischen Energie eine deutlich geringere ef-

---

[5]Die Trapzustände der Löcher befinden sich in Wirklichkeit oberhalb des LUMOs. Um den Textfluss zu vereinfachen und die Vergleichbarkeit mit dem Akzeptor-Material zu gewährleisten, werden hier und im Folgenden die Trapzustände im Donor gleich beschrieben wie im Akzeptor, also energetisch tief liegende Trapzustände sind in Wirklichkeit energetisch sehr hoch liegende.

fektive Beweglichkeit zur Folge hat. Aus der Temperaturabhängigkeit des Löchertransports lässt sich der Vorfaktor $r_0 = 5.5 \times 10^{-16}\,\mathrm{m^3/s}$ der Trapping-/Detrappingrate zwar ungefähr auf die Zehnerpotenz eingrenzen, jedoch nicht eindeutig bestimmen. Ein deutlich höherer Wert in der Größenordnung des Wertes für die Elektronen würde zu einer zu großen Temperaturabhängigkeit führen, die über die gemessene hinausginge. Wie auch im Falle der Elektronen ergeben die Simulationen, dass die Dichte der Trapzustände im Donor mit $N_\mathrm{d} = 1.2 \times 10^{27}\,1/\mathrm{m^3}$ über dem Mindestwert von $N_\mathrm{d} = 5 \times 10^{26}\,1/\mathrm{m^3}$ liegt. Bei kleineren angenommenen Trapdichten zeigen sich in der Simulation Sättigungseffekte bei hohen Leistungsdichten, was dazu führt, dass sich die simulierten Kennlinien nicht mehr mit dem Experiment in Übereinstimmung bringen lassen.

6.2.6 Auswirkungen von Interferenzeffekten

Die komplexen Brechungsindizes aller Schichten haben zwei wesentliche Einflüsse auf die Stromcharakteristik. Zum einen definiert sich daraus die Gesamtanzahl aller absorbierten Photonen in der aktiven Schicht, zum anderen aber auch die lokal unterschiedliche Generationsrate aufgrund der auftretenden Interferenzeffekte in der Intensitätsverteilung des einfallenden Lichts. Für das Materialgemisch P3HT:PCBM finden sich stark voneinander abweichende Werte des komplexen Brechungsindex in der Literatur. Je nach Wahl des komplexen Bechungsindex ergibt sich dabei in den Simulationen eine unterschiedliche Anzahl an absorbierten Photonen, was in erster Linie die exakte Bestimmung der Quanteneffizienz aus dem Integral der Impulsantwort erschwert. Der für die simulierten Kennlinien verwendete komplexe Brechungsindex ist Ref. [141] entnommen, in der die Werte des Absorptionskoeffizienten höher liegen als bei den Simulationen im vorherigen Kapitel. Prinzipiell lassen sich ähnliche, jedoch nicht vergleichbar gute Ergebnisse bei geringeren Absorptionswerten erzielen. Zwar lässt sich die geringere Absorption durch die Annahme einer geringeren bis zu einer verschwindenden paarweisen Rekombination kompensieren, jedoch sind die Minima und Maxima der Ladungsträgergeneration in der aktiven Schicht aufgrund der voneinander abweichenden Interferenzen anderes verteilt. Dies führt zu unterschiedlichen Wegstrecken für die Elektronen und Löcher bei gleicher Netto-Generationsrate der Exzitonen, was sich im Kurvenverlauf der Kennlinien bemerkbar macht. Die beste Übereinstimmung ergibt sich mit den Werten aus Ref. [141] sowie einem paarweisen CT-Rekombinationskoeffizienten[6] von $\kappa_{CTmr} = 1.39 \times 10^{10}\,1/s$ (monomolekulare Rekombination). Dies entspricht einem Verlust an Ladungsträgern im Generationsprozess aufgrund der monomolekularen Rekombination der CTs von 33% im Kurzschlussfall bzw. 18% bei der Spannung $U = -5\,V$ in den Simulationen.

Mit einem komplexen Brechungsindex mit kleinerem Extinktionskoeffizienten (z.B. nach Ref. [124]) kann keine gleichzeitige gute Übereinstimmung von elektronendominiertem und löcherdominiertem Bereich gefunden werden. Generell gilt zu beachten, dass eine gewisse Ungenauigkeit in den Messungen der Laser-Leistungsdichte vorhanden ist. Fehlerquellen sind hierbei das räumliche, gaussförmige Profil des Laserstrahls (welcher zur Verringerung des Fehlers aufgeweitet wird) sowie die Messungenauigkeiten der verwendeten Referenz-Dioden über den gesamten Leistungsbereich.

6.3 Vergleich mit Methoden zur Extraktion der Mobilität

Wie in Unterabschnitt 6.2.3 bereits diskutiert, gleicht die in dieser Arbeit verwendete Messmethode der Stromantwort in vielerlei Hinsicht der Methode der Laufzeitmessung. Gleichzeitig ist die verwendete Methode aber auch vergleichbar mit der Photo-CELIV Methode, wenn man den Offset in der Stromdichte aufgrund der angelegten Spannungsrampe bei der Photo-CELIV Methode abzieht. Während bei Laufzeitmessungen aus der Transitzeit $t_{transit}$ die

---

[6]Der Vergleich der Simulationen mit den temperatur- und spannungsabhängigen Messdaten in diesem Kapitel erfolgte im direkten Zusammenspiel mit der Untersuchung der Intensitätsabhängigkeit der Impulsantworten, deren Ergebnisse im folgenden Kapitel vorgestellt werden. Im Zuge neuer Erkenntnisse wird hierfür ein neues Ladungsträger-Generations-Rekombinationsmodell eingeführt, welches im folgenden Kapitel eingehend erläutert wird. Bei den in diesem Kapitel vorgestellten Ergebnissen bei kleinen Leistungsdichten haben die im folgenden Kapitel diskutierten Effekte jedoch kaum einen Einfluss. Daher sind zwar die Simulationen in diesem Kapitel bereits mit dem neuen Modell simuliert, jedoch erfolgt die Diskussion bezüglich des Generations-Rekombinationsmodells erst im folgenden Kapitel. Der Vollständigkeit halber wird aber bereits in diesem Kapitel der extrahierte Wert der paarweisen (monomolekularen) CT-Rekombination angegeben, der lediglich Einfluss auf die absolute Anzahl der dissozierten Exzitonen (CTs) hat.

Beweglichkeit bestimmt wird, wird selbige aus dem Zeitpunkt des Erreichens des Maximums t_{max} bei den Photo-CELIV Messungen errechnet. Die in dieser Arbeit verwendete Methode der transienten Impulsantwort ist eine Art Kombination aus TOF und CELIV, da sowohl ein prägnantes Maximum als auch eine charakteristische Transitzeit in den Kennlinien auszumachen sind. Ein wesentlicher Unterschied sind jedoch die unterschiedlichen Zeitskalen der Messung. Sowohl bei TOF also auch bei CELIV liegt typischerweise der Zeitbereich der gemessenen Stromantworten im Mikrosekundenbereich, während der Messaufbau für die in dieser Arbeit verwendete Vermessung der OPDs auf den Nanosekundenbereich ausgelegt und optimiert ist.

Sowohl TOF als auch Photo-CELIV sind in der Literatur etablierte Methoden zur Bestimmung der Beweglichkeiten. Die Ähnlichkeit der Methoden führt daher zu der interessanten Fragestellung, inwieweit aus dem Maximum sowie aus der Transitzeit der in dieser Arbeit gemessenen Impulsantworten Effektivbeweglichkeiten extrahiert werden können. Dabei sei angemerkt, dass wie bei der Photo-CELIV Methode auch bei der transienten Impulsantwort lediglich die Beweglichkeit der schnelleren Ladungsträgersorte aus den charakteristischen Punkten in der Kennlinie bestimmt werden kann, wohingegen bei TOF durch Spannungsumkehr prinzipiell sowohl die Elektronen- als auch die Löcherbeweglichkeit einzeln bestimmt werden kann. Die TOF Methode hat jedoch den Nachteil, dass Schichten benötigt werden, die weitaus dicker als die in realen Bauteilen verwendeten sind. Dies kann herstellungsbedingte Unterschiede in der Morphologie des Materials mit sich bringen, die wiederum Auswirkungen auf die Beweglichkeit haben können.

6.3.1 Aus dem Maximum bestimmte Effektivbeweglichkeit

Nach Juška et al. [158, 159] lässt sich bei CELIV Messungen aus dem Zeitpunkt t_{max} des Maximums der Stromdichte die Beweglichkeit der schnelleren Ladungsträgersorte nach der Formel

$$\mu = \frac{2 \cdot d^2}{3 \cdot A \cdot t_{\mathrm{max}}^2} \cdot \frac{1}{\left(1 + 0.36 \cdot \frac{\Delta j}{j(0)}\right)} \tag{6.3.1}$$

Tab. 6.3.1: Die aus dem Maximum der gemessenen Stromdichte nach Gleichung 6.3.1 bestimmte Effektivbeweglichkeit der Elektronen bei einer Leistungsdichte von $P = 8.5 \times 10^5 \, \mathrm{W/m^2}$.

Spannung	$T = 11^\circ\mathrm{C}$	$T = 30^\circ\mathrm{C}$	$T = 50^\circ\mathrm{C}$
$U = 0\,\mathrm{V}$	$3.26 \cdot 10^{-7}\,\mathrm{m^2/Vs}$	$4.12 \cdot 10^{-7}\,\mathrm{m^2/Vs}$	$4.87 \cdot 10^{-7}\,\mathrm{m^2/Vs}$
$U = -1\,\mathrm{V}$	$2.99 \cdot 10^{-7}\,\mathrm{m^2/Vs}$	$4.10 \cdot 10^{-8}\,\mathrm{m^2/Vs}$	$5.03 \cdot 10^{-7}\,\mathrm{m^2/Vs}$
$U = -3\,\mathrm{V}$	$3.11 \cdot 10^{-7}\,\mathrm{m^2/Vs}$	$4.15 \cdot 10^{-7}\,\mathrm{m^2/Vs}$	$5.04 \cdot 10^{-7}\,\mathrm{m^2/Vs}$
$U = -5\,\mathrm{V}$	$3.05 \cdot 10^{-7}\,\mathrm{m^2/Vs}$	$4.00 \cdot 10^{-7}\,\mathrm{m^2/Vs}$	$4.68 \cdot 10^{-7}\,\mathrm{m^2/Vs}$

berechnen, mit der Steigung der Spannungsrampe $A = dU/dt$ sowie dem empirischen Faktor $1 + 0.36 \cdot \Delta j / j(0)$ für die Berücksichtigung der zeitlichen Änderung der elektrischen Feldverteilung aufgrund von Raumladungseffekten. Das Maximum ergibt sich aus dem Wechselspiel der stetigen Zunahme der Drift der schnelleren Ladungsträgersorte mit steigender Spannung sowie der Reduktion der Ladungsträger durch Extraktion. Meist bleibt dabei jedoch unberücksichtigt, dass aufgrund des Einflusses eines externen Widerstands der Zeitpunkt des Maximums mitunter stark verzögert auftreten kann. Die Auswirkungen eines externen Widerstands auf den Zeitpunkt des Maximums wurden bereits in Unterabschnitt 4.2.1 diskutiert. Anhand von Simulationen von Photo-CELIV-Kennlinien konnte gezeigt werden, dass die Vernachlässigung eines externen Widerstands zu einem signifikanten Fehler bei der Bestimmung der Beweglichkeit aus dem Maximum der Stromdichte führt [135].

Im Gegensatz zur Photo-CELIV-Methode wird bei der transienten Impulsantwort eine über die gesamte Dauer der Messung konstante Spannung angelegt. Die Leitungsstromdichte ist daher in guter Näherung bei kleinen Leistungsdichten (vernachlässigbarer Einfluss von Raumladungseffekten) maximal bei maximaler Ladungsträgerdichte, also direkt nach Ende des Laserpulses. Lediglich der Verschiebungsstrom führt zu einem zeitlichen Versatz des Maximums der Gesamtstromdichte zu späteren Zeiten. Der Zeitpunkt des Maximums ist erreicht, wenn der Verschiebungsstrom gerade Null ist. Zu diesem Zeitpunkt ist die Stromdichte lediglich durch die Drift der Elektronen $j_\mathrm{e} = e n_\mathrm{e} \mu_\mathrm{e} E$ bestimmt. Damit ergibt sich die effektive Beweglichkeit der schnelleren Ladungsträgersorte zum Zeitpunkt des Maximums nach der Gleichung

$$\mu_e = \frac{j \cdot d}{e \cdot n_e \cdot (U - U_R)}, \tag{6.3.2}$$

mit dem Spannungsabfall am externen Widerstand $U_R = j \cdot \pi r^2 \cdot R$, der für kleine Leistungen vernachlässigbar klein ist. Die Ladungsträgerdichte n_e lässt sich näherungsweise aus dem Integral der Impulsantwort

$$n_e = \int dt \cdot j_{tot} \tag{6.3.3}$$

abschätzen, wenn man die zum Zeitpunkt des Maximums geringe Anzahl extrahierter Ladungsträger sowie Rekombinationseffekte vernachlässigt. In Tabelle 6.3.1 sind die aus den Messungen extrahierten Beweglichkeiten für den untersuchten Spannungsbereich sowie den drei Temperaturen $T = 11\,°C$, $T = 27\,°C$, $T = 50\,°C$ und der Leistungsdichte von $P = 8.5 \times 10^5\,W/m^2$ aufgelistet. Bei Erhöhung der Temperatur zeigt sich ein Anstieg der effektiven Beweglichkeit um ca. 66% von $3 \times 10^{-7}\,m^2/Vs$ bei $T = 11\,°C$ auf $5 \times 10^{-7}\,m^2/Vs$ bei $T = 50\,°C$, in vergleichbarer Größenordnung mit der aus den Ergebnissen in Abschnitt 4.4.2 bestimmten Erhöhung um ca. 90%. Die Diskrepanz lässt sich darauf zurückführen, dass bei kleinen Spannungen nicht alle Ladungsträger in dem gemessenen Zeitintervall bis $10\,\mu s$ extrahiert werden. Die tatsächlich extrahierte Ladungsträgerdichte, insbesondere für U=0 V, ist daher höher als die aus dem Integral der Impulsantwort bestimmte. Dementsprechend ist die effektive Beweglichkeit nach Gleichung 6.3.2 für kleine Spannungen tatsächlich geringer.

Bei den extrahierten Werten gilt zu beachten, dass es sich um zeitabhängige Beweglichkeiten handelt, da sich nicht alle Ladungsträger aufgrund der energetisch tief liegenden Trapzustände im thermodynamischen Gleichgewicht befinden. Berechnet man jedoch das Energieniveau $\varepsilon^*(t_{max})$ zum Zeitpunkt des Maximums, oberhalb dessen die Ladungsträger nach Gleichung 6.2.1 näherungsweise als im thermodynamischen Gleichgewicht angesehen werden können, so liegt $\varepsilon^*(t_{max})$ mit den Parametern aus der Simulation und bei einer Temperatur von $T = 50\,°C$ um die Energie $\Delta\varepsilon \approx 0.28\,eV$ unterhalb des Trans-

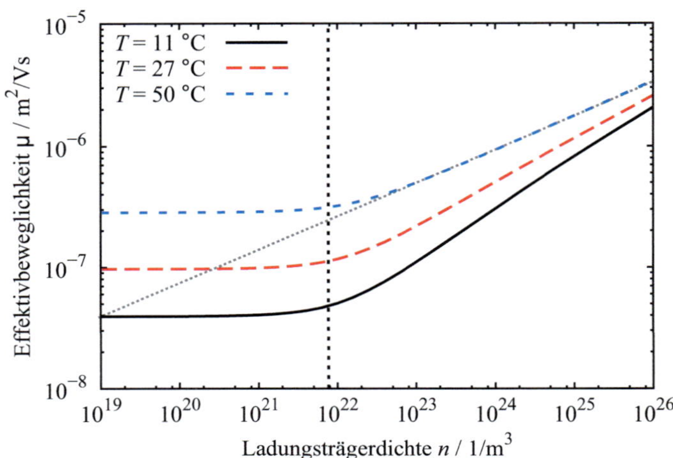

Abb. 6.3.1: Mit den Simulationsparametern berechnete *steady-state* Elektronen-Effektivbeweglichkeit in Abhängigkeit von der Ladungsträgerdichte. Zum Vergleich der Beweglichkeiten mit den extrahierten Werten aus dem Maximum ist als guide-to-the-eye die bei der Leistungsdichte $P = 8.5 \times 10^5\,\mathrm{W/m^2}$ zugehörige mittlere generierte Ladungsträgerdichte eine vertikale, gestrichelte Linie eingezeichnet. Die Beweglichkeit bei der Dichte $n = 7.7 \times 10^{21}\,\mathrm{1/m^3}$ beträgt $\mu = 4.7 \times 10^{-8}\,\mathrm{m^2/Vs}$ bei $T = 11\,°\mathrm{C}$, $\mu = 1.1 \times 10^{-7}\,\mathrm{m^2/Vs}$ bei $T = 27\,°\mathrm{C}$ und $\mu = 3.1 \times 10^{-7}\,\mathrm{m^2/Vs}$ bei $T = 50\,°\mathrm{C}$.

portbandes. Oberhalb dieses energetischen Niveaus befinden sich über 99% aller Trapzustände. Darüber lässt sich jedoch noch keine Aussage ableiten, inwieweit die extrahierte Beweglichkeit mit der *steady-state* Beweglichkeit zu vergleichen ist. Es zeigt lediglich, dass sich bereits auf einer Zeitskala im Nanosekundenbereich ein Großteil der Ladungsträger im Gleichgewicht befindet. Erst der Vergleich mit der berechneten, dichteabhängigen *steady-state* Effektivbeweglichkeit in Abbildung 6.3.1 gibt Aufschluss über die Abweichung der aus dem Maximum der Stromdichte bestimmten Effektivbeweglichkeit im Vergleich zu der mittleren Effektivbeweglichkeit im thermodynamischen Gleichgewicht. Das dichteabhängige Verhältnis der freien und getrappten Ladungsträger für die Berechnung der *steady-state* Effektivbeweglichkeit nach Gleichung 5.2.5 berechnen sich dabei aus dem Ratengleichgewicht der Trapping- und Detrappingrate mit den Parametern aus der Simulation berechnet [160]. Die für den Vergleich mit der Beweglichkeit aus Tabelle 6.3.1 benötigte mittlere generierte Ladungsträgerdichte ergibt sich aus der korrespondierenden Leistungsdichte von $P = 8.5 \times 10^5\,\text{W/m}^2$ berechneten Anzahl der absorbierten Photonen multipliziert mit der aus den Simulationen extrahierten mittleren internen Quanteneffizienz (IQE) von 74% und beträgt $n = 7.7 \times 10^{21}\,1/\text{m}^3$. Die der Dichte zugehörige *steady-state* Effektivbeweglichkeit lässt sich anhand der schwarzen gestrichelten Linie in Abbildung 6.3.1 ablesen. Es zeigt sich, dass die *steady-state* Beweglichkeiten niedriger sind als die aus dem Maximum bestimmten Werte, jedoch in vergleichbarer Größenordnung liegen. So ist die bei der Temperatur von $T = 50\,°\text{C}$ berechnete *steady-state* Effektivbeweglichkeit von $\mu_e = 3.1 \times 10^{-7}\,\text{m}^2/\text{Vs}$ um ca. ein Drittel kleiner als die aus dem Maximum der Stromdichte extrahierte Beweglichkeit. Bei kleineren Temperaturen ist die Abweichung größer, was auf die geringere Anzahl der sich im thermodynamischen Gleichgewicht befindenden Ladungsträger zurückzuführen ist.

Aus den gewonnenen Erkenntnissen lässt sich schließen, dass die verwendete Methode der Bestimmung der Beweglichkeit aus dem Maximum eine einfache Möglichkeit darstellt, um eine Abschätzung über die effektive Beweglichkeit der schnelleren Ladungsträgersorte zu erhalten. Aufgrund des dispersiven Charakters und der zeitlichen Abhängigkeit der Beweglichkeit lässt sich jedoch erwartungsgemäß nicht die exakte, mittlere effektive Beweglichkeit extrahieren. Betrachtet man jedoch die diversen Unsicherheiten bei der Bestimmung der Beweglichkeit mit anderen Messmethoden (z.B. organischen Feldeffektransistoren (OFET)), so ist die Genauigkeit auf weniger als eine Zehnerpotenz durchaus vertretbar. Insbesondere der Vergleich der Beweglichkeiten zwischen verschiedenen Materialien sollte mit der Methode der transienten Stromantwort Aufschluss über die jeweilige Beweglichkeit ergeben.

6.3.2 Aus der Transitzeit bestimmte Effektivbeweglichkeit

Wie bereits ausführlich diskutiert, ist ein linearer Ansatz für eine Bestimmung der Beweglichkeit aus dem ersten Knickpunkt der Stromdichte für alle Spannungen in Anlehnung an die TOF-Methode aufgrund der starken

Tab. 6.3.2: Die aus der Transitzeit der gemessenen Stromdichte nach Gleichung 6.3.2 bestimmte Effektivbeweglichkeit der Elektronen bei einer Leistungsdichte von $P = 8.5 \times 10^5\,\mathrm{W/m^2}$.

Spannung	$T = 11°\mathrm{C}$	$T = 30°\mathrm{C}$	$T = 50°\mathrm{C}$
$U = 0\,\mathrm{V}$	$6.14 \cdot 10^{-8}\,\mathrm{m^2/Vs}$	$1.18 \cdot 10^{-7}\,\mathrm{m^2/Vs}$	$1.84 \cdot 10^{-7}\,\mathrm{m^2/Vs}$
$U = -1\,\mathrm{V}$	$1.33 \cdot 10^{-7}\,\mathrm{m^2/Vs}$	$1.99 \cdot 10^{-7}\,\mathrm{m^2/Vs}$	$3.05 \cdot 10^{-7}\,\mathrm{m^2/Vs}$
$U = -3\,\mathrm{V}$	$1.80 \cdot 10^{-7}\,\mathrm{m^2/Vs}$	$2.39 \cdot 10^{-7}\,\mathrm{m^2/Vs}$	$2.98 \cdot 10^{-7}\,\mathrm{m^2/Vs}$
$U = -5\,\mathrm{V}$	$2.11 \cdot 10^{-7}\,\mathrm{m^2/Vs}$	$2.55 \cdot 10^{-7}\,\mathrm{m^2/Vs}$	$3.02 \cdot 10^{-7}\,\mathrm{m^2/Vs}$

Feldabhängigkeit der Transitzeit nicht geeignet. Dennoch lässt sich mit dieser Methode insbesondere die zeitliche Abnahme der effektiven Beweglichkeit verdeutlichen. In Tabelle 6.3.2 sind die aus den Transitzeiten extrahierten Beweglichkeiten für verschiedene Spannungen und Temperaturen bei der Leistungsdichte von $P = 8.5 \times 10^5\,\mathrm{W/m^2}$ aufgetragen, die mit Hilfe der Näherungsformel

$$\mu_{\mathrm{e}} = \frac{d^2}{\sqrt{6} \cdot t_{\mathrm{transit}} \cdot (U - U_{\mathrm{R}})} \qquad (6.3.4)$$

berechnet sind. Im Unterschied zur TOF-Methode muss hierbei berücksichtigt werden, dass von einem näherungsweise homogenen Absorptionsprofil ausgegangen werden kann. Der Wurzelterm berücksichtigt daher die unterschiedlichen Wegstrecken der Ladungsträger und ein damit verbundenes früheres Erreichen der Transitzeit [44]. Wie erwartet, zeigt sich eine deutliche Abnahme der Beweglichkeit mit steigender Transitzeit. Je länger die Ladungsträger zum Erreichen der Elektrode benötigen, desto mehr werden tiefere Trapzustände besetzt und die effektive Beweglichkeit wird reduziert. Für die größte Spannung $U = -5\,\mathrm{V}$ ist die Beweglichkeit nahezu identisch zu den aus dem Maximum der Stromdichte extrahierten Werten der Beweglichkeiten. Dies ergibt sich aus dem Umstand, dass sich mit zunehmender Spannung die Transitzeit zu immer früheren Zeiten verschiebt. Bei der Spannung $U = -5\,\mathrm{V}$ ist die Transitzeit nur unwesentlich später als der Zeitpunkt des Maximums. Im Grenzfall großer Spannungen fallen Transitzeit und Zeitpunkt des Maximums zusammen und damit auch die extrahierten Beweglichkeiten.

Von besonderem Interesse ist der Vergleich mit der *steady-state* Effektivbeweglichkeit aus Abbildung 6.3.1. Die der Dichte entsprechenden Beweglichkeiten lassen sich anhand der schwarzen gestrichelten Linie in Abbildung 6.3.1 ablesen und sind $\mu = 4.7 \times 10^{-8}\,\mathrm{m^2/Vs}$ bei $T = 11\,°\mathrm{C}$, $\mu = 1.1 \times 10^{-7}\,\mathrm{m^2/Vs}$ bei $T = 27\,°\mathrm{C}$ und $\mu = 3.1 \times 10^{-7}\,\mathrm{m^2/Vs}$ bei $T = 50\,°\mathrm{C}$. Vergleicht man diese Beweglichkeiten mit den Beweglichkeiten bei der Spannung $U = 0\,\mathrm{V}$ aus Tabelle 6.3.2, so zeigt sich eine bessere Übereinstimmung als bei der Bestimmung aus dem Maximum der Stromdichte. Die aus der Transitzeit extrahierten Beweglichkeiten liegen in vergleichbarer Größenordnung mit den *steady-state* Beweglichkeiten, wonach die meisten Ladungsträger bei Transitzeiten von ca. 100 ns bis 330 ns im thermodynamischen Gleichgewicht sind. Im Umkehrschluss lässt sich die Effektivbeweglichkeit aus der Transitzeit bei kleinen Spannungen in erster Näherung abschätzen.

Eine exakte Übereinstimmung kann jedoch nicht gezeigt werden, was verschiedene Ursachen haben kann. Zum einen sind die realen *steady-state* Effektivbeweglichkeiten nicht bekannt, die *steady-state* Werte hingegen hängen wiederum von den Parametern ab, die aus der Simulation entnommen sind. Zum zweiten werden in der Simulation für die Elektronen lediglich exponentiell verteilte Trapzustände bis zu einer energetischen Tiefe von $0.5\,\mathrm{eV}$ berücksichtigt, weswegen die *steady-state* Effektivbeweglichkeiten in Abbildung 6.3.1 für kleine Dichten sättigen. Extrapoliert man die Kennlinien zu kleineren Ladungsträgerdichten wie in Abbildung 6.3.1 für die Temperatur $T = 50\,°\mathrm{C}$ eingezeichnet (grau gestrichelte Linie), so wäre die der Ladungsträgerdichte zugehörige *steady-state* Effektivbeweglichkeit kleiner. Es sei dabei angemerkt, dass sich in der Simulation keine Veränderungen in den Kennlinien zeigen, wenn noch tiefere Trapzustände berücksichtigt werden. Für eine tiefgreifende Analyse wären an dieser Stelle Messungen bei noch kleineren Leistungsdichten und noch längeren Transitzeiten (z.B. unter Anlegung einer kleinen Vorwärtsspannung) hilfreich.

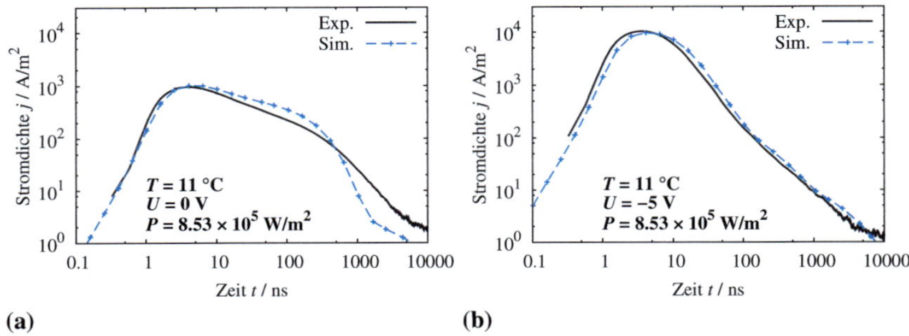

Abb. 6.4.1: Vergleich der Impulsantworten unter der Annahme einer gaussförmigen
Verteilung der Trapzustände im Akzeptor bei der angelegten Spannung von
(a) $U = 0\,$V und (b) $U = -5\,$V.

6.4 Unterschiede bei gaussförmiger Trapverteilung

In der Literatur finden sich meist zwei Modelle für die Beschreibung der
energetischen Zustandsverteilung in organischen Materialien. Zum einen
wird von einer exponentiell [57, 161, 162] vom Transportband abfallenden
Verteilung von Trapzuständen, und zum anderen von einer gaussförmigen
Zustandsverteilung ausgegangen [50, 163]. Versuche eines direkten Vergleichs
ergaben meist keine eindeutige Aussage über die exakte Zustandsverteilung
[164].

Während in den vorangehenden Kapiteln eine gute Übereinstimmung der
transienten Impulsantworten unter der begründeten Annahme einer exponentiellen Verteilung gezeigt werden konnte, ist in Abbildung 6.4.1a daher der Vergleich der gemessenen mit den simulierten Impulsantworten unter der Annahme eines gaussförmigen Abfalls der Trapverteilung im Akzeptor nach Gleichung 5.2.2 für eine angelegte Spannung von $U = 0\,$V und in Abbildung 6.4.1b
für eine angelegte Spannung von $U = -5\,$V dargestellt. Alle Simulationsparameter sind entsprechend dem Parametersatz aus Tabelle 6.1.1 gewählt, lediglich ist anstelle der exponentiellen Verteilung eine gaussförmige Verteilung
der Traps im Akzeptor mit einer Breite der Verteilung von $\sigma = 0.09\,$eV angenommen. Es zeigt sich eine vergleichbar gute Übereinstimmung mit dem

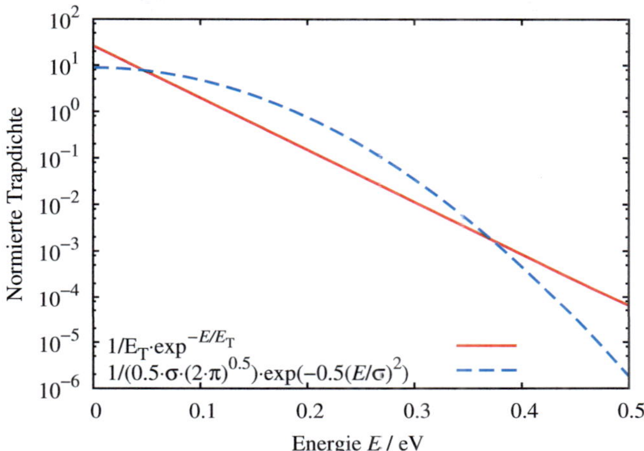

Abb. 6.4.2: Vergleich einer exponentiell und gaussförmig abfallenden Verteilung an Trapzuständen. Die Werte sind entsprechend den Simulationen zum einen für den exponentiellen Abfall mit $E_\mathrm{T} = 0.0375\,\mathrm{eV}$ und zum anderen für den gaussförmigen Abfall mit $\sigma = 0.09\,\mathrm{eV}$ gewählt. Die dargestellten Kennlinien sind jeweils auf die Gesamtdichte 1 normiert.

Experiment bei einer angelegten Spannung von $U = -5\,\mathrm{V}$, wie in Abbildung 6.4.1b zu sehen ist. Der Abfall der Stromdichte nach dem Maximum ist im Wesentlichen von dem Detrapping der Elektronen aus tiefen Traps dominiert. Da die zu diesen Traps dazugehörigen Energieniveaus bei einer energetischen Tiefe liegen, bei der die gaussförmige und die exponentielle Verteilung ähnlich verlaufen, erklärt sich die gute, nahezu identische Übereinstimmung der Kennlinien. Dies verdeutlicht Abbildung 6.4.2, in der die mit der charakteristischen Energie $E_\mathrm{T} = 0.0375\,\mathrm{eV}$ exponentiell abfallende und einer mit der Breite $\sigma = 0.09\,\mathrm{eV}$ gaussförmig abfallende Trapverteilung dargestellt ist. Die Funktionen sind dabei auf auf die Gesamtdichte 1 normiert. In dem Energieintervall von ca. $E_\mathrm{T} = 0.15\,\mathrm{eV}$ bis $E_\mathrm{T} = 0.35\,\mathrm{eV}$ ist der Verlauf beider Funktionen sehr ähnlich.

Jedoch unterscheiden sich eine gaussförmige und exponentielle Verteilung insbesondere für flache sowie für sehr tiefe Traps. So sind bei einer gaussförmigen Verteilung vergleichsweise mehr Traps in flachen Energieniveaus angesiedelt, wohingegen für große Energien die Trapverteilung im Gegensatz zur exponentiellen Verteilung stark abfällt. Insbesondere die unterschiedliche Verteilung bei flachen Traps führt dazu, dass die simulierte Kennlinie in Abbildung 6.4.1a bei der Spannung $U = 0\,$V stark von dem gemessenen Wert nach $j(t) \sim t^{(-1\pm\alpha)}$ vor und nach dem ersten Knick abweicht. Vielmehr ist der Kurvenverlauf bei doppeltlogarithmischer Auftragung deutlich gekrümmter bzw. runder als der gemessene Verlauf. Vor der Transitzeit sinkt die Stromdichte deutlich langsamer, da signifikant mehr Traps über einen größeren, flachen Energiebereich vorhanden sind und daher die Ladungsträger auch früh wieder aus diesen zahlenmäßig vielen Trapniveaus herauskommen. Nach der simulierten Transitzeit fällt die Stromdichte jedoch deutlich schneller ab als im Experiment, da der Abfall der Stromdichte proportional zur stark abfallenden Verteilung der Traps zu tiefen Energien hin verläuft. Wie bereits in den vorhergehenden Abschnitten beschrieben, ergibt sich die charakteristische Form des Abfalls lediglich aus der Verteilung der Trapzustände und ist unabhängig von weiteren Parametern des Trappings und Detrappings. Daher kann zwar eine Parametervariation die Übereinstimmung verbessern, jedoch ändert dies nicht das prinzipiell vom Experiment abweichende Verhalten der simulierten Kennlinie unter der Annahme einer gaussförmigen Verteilung der Traps. Die Ergebnisse decken sich mit den Erkenntnissen aus Ref. [44], nach denen sich das gemessene Potenzverhalten der Form $j(t) \sim t^{(-1\pm\alpha)}$ mit einer gaussförmigen Zustandsverteilung nicht realisieren lässt.

An dieser Stelle sei noch betont, dass unter der Annahme einer gaussförmigen Verteilung der Traps im Donor die simulierten Kennlinien noch stärker von dem gemessenen Verhalten abweichen. Auch hier lässt sich das gemessene Potenzverhalten der Stromdichte im Mikrosekundenbereich nicht mit einer gaussförmigen Trapverteilung reproduzieren. Daraus lässt sich schliessen, dass in dem untersuchten Materialgemisch P3HT:PCBM sowohl im Donor als auch im Akzeptor von einer exponentiellen Verteilung der Traps ausgegangen werden kann.

6.5 Zusammenfassung und Ausblick

In diesem Kapitel wurden temperaturabhängige Messungen der transienten Impulsantwort untersucht und im Rahmen des *Multiple-Trapping*-Modells diskutiert. Dabei wurde ein fundamentales Verständnis des dispersiven Ladungsträgertransports entwickelt, welcher sich durch einen charakteristischen Knick zur Transitzeit t_{transit} in der Stromdichte auszeichnet. Des Weiteren konnten anhand des Potenzverhaltens der Stromdichte detaillierte Informationen über die Verteilung der Trapzustände extrahiert werden. Auftretende Nichtlinearitäten in Abhängigkeit des elektrischen Feldes konnten ebenfalls im Rahmen der Simulationen erklärt werden. Die Diskussion der Ergebnisse umfasste dabei zudem die Möglichkeit der Bestimmung der effektiven Beweglichkeit aus charakteristischen Punkten der Kennlinie.

Um ein tiefgreifendes Verständnis des Ladungsträgertransports ohne den Einfluss von möglichen nichtlinearen Prozessen zu erhalten, beschränkte sich die Diskussion der Ergebnisse in diesem Kapitel auf die Auswertung der Stromantworten bei einer kleinen Leistungsdichte. Die in diesem Kapitel bereits beschriebene Parameteranpassung erfolgte jedoch gleichzeitig bei allen Leistungsdichten, weswegen sich im folgenden Kapitel eine erweiterte Diskussion in Abhängigkeit der Leistungsdichte anschließt. Im Vorgriff auf das folgende Kapitel wurde bereits in diesem Kapitel ein erweitertes Dissoziationsmodell verwendet, welches nichtlineare Annihilationsprozesse berücksichtigt und im folgenden Kapitel detailliert erläutert wird.

7 Nichtlinearität in der Quanteneffizienz

In diesem Kapitel werden temperaturabhängige Messungen der transienten Stromantwort in Abhängigkeit der Leistungsdichte untersucht. Dabei zeigen sich feldabhängige, jedoch temperaturunabhängige Sättigungseffekte ab ca. einer Pulsfluenz von $3.3\,\mu J/cm^2$ in der Anzahl der extrahierten Ladungsträger, die sich nicht im Rahmen bisher berücksichtigter Modelle erklären lassen. Mit Hilfe der Simulationen kann dabei die bimolekulare Rekombination freier Ladungsträger als alleinige Ursache des Verlusts ausgeschlossen werden. Vielmehr lässt sich dieser auf einen quadratischen Verlustprozess im Generationsprozess der gebundenen Ladungsträgerpaare zurückführen. Auf Grundlage der Erkenntnisse wird ein neues Generations-Rekombinationsmodell eingeführt, welches den Prozess der Ladungsträgergeneration in Form von Ratengleichungen zwischen den beteiligten Teilchensorten beschreibt. Mit Hilfe dessen kann gezeigt werden, dass der Dissoziationsprozess feldabhängig, aber im Gegensatz zu der teilweise noch immer gängigen Literaturmeinung sowie dem häufig verwendeten Onsager-Braun-Dissoziationsmodell temperaturunabhängig ist. In Kombination mit den Erkenntnissen aus dem vorangehenden Kapitel wird insgesamt eine gute qualitative sowie quantitative Übereinstimmung von Simulation und Experiment über knapp fünf Größenordnungen in der Leistungsdichte von $P = 6.3 \times 10^3\,W/m^2$ bis $P = 1.3 \times 10^8\,W/m^2$, über einen Temperaturbereich von $T = 11°C$ bis $T = 50°C$ sowie über vier Spannungen von $U = 0\,V$ bis $U = -5\,V$ erreicht[1].

---

[1]Teile dieses Kapitels sind bereits zur Publikation eingereicht:

N. Christ et al., *Intensity dependent but temperature independent charge carrier generation in organic photodiodes and solar cells,* angenommen bei Organic Electronics (2013)

Sowohl für organische Photodioden als auch für Solarzellen ist es von besonderem Interesse, die externe Quanteneffizienz zu maximieren. Um dies zu ermöglichen, gilt es, die auftretenden Verlustprozesse zu identifizieren und zu charakterisieren, um Ansatzpunkte zur Effizienzsteigerung ausfindig zu machen. Hierfür eignen sich insbesondere leistungsabhängige Untersuchungen, die Aufschluss über verschiedene Rekombinationsprozesse unterschiedlicher Ordnung in der Teilchendichte geben können. Ein Nachteil bei der Untersuchung der Leistungsabhängigkeit organischer Solarzellen im *steady-state* Betrieb ist die Überlagerung verschiedener physikalischer Prozesse, was die Identifikation einzelner Verlustprozesse erschwert. Zeitaufgelöste Messmethoden hingegen ermöglichen prinzipiell die Differenzierung verschiedener Rekombinationsprozesse mit unterschiedlichen Zeitkonstanten. Insbesondere eignen sich für die Untersuchung nichtlinearer Rekombinationseffekte zeitaufgelöste Messungen, was bei kurzen Pulsanregungsdauern die Untersuchung des Einflusses hoher Leistungsdichten ermöglicht. Wie in diesem Kapitel gezeigt wird, bietet die Untersuchung der Leistungsabhängigkeit der Impulsantworten organischer Photodioden ebenfalls die bisher kaum genutzte Möglichkeit, den Einfluss von Rekombinationsverlusten zu untersuchen, die sich insbesondere bei hohen Leistungsdichten zeigen.

Im ersten Abschnitt dieses Kapitels wird daher die Leistungsabhängigkeit in der Anzahl der extrahierten Ladungsträger anhand von Messdaten untersucht, bei denen sich bei hohen Anregungsdichten Sättigungseffekte zeigen, die auf einen nichtlinearen Rekombinationsprozess hindeuten. In den darauffolgenden zwei Abschnitten werden dabei die hierfür in Frage kommenden möglichen Rekombinationsprozesse der paarweisen (monomolekularen) und/oder bimolekularen Rekombination von Exzitonen, CTs bzw. Ladungsträgern-Exzitonen/CTs, sowie der bimolekularen Rekombination freier Ladungsträger anhand des Vergleichs mit den Simulationen diskutiert. Hierbei werden sowohl der Einfluss des elektrischen Feldes als auch der Temperatur eingehend erörtert, die sich nur im Rahmen der Einführung eines erweiterten Generations-Rekombinationsmodells erklären lassen. Die aus den Erkenntnissen gewonnen Ergebnisse werden zusammenfassend im letzten Abschnitt anhand der besten Übereinstimmung zwischen Simulation und Experiment für den gesamten

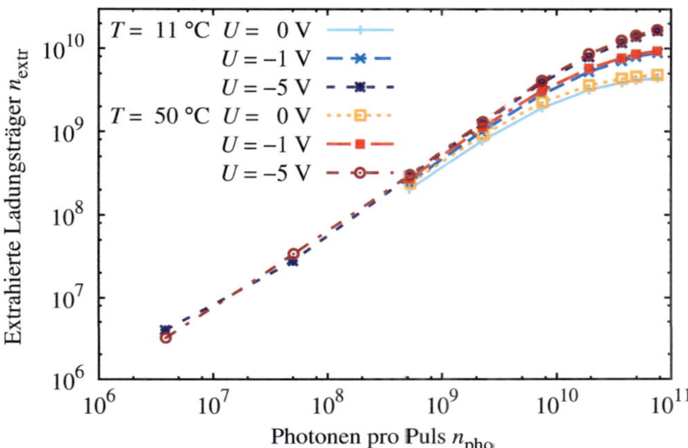

Abb. 7.1.1: Anzahl der extrahierten Ladungsträger für die höchste und geringste gemessene Temperatur und drei Spannungen in Abhängigkeit der einfallenden Photonendichte. Dabei zeigt sich eine Sättigung für große Leistungsdichten oberhalb von ca. 2×10^{10} Photonen pro Puls ($3.3\,\mu J/cm^2$). Die fehlenden Messwerte bei kleinen Leistungen sind auf messtechnische Schwierigkeiten zurückzuführen, weshalb nicht alle Messkurven ausgewertet werden können.

untersuchten Parameterraum bestehend aus Temperatur, Leistungsdichte und Spannung dargestellt.

7.1 Gemessene Leistungsabhängigkeit der extrahierter Ladungsträger

In Abbildung 7.1.1 ist die Anzahl der extrahierten Ladungsträger in Abhängigkeit der einfallenden Photonen für die kleinste und höchste gemessene Temperatur und drei Spannungen aufgetragen, die sich aus dem jeweiligen Integral der gemessenen Impulsantworten berechnet. Es zeigt sich dabei ein weitestgehend linearer Verlauf bei kleinen und mittleren Leistungsdichten. Jedoch zeigt sich bei großen Leistungsdichten ab einer Anzahl von ca. 2×10^{10} Photonen pro Puls ($3.3\,\mu J/cm^2$), dass die Anzahl der extrahierten Ladungsträger mit zunehmender Leistungsdichte sättigt, was auf einen Verlust an Ladungsträgern hindeutet. Im Hinblick auf diesen Verlust zeigt sich dabei ein vernachlässigbarer Temperaturunterschied in dem untersuchten Temperaturbereich von $11°$ C bis $50°$ C Grad. Im Gegensatz dazu lässt sich jedoch bei hohen Leistungen die Anzahl der extrahierten Ladungsträger mit Anlegen einer Rückwärtsspannung deutlich erhöhen. So steigt bei der höchsten Leistungsdichte die Anzahl der extrahierten Ladungsträger um nahezu das Vierfache von $n_{\text{extr}} = 4.4 \times 10^9$ im Kurzschluss auf $n_{\text{extr}} = 1.64 \times 10^{10}$ bei einer Spannung von $U = -5\,\text{V}$.

Ein nichtlineares Verhalten bei hohen Laserintensitäten wurde auch von mehreren anderen Forschungsgruppen an verschiedenen Polymer-Fulleren-Gemischen gezeigt [165–167]. So zeigten Kniepert et al. mit der Technik einer verzögerten Sammlung von Ladungsträgern (*engl. time-delayed collection field* (TDCF)) an P3HT:PCBM eine Sättigung in der externen Quanteneffizienz (EQE) ab einer Pulsfluenz von ca. $2\,\mu\text{J/cm}^2$ [83]. Ein gleiches Sättigungsverhalten in der EQE zeigt sich bei transienten Photostrom-Messungen ebenfalls ab einer Pulsfluenz von ca. $2 - 4\,\mu\text{J/cm}^2$ [28, 168], sowie bei Laufzeitmessungen (engl. *time of flight measurements* (TOF)) an P3HT:PCBM Schichten [52, 75, 169]. Pivrikas et al. führen die Sättigung der EQE bei TOF-Messungen auf die (reduzierte) bimolekulare Rekombination freier Ladungsträger beim Transport durch die aktive Schicht zurück. Gleichzeitig weisen sie jedoch anhand des Vergleichs von Simulationen mit Messungen an einem Film aus *regiorandom poly(3-hexylthiophene)* (RRaPHT) darauf hin, dass sich unter Annahme eines quadratischen Exzitonenverlusts eine bessere Übereinstimmung des Sättigungsverhaltens in der EQE ergibt [73]. Auch Marsh et al. [28, 168] führen die Sättigung auf einen quadratischen Verlust im Generationsprozess zurück, der sich zusätzlich bei transienten Absorptionsmessungen (engl. *transient absorption spectroscopy* (TAS)) durch einen erst bei hohen Leistungsdichten auftretenden schnellen Verlustkanal im Pikosekundenbereich bemerkbar macht. Aus dem Vergleich von Messungen an reinem P3HT und dem Gemisch P3HT:PCBM führen sie diesen Verlust auf die bimolekulare Rekombination von freien Ladungsträgern und Exzitonen zurück, und schließen damit Exzitonen-Exzitonen Annihilation als Ursache aus. Die Ergebnisse decken sich mit dem Eintreten eines schnellen Zerfallkanals bei TA-Messungen an ausgeheizten P3HT:PCBM Schichten von Howard et al. ab

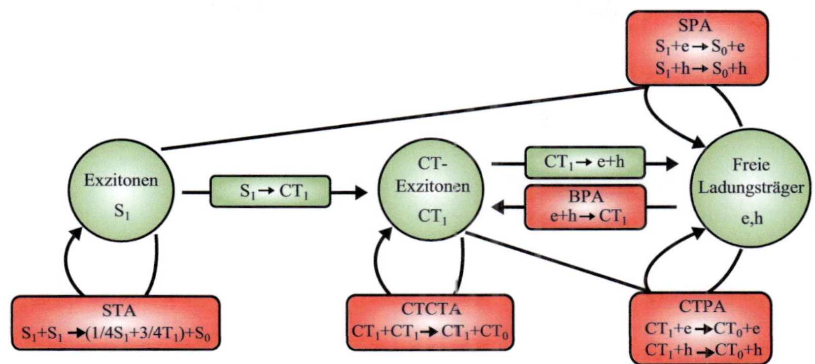

Abb. 7.1.2: Schema der möglichen bimolekularen Rekombinationsprozesse, die für die gemessene Nichtlinearität in der Anzahl der extrahierten Ladungsträger in Frage kommen.

einer Pulsfluenz von ca. $10\,\mu J/cm^2$ [84], von Clarke et al. ab einer Pulsfluenz von ca. $5\,\mu J/cm^2$ [170] sowie Piris et al. ab einer Pulsfluenz von ca. $2\,\mu J/cm^2$ [167]. Auch diese Forschungsgruppen sowie Ferguson et al. [171] diskutieren diesen schnellen Verlustkanal im Rahmen von bimolekularer Ladungsträger-Exzitonen-Rekombination, ohne dies jedoch anhand von Messungen zu belegen. Lediglich Marsh et al. [28] schließen aus dem Vergleich von Messungen an P3HT und ausgeheiztem P3HT:PCBM die bimolekulare Rekombination von Exzitonen als Ursache aus.

Grundsätzlich kommen, wie schematisch in Abbildung 7.1.2 dargestellt, folgende bimolekulare Verlustprozesse für die beschriebenen Sättigungseffekte in organischen Polymer-Fulleren-Gemischen in Frage: Bimolekulare Rekombination von gebundenen Elektron-Loch-Paaren, also photogenerierte Exzitonen (SSA) und/oder CTs (CTCTA), Ladungsträger-Exzitonen (*singlet-polaron-annihilation* (SPA)) bzw. Ladungsträger-CT-Rekombination (*CT-polaron-annihilation* (CTPA)) sowie bimolekulare Rekombination freier Ladungsträger (*polaron-polaron-recombination* (PPA)). Am häufigsten werden in der Literatur beschriebene nichtlineare Effekte in *steady-state* Messungen, aber auch in zeitaufgelösten Messungen an organischen Polymer-Fulleren-Gemischen im Rahmen von bimolekularer Rekombination von Elektronen und Löchern diskutiert [52, 76, 137, 163]. Quadratische Verluste von Exzitonen und Triplett-Exzitonen sind hingegen ein bekannter Verlustprozess bei organischen Lasern, bei denen sehr hohe Stromdichten bzw. hohe Teilchendichten auftreten [115, 116, 172]. Wie oben beschrieben, führen hingegen einige Forschungsgruppen den schnellen Verlustkanal bei transienten Absorptionsmessungen auf den quadratischen Verlustprozess durch Ladungsträger-Exzitonen-Rekombination zurück. CT-Annihilation hingegen wird in aller Regel nur als ein paarweiser Rekombinationprozess und damit monomolekularer Rekombinationsprozess verstanden [166, 173–175]. Nach bestem Wissen findet sich in der Literatur bis zum heutigen Zeitpunkt keine Arbeit, die einen quadratischen Verlust in den CT-Zuständen zeigen konnte.

7.2 Bimolekulare Rekombination der freien Ladungsträger

Der naheliegendste Ansatz für die Ursache der gemessenen Sättigungseffekte in der Anzahl der extrahierten Ladungsträger ist die bimolekulare Rekombination der freien Ladungsträger auf ihrem Transportweg zu den Elektroden. In den folgenden zwei Unterabschnitten wird untersucht, inwieweit der Einfluss der genannten Rekombination das gemessene Sättigungsverhalten erklären kann.

7.2.1 Differenzen im charakteristischen Verlauf

In Abbildung 7.2.1 ist exemplarisch der Vergleich der gemessenen und der simulierten Impulsantwort bei der höchsten Leistungsdichte von $P = 1.3 \times 10^8 \, \text{W/m}^2$, der angelegten Spannung $U = 0\,\text{V}$ und der Temperatur $T = 11\,°\text{C}$ für verschiedene Werte des Vorfaktors R_{fac} der bimolekularen Langevin-Rekombination der freien Elektronen und Löcher nach Gleichung 3.2.20 dargestellt. Die rekombinierenden Ladungsträger gehen dabei in den Grundzustand über und tragen im Folgenden nicht mehr zur Stromdichte bei. Der Parametersatz ist identisch zu dem des vorherigen Kapitels gewählt, allerdings mit dem Unterschied, dass als quadratischer Verlustprozess ausschließlich die genannte modifizierte Langevin-Rekombination angenommen ist. Ausgehend von dem bisherigen Standardwert von $R_{\text{fac}} = 10^{-3}$ zeigt der

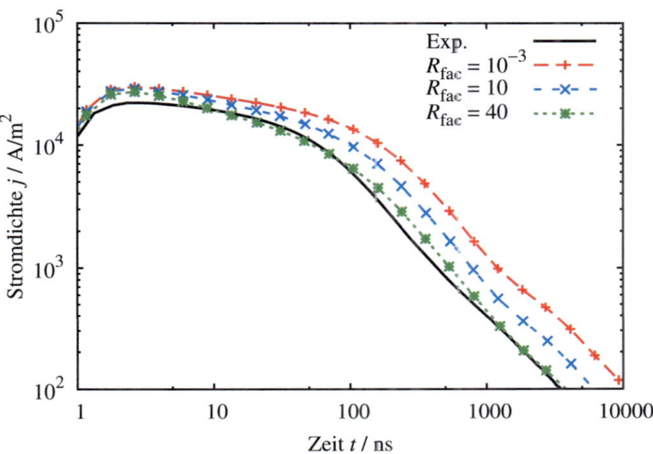

Abb. 7.2.1: Vergleich der gemessenen und simulierten Impulsantwort für verschiedene Vorfaktoren der modifizierten bimolekularen Langevin-Rekombinationsrate bei der höchsten Leistungsdichte von $P = 1.3 \times 10^8\,\mathrm{W/m^2}$, der angelegten Spannung $U = 0\,\mathrm{V}$ und der Temperatur $T = 11\,^{\circ}\mathrm{C}$.

Vergleich, dass die simulierte Stromdichte bei den untersuchten hohen Leistungsdichten deutlich größer ist als die tatsächlich im Experiment gemessene. Wird der Vorfaktor erhöht, so rekombinieren mehr Ladungsträger und entsprechend sinkt die Stromdichte insbesondere für lange Zeiten, jedoch kaum zu Beginn des Pulses. Erhöht man den Vorfaktor auf $R_{\mathrm{fac}} = 40$, so stimmt das Integral und damit die Anzahl der extrahierten Ladungsträger recht gut überein, jedoch weicht der simulierte Verlauf der Impulsantwort deutlich von dem gemessenen ab. Während sich bei logarithmischer Darstellung in der gemessenen Kennlinie eine Art Plateau in der Stromdichte von ca. 3 ns bis 40 ns zeigt, fällt die Stromdichte in der simulierten Kennlinie aufgrund der kontinuierlich wirkenden Rekombination im gleichen Zeitbereich zunehmend ab (man beachte an dieser Stelle die doppeltlogarithmische Darstellung). Besonders im Maximum, also zu sehr frühen Zeiten der Impulsantwort, ist die Stromdichte deutlich zu hoch, da bis zu diesem Zeitpunkt nur wenige Ladungsträger rekombinieren. Während bei kleinen Leistungen, bei denen nichtlineare Prozesse keine Rolle spielen, der simulierte und gemessene

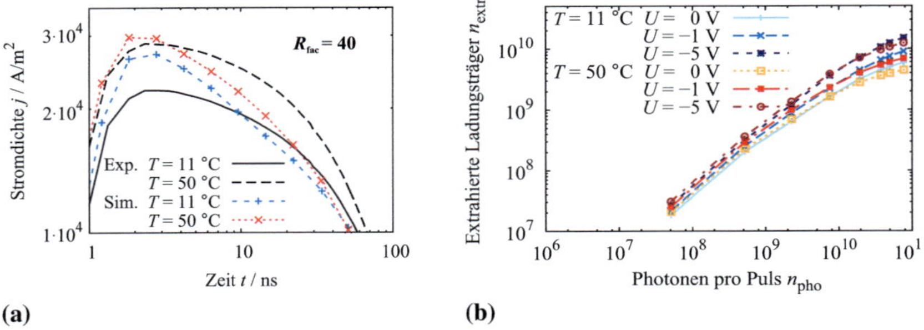

Abb. 7.2.2: a) Vergrößerte Darstellung der Impulsantwort im Bereich des Maximums für die beste Übereinstimmung aus Abbildung 7.2.1 für zwei Temperaturen. b) Simulierte Anzahl der extrahierten Ladungsträger in Abhängigkeit der Anzahl einfallender Photonen bei Simulation mit (erhöhter) bimolekularer Rekombination freier Ladungsträger.

Verlauf der Impulsantworten sehr gut übereinstimmen, werden die genannten Diskrepanzen im Rahmen des verwendeten Modells mit zunehmender Leistung größer und treten dann bei allen Spannungen und Temperaturen auf.

7.2.2 Abweichendes Feld- und Temperaturverhalten

Die zuletzt genannte Abweichung wird noch ersichtlicher, betrachtet man in Abbildung 7.2.2a die vergrößerte Darstellung der simulierten und gemessenen Kennlinien bei der Temperatur $T = 11\,°C$ aus Abbildung 7.2.1 im Zeitbereich des Maximums der Stromdichte. Zusätzlich zu diesen Kennlinien sind in Abbildung 7.2.2a die Kennlinien bei der Temperaturen $T = 50\,°C$ eingezeichnet. Als weitere Abweichung zwischen Simulation und Experiment fällt dabei auf, dass die simulierten Kennlinien eine viel geringere Temperaturdifferenz als die gemessenen aufweisen. Es tritt jedoch noch eine weitere temperaturabhängige Diskrepanz auf. Wie aus Abbildung 7.2.2b ersichtlich, ist bei hohen Leistungsdichten die simulierte Anzahl der extrahierten Ladungsträger bei großen Temperaturen geringer als bei kleinen Temperaturen, was im starken Widerspruch zu der nahezu temperaturunabhängigen externen Quanteneffizienz in den Messungen steht. Ursache hierfür ist die mit steigender Temperatur erhöhte Anzahl freier Ladungsträger aufgrund der erhöhten Detrappingrate, und folglich erhöhter Rate der bimolekularen Rekombination.

Neben den genannten Diskrepanzen lassen sich auch die gemessenen Feldeffekte nicht im Rahmen des Modells unter der Annahme der bimolekularen Rekombination reproduzieren. So weisen zwar auch die simulierten Kennlinien in Abbildung 7.2.2b eine Feldabhängigkeit in der Anzahl der extrahierten Ladungsträger auf, jedoch weit weniger stark ausgeprägt als im Experiment. Die Ursache der genannten Feldabhängigkeit in den Simulationen ist auf die nicht vollständige Extraktion der Löcher in dem untersuchten Zeitbereich zurückzuführen, wie im folgenden Abschnitt ausführlich erläutert wird. Die nicht mit dem Experiment übereinstimmende Feldabhängigkeit zeigt sich zusätzlich auch bei dem Vergleich des Verlaufs der Kennlinien für unterschiedliche Spannungen. So stimmt je nach Vorfaktor R_{fac} entweder das Plateau bei Null Volt, oder aber bei $U = -5\,\text{V}$ mit dem Experiment überein, nie jedoch für beide Spannungen gleichzeitig.

7.2.3 Zwischenfazit

Die zahlreichen Diskrepanzen zwischen gemessenen und simulierten Kennlinien unter ausschließlicher Berücksichtigung von bimolekularer Rekombination als nichtlinearer Verlustprozess lassen nur den Schluss zu, dass der untersuchte Rekombinationsprozess nicht hauptsächlich für die im Experiment auftretende Sättigung der EQE bei hohen Leistungsdichten verantwortlich sein kann.

7.3 Simulationen im Rahmen eines erweiterten Generations-Rekombinationsmodells

Das im Vergleich zu den gemessenen Daten zu hohe Maximum in den Simulationen gleich zu Beginn der Impulsantwort deutet darauf hin, dass bereits ein zeitlich vorangehender Verlustprozess im Ladungsträger-Generationsprozess existiert. Hierfür kommen prinzipiell monomolekulare, bimolekulare oder Rekombinationsprozesse höherer Ordnung der gebundenen Elektronen-Loch-Paare (Exzitonen und/oder CTs) in Frage, bevor diese an der Donor-/Akzeptor-

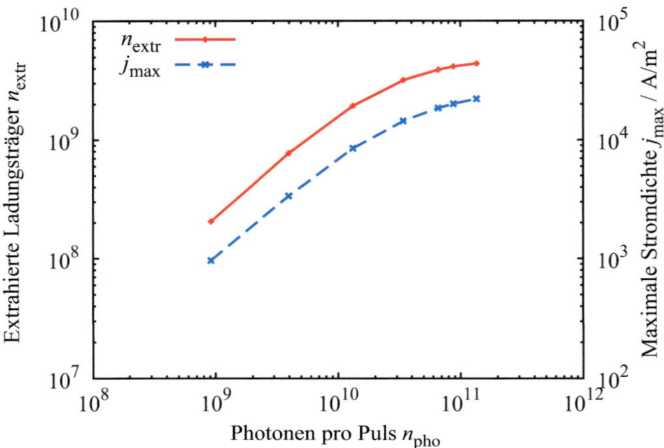

Abb. 7.2.3: Gemessene Stromdichte im Maximum j_{max} sowie die Anzahl extrahierter Ladungsträger n_{extr} über die Anzahl der einfallenden Photonen bei der angelegten Spannung $U = 0\,$V und der Temperatur $T = 11\,°$C.

Grenzfläche in freie Ladungsträger dissoziiert werden. Die These erhält Unterstützung, trägt man sowohl die gemessene Stromdichte im Maximum j_{max} als auch die Anzahl extrahierter Ladungsträger über die Anzahl der einfallenden Photonen bei der angelegten Spannung $U = 0\,$V auf, wie in Abbildung 7.2.3 dargestellt. In dem gewählten Beispiel zeigt sich ein zueinander proportionales, sättigendes Verhalten bei hohen Leistungsdichten. Dies deutet darauf hin, dass der gemessene leistungsabhängige Verlust an Ladungsträgern demnach bereits zu Anfang der Impulsantwort gegeben ist[2].

7.3.1 Erweitertes Generations-Rekombinationsmodell

Im Zuge der Erkenntnisse wird ein erweitertes, feldabhängiges aber temperaturunabhängiges Generationsschema verwendet, welches auf der Beschreibung durch Ratengleichungen zwischen den jeweiligen Teilchensorten der Ex-

---

[2]Es sei dabei jedoch angemerkt, dass die maximale Stromdichte nicht ausschließlich aufgrund der geringeren Anzahl der generierten Ladungsträger, sondern zusätzlich durch den mit ansteigender Leistungsdichte zunehmendem Spannungsabfall sowie dem Feldeinbruch reduziert wird. Als alleinige Ursache reichen diese Effekte jedoch nicht für die Reduktion im Maximum der Stromdichte aus.

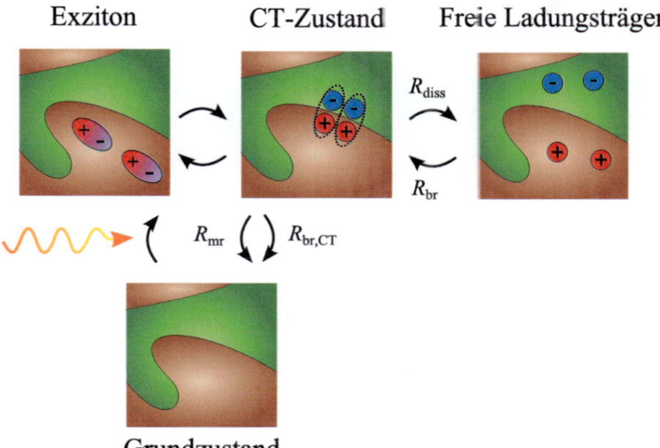

Abb. 7.3.1: Die Ladungsträgergeneration ergibt sich in dem proklamierten Modell aus dem Zusammenspiel der Raten der jeweilig beteiligten Teilchen der Exzitonen, CTs sowie der freien Ladungsträger.

zitonen, CTs bzw. Elektronen und Löcher beruht. Das Generationsschema mit den dazugehörigen Raten ist schematisch in Abbildung 7.3.1 dargestellt.

Wie in Unterabschnitt 2.2.1 diskutiert, erzeugt ein einfallendes Photon in der aktiven Schicht ein Exziton, welches an einer Donor-/Akzeptor-Grenzfläche über den Zwischenzustand eines CTs in freie Ladungsträger dissoziiert werden kann. Das Modell berücksichtigt die folgenden Reaktionen: Dissoziation eines Exzitons in einen CT-Zustand mit dem Ratenkoeffizienten κ_{excd}, Dissoziation eines CTs in freie Ladungsträger mit dem Ratenkoeffizienten κ_{CTd}, Rekombination der freien Ladungsträger zu CTs mit dem Ratenkoeffizienten κ_{rec} sowie monomolekulare Rekombination in den Grundzustand (CTmr) und bimolekulare CTCT-Annihilation (CTCTA) der CTs mit den Ratenkoeffizienten κ_{CTmr} und κ_{CTCTA}. Die Ratengleichung für die Exzitonen ist damit gegeben durch

$$\frac{\partial n_{\text{exc}}(x,t)}{\partial t} = -\kappa_{\text{excd}} n_{\text{exc}}(x,t) + G(x,t), \qquad (7.3.1)$$

wobei $G(x,t)$ die Dichte der absorbierten Photonen ist und $\kappa_{\text{excd}} = 1/\tau_{\text{exc}}$

mit der Lebensdauer der Exzitonen τ_{exc} ist. Die Ratengleichung der CTs ist gegeben durch

$$
\begin{aligned}
\frac{\partial n_{\text{CT}}(x,t)}{\partial t} = {} & \kappa_{\text{excd}} n_{\text{exc}}(x,t) - \kappa_{\text{CTmr}} n_{\text{CT}}(x,t) - \kappa_{\text{CTCTA}} n_{\text{CT}}(x,t) n_{\text{CT}}(x,t) \\
& - \kappa_{\text{CTd}} n_{\text{CT}}(x,t) + \kappa_{\text{rec}} n_{\text{e}}(x,t) n_{\text{h}}(x,t).
\end{aligned}
\tag{7.3.2}
$$

Hierbei wird in der Modellierung der CTs nicht zwischen Triplett-und Singulett-Exzitonen unterschieden. Der Prozess der quadratischen Rekombination der CTs beschreibt die Wechselwirkung zweier benachbarter CTs. Kollidieren zwei CTs, so findet ein Energieübertrag vom ersten auf das zweite CT statt, welches daraufhin in einen höheren Zustand angeregt wird. Sofort im Anschluss relaxiert das angeregte CT über Intrabandübergänge wieder in den ersten angeregten Zustand. Der Prozess lässt sich schematisch darstellen durch

$$
\text{CT}_1 + \text{CT}_1 \xrightarrow{\kappa_{\text{CTCTA}}} \text{CT}_1 + \text{CT}_0.
\tag{7.3.3}
$$

Da bei der bimolekularen Annihilation jeweils aus zwei CTs effektiv nur eines übrig bleibt, ist der effektive Ratenkoeffizient der CTCTA gegeben durch $-2 \cdot \kappa_{\text{CTCTA}} + 1 \cdot \kappa_{\text{CTCTA}} = -1 \cdot \kappa_{\text{CTCTA}}$ [116]. Der Einfluss der Quell-Rekombinationsterme (QR) auf die Dichte der freien Ladungsträger ist gegeben durch

$$
\left. \frac{\partial n_{\text{e,h}}(x,t)}{\partial t} \right|_{\text{QR}} = \kappa_{\text{CTd}} n_{\text{CT}}(x,t) - \kappa_{\text{rec}} n_{\text{e}}(x,t) n_{\text{h}}(x,t).
\tag{7.3.4}
$$

Aufgrund der gemessenen ultraschnellen Dissoziation der Exzitonen [25–27] werden quadratische Annihilationsprozesse der Exzitonen nach der Form in 2.2.18 und 2.2.19 vernachlässigt. Folglich werden in dem Modell auch keine Triplett-Exzitonen berücksichtigt.

7.3.2 Modellierung der Dissoziations- und Rekombinationsraten

Ausgehend von den Ergebnissen von Hwang et al. [32], erzeugen einfallende Photonen Exzitonen, die mit einer Zerfallszeit von $\tau_{\text{exc}} = 1\,\text{ps}$ sehr schnell

an einer Donor-/Akzeptor-Grenzfläche in gebundene CT-Komplexe übergehen. Die in der Simulation angenommene Zerfallszeit ist damit größer als
gemessene Exzitonen-zu-CT-Zerfallszeiten, die Zeiten im Femtosekundenbereich ergaben [32, 84, 176]. Damit wird dem Exzitonen-Diffusionsprozess zu
den internen Grenzflächen Rechnung getragen. Diese CT-Komplexe können
feldunterstützt, aber temperaturunabhängig im Pikosekundenbereich in freie
Ladungsträger dissoziieren, oder aber in den Grundzustand rekombinieren.
Die exakte Feldabhängigkeit der Dissoziationsrate ist nicht bekannt, die beste
Übereinstimmung kann jedoch mit einem Ratenkoeffizienten der Form

$$\kappa_{\text{excd}} = r_0 \cdot \exp\left(\sqrt{E/E_0}\right) \tag{7.3.5}$$

erzielt werden. Hierbei ist E_0 eine Konstante, deren Wert aus dem Anpassen
der simulierten Kennlinien bestimmt wird[3]. Bei der CT-Rekombination
wird von einer paarweisen sowie einer in der Teilchendichte quadratischen
Rekombination mit den Beiträgen der Form

$$\left.\frac{\partial n_{\text{CT}}}{\partial t}\right|_{\text{rec}} = -\kappa_{\text{CTmr}} n_{\text{CT}} - \kappa_{\text{CTCTA}} \left(n_{\text{CT}}\right)^2 \tag{7.3.6}$$

ausgegangen. Die paarweise Rekombination ist dabei ein monomolekularer
Zerfallsprozess, da hierbei ein Elektron mit dem dazugehörigen Loch des gebundenen Elektronen-Loch-Paares rekombiniert. Prozesse noch höherer Ordnung bleiben unberücksichtigt aufgrund der geringen Wahrscheinlichkeit der
gleichzeitigen Wechselwirkung von mehr als zwei CTs. Freie Ladungsträger
können an einer Grenzfläche bimolekular nach Langevin rekombinieren und
bilden dabei wiederum ein CT. Der zweite Term in Gleichung 7.3.6 steht im
Gegensatz zu der in der Literatur weit verbreiteten Annahme, nach der in aller Regel von einer rein paarweisen (monomolekularen) Rekombination der

---

[3]Eine räumliche Richtungsmittelung über alle Raumwinkel nach dem Vorbild aus Ref. [177] bleibt mit
Gleichung 7.3.5 unberücksichtigt. In Anbetracht der fehlenden exakten theoretischen Beschreibung der
Feldabhängigkeit der Dissoziation ließe sich kein Erkenntnisgewinn im Rahmen einer Berücksichtigung
erwarten. Vielmehr liegt der Schwerpunkt an dieser Stelle auf der Demonstration der prinzipiellen
Abhängigkeit der Generationsrate von dem elektrischen Feld. Für eine exakte Beschreibung müssten zudem
3D Feldeffekte aufgrund der Phasenseparation der zwei Materialien berücksichtigt werden, die nur im
Rahmen einer 3D Simulation integriert werden könnten.

CT-Komplexe ausgegangen wird [36, 174, 178]. Insbesondere unter Berücksichtigung einer räumlichen Lokalisierung der CT-Komplexe an den Grenzflächen der zwei Materialien ist eine Wechselwirkung zwischen benachbarten CT-Komplexen und damit ein quadratischer Verlustkanal aber plausibel. An dieser Stelle sei betont, dass die Messgenauigkeit nicht ausreicht, um zeitaufgelöst den Prozess der Ladungsträgergeneration zu verfolgen. Somit sind mögliche bimolekulare Verlustprozesse der Exzitonen und der CTs im Rahmen der messtechnischen Möglichkeiten ununterscheidbar. Aufgrund der ultraschnellen Dissoziation der Exzitonen im Vergleich zu dem langsameren Dissoziationsprozess der CTs und unter der Annahme kurzer Diffusionstrecken für die Exzitonen zu den Grenzflächen ist es jedoch plausibel, dass auftretende Verluste auf die Rekombination von CT-Komplexen zurückzuführen sind. Aus gleichem Grund ist auch eine Differenzierung zwischen bimolekularer CT-Rekombination und bimolekularer Ladungsträger-CT-Rekombination (bzw. Ladungsträger-Exzitonen-Rekombination) schwierig, da hierfür eine kleinere zeitliche Auflösung der Messung zwingend notwendig wäre. Wie im Folgenden näher erläutert wird, ist nach Auswertung der Simulationen die bimolekulare Rekombination der CTs die wahrscheinlichste Ursache der Sättigungeffekte, weswegen die Ladungsträger-CT- bzw. Ladungsträger-Exziton-Rekombination im erweiterten Generationsmodell nicht berücksichtigt wird, wie in Abschnitt 7.3.6 gesondert diskutiert wird.

Zusammengefasst besteht der Ladungsträger-Generationsprozess im Rahmen des neuen Modells aus dem Wechselspiel zwischen CT-Dissoziation und CT-Rekombination. Die Ladungsträgergeneration ist somit stark feld- und dichteabhängig, jedoch temperaturunabhängig.

7.3.3 Vergleich bei der größten Leistungsdichte

In Abbildung 7.3.2 ist exemplarisch der Vergleich der gemessenen und der, mit dem neuen Dissoziationsmodell, simulierten Impulsantworten bei der größten Leistungsdichte und der Spannung $U = 0\,\text{V}$ dargestellt. Die Simulationsparameter sind identisch zu den Parametern in Kapitel 6 gewählt, die bei kleinen Leistungsdichten eine gute Übereinstimmung von Simulation und Ex-

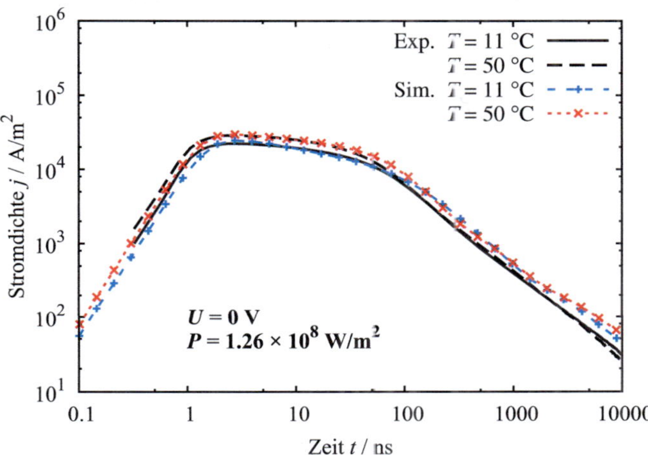

Abb. 7.3.2: Vergleich der simulierten und gemessenen Kennlinien bei der größten Leistungsdichte $P = 1.26 \times 10^8\,\mathrm{W/m^2}$ und der Spannung $U = 0\,\mathrm{V}$.

periment ergeben. Im Gegensatz zu den in Unterabschnitt 7.2.1 simulierten Ergebnissen mit stark erhöhtem Beitrag bimolekularer Rekombination freier Ladungsträger, ist der wesentliche Verlust der Ladungsträger in Abbildung 7.3.2 auf die bimolekulare Rekombination der CTs bei hohen Leistungsdichten zurückzuführen. Der monomolekulare Anteil der paarweisen Rekombination ist hierbei gegenüber dem quadratischen Anteil der CT-Rekombination aufgrund der hohen Teilchendichte vernachlässigbar gering. Die Ratenkoeffizienten der CT-Dissoziation $\kappa_{\mathrm{CTd}} = 1.97 \times 10^{10}\,\mathrm{1/s}$, der monomolekularen CT-Rekombination $\kappa_{\mathrm{CTmr}} = 1.39 \times 10^{10}\,\mathrm{1/s}$ und der bimolekularen CT-Rekombination $\kappa_{\mathrm{CTbr}} = 6 \times 10^{-12}\,\mathrm{m^3/s}$ sind aus dem Anpassen der Kennlinien an die Messdaten bestimmt und zusammenfassend in Tabelle 7.3.1 aufgelistet.

Wie in Abbildung 7.3.2 ersichtlich, zeigt sich eine deutlich bessere Übereinstimmung der gemessenen und simulierten Kennlinien unter Berücksichtigung des erweiterten Dissoziationsmodells. Im Gegensatz zu der „besten" Übereinstimmung in Abbildung 7.2.1 stimmen nicht nur die Anzahl der extrahierten Ladungsträger für beide Temperaturen gut überein, sondern insbesondere das

Tab. 7.3.1: Die für die Simulation bei hohen Leistungsdichten relevanten Parameter, die aus dem Anpassen der simulierten an die gemessenen Kennlinien extrahiert sind. Die weiteren Simulationsparameter finden sich in Tabelle 6.1.1.

Parameter	Symbol	Wert
Exzitonen-Lebensdauer	τ_{exc}	$1\,ps$
CT-Dissoziationskoeffizient	κ_{CTd}	$1.97 \times 10^{10}\ 1/s$
Monomolekularer CT-Rekombinationskoeffizient	κ_{CTmr}	$1.39 \times 10^{10}\ 1/s$
Bimolekularer CT-Rekombinationskoeffizient	κ_{CTCTA}	$6 \times 10^{-12}\ m^3/s$
Langevin-Korrekturfaktor	R_{fac}	1
Feldkonstante	E_0	$2.0 \times 10^7\ V/m$

im Experiment prägnante Plateau der Stromdichte tritt nun auch in den simulierten Kennlinien auf. Dies ist darauf zurückzuführen, dass während des Transports der Ladungsträger diese nur selten rekombinieren, bzw. der Gesamtverlust an Ladungsträgern nahezu vollständig auf die Rekombination der CTs in den ersten Nanosekunden zurückgeht. Aufgrund der temperaturunabhängigen Dissoziation bzw. Rekombination der Exzitonen und der CTs weisen auch die Integrale der simulierten Kennlinien in Übereinstimmung mit den Messdaten eine verschwindend geringe Temperaturabhängigkeit auf. Des Weiteren stimmen die simulierten Kennlinien nun auch in der Amplitude im Maximum der Stromdichte mit dem Experiment für beide Temperaturen überein und weisen damit auch die im Experiment sichtbare große Temperaturdifferenz bereits zum Zeitpunkt des Maximums auf.

Insbesondere die Temperaturunabhängigkeit der Dissoziationsrate steht im Widerspruch zu dem gewöhnlich verwendeten [37, 70, 129, 179–182] Dissoziationsmodell nach Onsager-Braun [34, 35], welches eine starke Temperaturabhängigkeit vorhersagt. Um der gemessenen Temperaturabhängigkeit im Rahmen des Modells zu entsprechen, finden sich in der Literatur zahlreiche Arbeiten, in denen ein großer Abstand ($a \geq 1.3\,nm$) der gebundenen Elektronen-Loch-Paare (CTs) angenommen wird [70, 180–182]. Die Tempe-

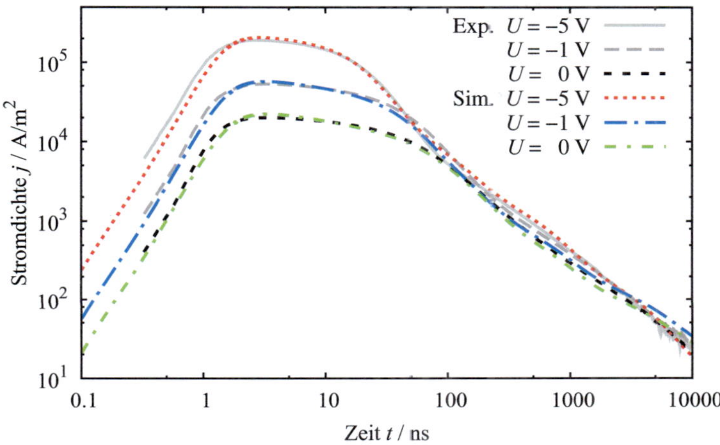

Abb. 7.3.3: Vergleich der gemessenen und simulierten Impulsantworten bei verschiedenen Spannungen und der mittleren Leistungsdichte $P = 3.2 \times 10^7\,\mathrm{W/m^2}$. Die Temperatur ist $T = 50\,°\mathrm{C}$.

raturabhängigkeit der Dissoziationsrate sinkt mit zunehmenden Abstand a. Jedoch ergeben Simulationen der Impulsantwort im Rahmen des Onsager-Braun-Modells selbst mit einem Abstand von $a \geq 2.5\,\mathrm{nm}$ noch immer eine im Vergleich zur Messung größere Temperaturabhängigkeit der Integrale der Impulsantworten. Bei derartig großen bzw. noch größeren Abständen stellt sich jedoch die Frage, ob die physikalische Beschreibung von gebundenen CTs und damit das gesamte Modell noch gerechtfertigt ist. Daher lässt sich nach den Erkenntnissen aus den Impulsantworten schließen, dass das Onsager-Braun-Modell nicht für die Beschreibung der CT-Dissoziation geeignet ist. Es werden zwar sinnvolle Feldabhängigkeiten, aber eine im Experiment nicht vorhandene Temperaturabhängigkeit vorhergesagt. Die Falsifikation des Onsager-Braun-Modells ist in Übereinstimmung mit den Ergebnissen anderer Forschungsgruppen, die ebenfalls eine Temperaturunabhängigkeit in der Quantenausbeute bei unterschiedlichen Material-Mischsytemen [38, 39, 173] sowie in P3HT:PCBM [183] zeigen konnten.

7.3.4 Spannungs- und Feldabhängigkeit

Die Anzahl der extrahierten Ladungsträger erhöht sich signifikant unter Anlegung einer Rückwärtsspannung, wie der Vergleich der Kennlinien bei der Leistungsdichte $P = 3.2 \times 10^7\,\mathrm{W/m^2}$ für verschiedene Spannungen in Abbildung 7.3.3 sowie Abbildung 7.1.1 verdeutlicht. Im Extremfall steigt die Anzahl der extrahierten Ladungsträger bei der höchsten Leistungsdichte und der Temperatur $T = 11\,°\mathrm{C}$ von $n_{\mathrm{extr}} = 4.4 \times 10^9$ im Kurzschlussfall auf $n_{\mathrm{extr}} = 1.64 \times 10^{10}$ bei der angelegten Spannung von $U = -5\,\mathrm{V}$. Dieser ist wesentlich auf den Anstieg der Dissoziationsrate mit zunehmender Feldstärke nach Gleichung 7.3.5 zurückzuführen, wie grafisch in Abbildung in 7.3.4 für die Dissoziationsrate mit der aus der Anpassung extrahierten Feldkonstante $E_0 = 2 \times 10^7\,\mathrm{V/m}$ dargestellt ist. Dabei muss jedoch berücksichtigt werden, dass nicht die gesamte feldabhängige Differenz in der Anzahl der extrahierten Ladungsträger auf die feldabhängige, netto dissoziierte Gesamtanzahl der CTs zurückzuführen ist. Wie bereits in Unterabschnitt 6.2.5 diskutiert, werden nicht alle Ladungsträger in dem gemessenen Zeitintervall von $10\,\mu\mathrm{s}$ extrahiert. Dies trifft insbesondere auch auf die Impulsantworten bei hohen Leistungsdichten zu, da der auftretende starke Feldeinbruch zu einer langsamen Ladungsträgerextraktion führt. Die langsamste Extraktion erfolgt bei der Spannung $U = 0\,\mathrm{V}$, weswegen im gleichen Zeitintervall weniger Ladungsträger als bei Anlegung einer Rückwärtspannung extrahiert werden. Dies verdeutlicht unter anderem das fehlende Auftreten einer zweiten Steigungsänderung im Kurzschlussfall in Abbildung 7.3.3. Demnach ist im Kurzschlussfall der Zeitpunkt noch nicht erreicht, in dem der Löcherbeitrag die Stromdichte dominiert, da ein signifikanter Anteil an Elektronen noch nicht extrahiert ist. Dass nicht die gesamte gemessene Feldabhängigkeit auf die nicht vollständige Extraktion der Ladungsträger zurückzuführen ist, geht nur aus dem Wechselspiel von Messung und Simulation hervor. So zeigt sich aus der Spannungsabhängigkeit in Abbildung 7.3.3, dass bereits in der Anfangsphase der Impulsantwort eine große Feldabhängigkeit vorhanden ist, die sich nur mit einer erhöhten Anzahl an generierten Ladungsträgern bei hohen Feldstärken erklären lässt. Vernachlässigt man den geringen

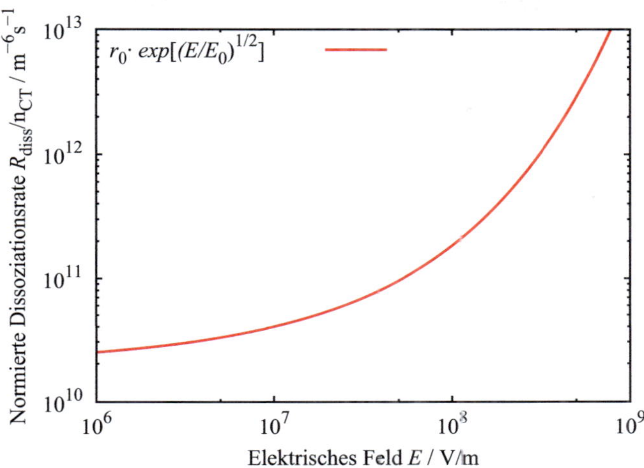

Abb. 7.3.4: Dissoziationsrate R_{diss} in Abhängigkeit der elektrischen Feldstärke nach Gleichung 7.3.5 mit der aus der Anpassung extrahierten Feldkonstante $E_0 = 2 \times 10^7\,\mathrm{V/m}$.

Beitrag der in den ersten 10 Nanosekunden bimolekular rekombinierten Ladungsträgern, die re-dissoziiert werden können, so werden ca. 1.5 mal mehr der photogenerierten CTs in freie Ladungsträger aufgrund der feldabhängigen Dissoziation bei der Spannung $U = -5\,\mathrm{V}$ als bei der Spannung $U = 0\,\mathrm{V}$ dissoziiert.

Die starke Nichtlinearität der EQE bei hohen Leistungsdichten wird neben der quadratischen Rekombination in der Dichte der CTs noch zusätzlich durch Raumladungseffekte verstärkt. So führen bei hohen Leistungsdichten die Raumladungseffekte als auch der große Spannungsabfall am externen Widerstand zu einer drastischen Feldstärkereduktion noch während der Dauer des Laserpulses und folglich zu einer reduzierten Dissoziationsrate. Die starke Intensitätsabhängigkeit ist damit ein verstärktes Wechselspiel aus quadratischer CT-Rekombination und feldabhängiger Dissoziation. Dabei sei angemerkt, dass eine Modellierung unter Annahme eines rein linearen Verlustkanals nicht die gemessenen Ergebnisse reproduziert. Demnach kann der Feldeinbruch nicht die einzige Ursache der starken Intensitätsabhängigkeit sein. Hierfür müsste die Feldabhängigkeit unrealistisch groß sein, was dann allerdings zu falschen Spannungsabhängigkeiten sowohl bei kleinen als auch insbesondere bei mittleren Leistungsdichten führen würde.

Die gewonnenen Erkenntnisse der feldabhängigen Dissoziation sind in guter Übereinstimmung mit der gemessenen, zunehmenden reduzierten Rekombination von gebundenen CTs bei hohen Feldstärken [168]. Eine vergleichbare Feldabhängigkeit findet sich auch bei Photolumineszenzmessungen (PL) verschiedener Materialien, die eine mit der Feldstärke zunehmende Unterdrückung des PL-Signals aufgrund erhöhter Dissoziation der gebundenen Elektron-Loch-Paare (CTs oder Exzitonen) aufweisen [184–186].

7.3.5 Zusätzlicher Anteil bimolekularer Rekombination

Wie in den vorangehenden Abschnitten gezeigt werden konnte, ist der wesentliche Anteil des Ladungsträgerverlusts bei hohen Leistungsdichten auf die quadratische Rekombination von CTs zurückzuführen. Der Vergleich von mittleren und sehr hohen Leistungsdichten bringt jedoch die Erkenntnis, dass zusätzlich zu dem quadratischen Verlust bei der Ladungsträgergeneration ein gewisser Anteil an Ladungsträgern auf dem Transportweg zu den Elektroden verloren geht. Unter der bisher verwendeten Annahme sehr geringer bimolekularer Rekombination $\left(R_{\mathrm{fac}} = 10^{-3} \right)$ muss der Rekombinationsfaktor der quadratischen CT-Rekombination bei der höchsten Leistungsdichte derart hoch gewählt werden, dass zwar das Integral der Stromdichte gut übereinstimmt, zu Beginn der Impulsantwort jedoch diese in den Simulationen zu gering ausfällt. Insbesondere bei mittleren Leistungsdichten führt dies daher zu einem starken Abweichen der simulierten Kennlinien. Eine gute Übereinstimmung für alle Leistungen lässt sich mit einem Rekombinationsfaktor von $R_{\mathrm{fac}} = 1$ erzielen, der zu einem stärkeren Abfall bei späten Abfallzeiten besonders bei ganz hohen Leistungsdichten führt, jedoch gleichzeitig das sichtbare Plateau in den Messkurven reproduziert.

Man beachte, dass im Vergleich zur konventionellen Modellierung mit einer Effektivbeweglichkeit die Langevin-Rekombination auch mit $R_{\mathrm{fac}} = 1$ deutlich reduziert ist. Aufgrund der Trapzustände sind die meisten Ladungsträger eingefangen, lediglich wenige befinden sich im Transportband oberhalb der Leitungsbandkante und können sich mit einer vergleichsweisen hohen Beweglichkeit fortbewegen. Da jedoch in die Langevin-Rekombination die Dichte der Ladungsträger quadratisch eingeht, die Beweglichkeiten jedoch nur linear, ist die Gesamt-Rekombination bei gleicher Effektivbeweglichkeit nach Gleichung 5.2.5 im Vergleich zur konventionellen Modellierung deutlich verringert. Somit stützen die in dieser Arbeit extrahierten Ergebnisse die in zahlreichen Arbeiten [75, 137, 187] gezeigte, stark reduzierte Langevin-Rekombination in P3HT:PCBM.

7.3.6 Eindeutigkeit der Parameter

Trapzustände

Betrachtet man die in Tabelle 6.1.1 aufgelistete, aus der Paramateranpassung extrahierte Anzahl der Trapzustände im Donor ($N_{\text{trap}_d} = 1.2 \times 10^{27}\,\text{m}^{-3}$) und im Akzeptor ($N_{\text{trap}_a} = 1.8 \times 10^{27}\,\text{m}^{-3}$), so sind diese um einiges größer als typische Werte aus der Literatur [170, 188]. Grundsätzlich sind die Werte der Anzahl der freien Zustände im Leitungsband $N_{\text{LUMO}}/N_{\text{HOMO}}$, die Anzahl der Trapzustände $N_{\text{trap}_a}/N_{\text{trap}_d}$ sowie die Ratenkoeffizienten $r_{0_{\text{e,h}}}$ nicht eindeutig, es können lediglich gute Vorhersagen über das Produkt von jeweils zwei der genannten Werte gemacht werden. Reduziert man die Anzahl der Trapzustände N_{trap} um einen Faktor 10, so lassen sich bei kleinen Leistungen die gleichen Ergebnisse erzielen, wenn man gleichzeitig r_0 um den gleichen Faktor reduziert und die Anzahl der freien Zustände im Transportband N um den gleichen Faktor erhöht. Bei hohen Leistungsdichten hingegen finden sich dabei in den Simulationen große Sättigungseffekte aufgrund der endlichen und kleinen Anzahl tief liegender Trapzustände. Sind die tiefsten Trapniveaus aufgrund der großen generierten Ladungsträgerdichte gesättigt, so hat dies eine größere Besetzungswahrscheinlichkeit der energetisch höher liegenden Zustände und damit eine erhöhte effektive Beweglichkeit zur Folge. Je nach Trapdichte kann dies zur Folge haben, dass zwar der simulierte Kennlinienverlauf bei kleinen Leistungsdichten sehr gut mit dem gemessenen Verlauf übereinstimmt, bei großen Leistungsdichten sich jedoch ein abweichendes Verhalten zeigt. Ab einer Anzahl an Trapzuständen von ca. $5 \times 10^{26}\,\mathrm{m}^{-3}$ treten nur noch verschwindend geringe Sättigungseffekte in den simulierten Kennlinien auf und damit eine gute Übereinstimmung bei allen Leistungsdichten. Im Umkehrschluss lässt sich daraus schließen, dass sich im Experiment keine Anzeichen für eine Sättigung zeigen. Gleichzeitig lässt sich mit der oberen Grenze der maximalen Anzahl aller LUMO/HOMO Zustände (freie Zustände plus Trapzustände) von $N_{\text{total}} = 5 \times 10^{27}\,\mathrm{m}^{-3}$ (vergleiche Abschnitt 6.1.4) die Unsicherheit im Absolutwert der jeweiligen Einzelparameter in den Trapping- und Detrappingraten deutlich eingrenzen.

Wechselspiel von feldabhängiger Dissoziation und Rekombination der CTs

Am deutlichsten zeigt sich das Zusammenspiel der feldabhängigen Dissoziationsrate und dem bimolekularen Rekombinationskoeffizienten $\kappa_{\text{CTCTA}} = 6 \times 10^{-12}\,\mathrm{m}^3/\mathrm{s}$ an dem Vergleich der Kennlinien im Kurzschlussfall und der höchsten gemessenen Spannung bei der höchsten Leistungsdichte. Unter Nichtberücksichtigung anderer (kleinerer) Leistungsdichten ließe sich prinzipiell auch mit einer Feldabhängigkeit z.B. der Form $R_{\text{diss}}^* = r_0^* \cdot \exp\left(E/E_0^*\right)$ eine gute Übereinstimmung finden, jedoch führt dies zu falschen Abhängigkeiten bei mittleren Leistungsdichten. Ursache hierfür ist der Feldeinbruch bei hohen Leistungsdichten sowie das zu kleinen Feldstärken hin sättigende Verhalten der Dissoziationsrate ($R_{\text{diss}}^*(E \ll 0) = r_0^*$), was einen kleineren Wert der Feldkonstanten E_0^* ergeben würde, um die gleiche (große) Feldabhängigkeit bei hohen Leistungsdichten zu ergeben. Bei kleinen und mittleren Leistungsdichten jedoch fällt der Feldstärkeeinbruch geringer aus. Dies würde aufgrund des exponentiellen Anstiegs von R_{diss}^* mit der Feldstärke zu einem spannungsabhängigen Unterschied der EQE insbesondere bei mittleren Leistungsdichten führen, der deutlich größer ausfallen würde als der gemessene. Eine deutlich verbesserte Übereinstimmung für alle Leistungsdichten wird mit einer wurzelförmigen Abhängigkeit nach Gleichung 7.3.5 erreicht. Unter der Annahme einer korrekten Beschreibung der

Feldabhängigkeit lässt sich die Feldkonstante $E_0 = 2.0 \times 10^7 \, \text{V/m}$ dann aus dem Vergleich der Kennlinien bei verschiedenen Spannungen bestimmen.

Eine quantitative Aussage über die Ratenkoeffizienten der monomolekularen sowie auch der bimolekularen CT-Rekombination lässt sich nur in Abhängigkeit von der Dissoziationsrate treffen. Mangels der Kenntnis über exakte Werte einer der Kenngrößen wird daher der Wert des Disoziationskoeffizienten bei verschwindendem Feld mit $\kappa_{CTd} = 1.97 \times 10^{10} \, \text{s}^{-1}$ nach den Ergebnissen der CT-Lebensdauermessungen nach Hwang et al. gewählt [32]. Mit Hilfe von TA-Messungen konnten die Autoren eine Lebensdauer der CTs im Pikosekundenbereich nachweisen. Die Rekombinationkoeffizienten werden dann aus dem Vergleich von Simulation und Experiment bestimmt.

Vergleich von Ladungsträger-Exzitonen-Rekombination und bimolekularer CT-Rekombination

Wie bereits erwähnt, ist aufgrund der maximalen zeitlichen Auflösung von ca. 1 ns der Messung eine zeitliche Differenzierung der auftretenden Rekombinationsprozesse im Ladungsträger-Generationsprozess nicht möglich. Daher könnte prinzipiell auch die in der Literatur häufig diskutierte bimolekulare Ladungsträger-Exzitonen-Rekombination (SPA, CTPA) für den nichtlinearen Effekt in der gemessenen EQE verantwortlich sein. Simuliert man die Impulsantworten unter Substitution der bimolekularen CT-Rekombination durch die Ladungsträger-Exzitonen-Rekombination, so muss eine deutlich größere Feldabhängigkeit in der Dissoziationsrate angenommen werden. Grund hierfür ist, dass mit größerer Feldstärke freie Ladungsträger schneller erzeugt werden als bei kleiner Feldstärke. Dies führt dazu, dass bei hohen Leistungsdichten und kleinen Feldstärken ($U = 0\,\text{V}$) das Verhältnis von bimolekularer Rekombination zu monomolekularer Rekombination geringer ausfällt bzw. bei hohen Feldstärken ($U = -5\,\text{V}$) bei gleicher Parameterwahl verhältnismäßig mehr Exzitonen bimolekular mit freien Ladungsträgern rekombinieren. Um diesen bei hohen Leistungsdichten relevanten Effekt zu kompensieren, müsste die Feldabhängigkeit der Dissoziationsrate weiter erhöht werden, was wiederum den Effekt noch weiter verstärken würde. Daher müsste die Feldabhängigkeit deutlich größer ausfallen, was dann aber bei kleinen und mittleren Leistungsdichten im Vergleich zu den Messdaten zu einem zu großen spannungsabhängigen Unterschied in den Kennlinien führen würde. Die Ergebnisse der Simulation zeigen, dass als wahrscheinlichster Verlust die bimolekulare CT-Rekombination für das gemessene nichtlineare Verhalten bei hohen Leistungsdichten verantwortlich ist.

Aufgrund der Ungenauigkeit in der exakten Pulsform und der begrenzten zeitlichen Auflösung ist das angeführte Beispiel jedoch nicht als Ausschlusskriterium einer möglichen bimolekularen Ladungsträger-Exzitonen-Rekombination zu sehen. Erst eine weitere Untersuchung bzw. Differenzierung bei besserer zeitlicher Auflösung der Stromantwort könnte hierüber möglicherweise exakten Aufschluss geben.

7.4 Finale Simulationsergebnisse

Während im vorangehenden Kapitel die charakteristischen Effekte der Steigungsänderungen anhand des Vergleichs bei kleinen Leistungsdichten ausführlich diskutiert wurden, ist Schwerpunkt dieses Kapitels die Beschreibung nichtlinearer Rekombinationsprozesse bei hohen Leistungsdichten. Bei der Untersuchung der physikalischen Effekte ist eine klare Trennung nach Leistungsstufen jedoch nicht möglich, da alle berücksichtigten und beschriebenen Effekte bei allen Leistungsdichten auftreten, lediglich in unterschiedlich stark ausgeprägter Form. So zeigen sich z.B. auch sehr prägnant die erste wie auch die zweite Steigungsänderung bei hohen Leistungsdichten, so wie sich auch die quadratischen Rekombinationseffekte bei mittleren und kleineren Leistungsdichten noch teilweise bemerkbar machen. Nur ein ganzheitlicher Modellierungsansatz bei gleichzeitiger Untersuchung aller gemessenen Kennlinien ermöglicht dabei ein vollständiges Verständnis der auftretenden Prozesse sowie eine sinnvolle und realistische Parameterextraktion. Daher erfolgte das Angleichen der simulierten an die gemessenen Kennlinien wie bereits in Kapitel 5 gleichzeitig für drei Spannungen, vier Leistungsdichten und nun zusätzlich für die höchste und niedrigste gemessene Temperatur.

Zusammenfassend ist in Abbildung 7.4.1 das Ergebnis der besten Überein-

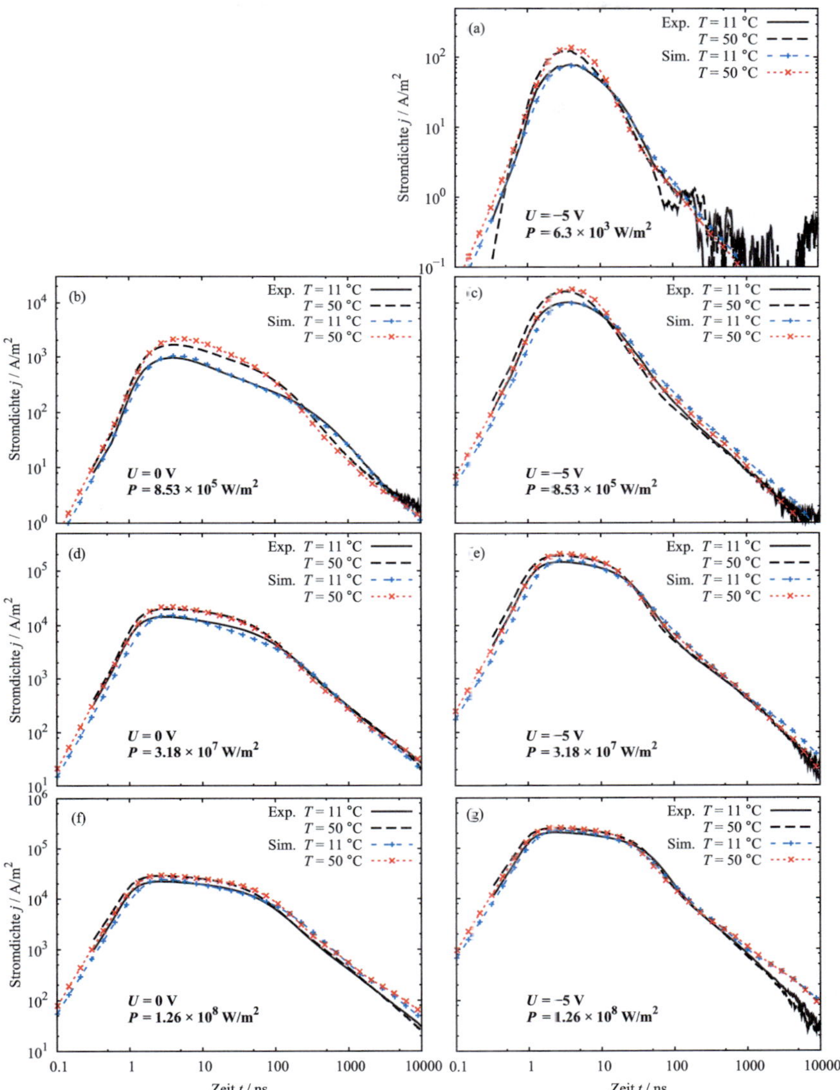

Abb. 7.4.1: Vergleich der simulierten und gemessenen Impulsantworten für die kleinste (a), eine kleine (b-c), eine mittlere (d-e) und die größte (f-g) untersuchte Leistungsdichte sowie auf der linken Seite der kleinsten ($U = 0$ V) und auf der rechten Seite der größten ($U = -5$ V) angelegten Spannung. Jede Unterabbildung beinhaltet dabei jeweils den Vergleich der kleinsten und größten gemessenen Temperatur.

stimmung für zwei kleine, eine mittlere und die größte gemessene Leistungsdichte dargestellt. Aufgrund der Vielzahl der Kennlinien können nicht alle grafisch dargestellt werden, jedoch findet sich die gleiche Übereinstimmung bei allen gemessenen Kennlinien. Bei der kleinsten Leistungsdichte fehlen die Kennlinien für den Kurzschlussfall, da wie bereits erwähnt, diese aus messtechnischen Gründen nicht ausgewertet werden konnten.

7.4.1 Verbleibende Diskrepanzen

Während sich noch bei mittleren Leistungsdichten bis ca. $P = 3 \times 10^7\,\mathrm{W/m^2}$ der simulierte Abfall und damit die Anzahl der extrahierten Ladungsträger mit dem gemessenen Verhalten decken, zeigt sich eine überhöhte Stromdichte bei den höchsten Leistungsdichten im Zeitintervall ab ca. $t = 1000\,\mathrm{ns}$. Eine noch bessere Übereinstimmung konnte im Rahmen der implementierten Prozesse nicht erreicht werden. Aufgrund der guten Übereinstimmung im Zeitbereich bis $t = 1000\,\mathrm{ns}$ lässt sich ein größerer Verlust im Generationsprozess ausschließen, vielmehr deutet die zunehmende Abweichung zu langen Zeiten auf einen Verlust der sich fortbewegenden Ladungsträger hin. Denkbare Ursachen könnten hierbei z.B. die bimolekulare Rekombination von Ladungsträgern über Trapzustände sein. Dies ließe sich im Rahmen einer Modellerweiterung unter Berücksichtigung der Rekombination freier mit getrappten Ladungsträgern implementieren und wird Gegenstand weiterer Forschungsaktivitäten am LTI sein. Die Untersuchung des Idealitätsfaktors an Kennlinien organischer P3HT:PCBM Solarzellen deuten auf einen Rekombinationsprozess über Trapzustände hin [189].

Des Weiteren weisen bei kleinen Leistungsdichten die simulierten Kennlinien eine tendenziell zu große Feldabhängigkeit auf, wohingegen bei hohen Leistungsdichten diese eher zu gering ausfällt. Dabei muss berücksichtigt werden, dass große Unterschiede in der effektiven Feldstärke aufgrund des Feldstärkeeinbruchs bei hohen Leistungsdichten noch während der Dauer des Laserpulses vorherrschen. Möglich wäre eine nicht gleichbleibende wurzelförmige Abhängigkeit der Dissoziationsrate über Zehnerpotenzen der elektrischen Feldstärke, die diese Abweichung erklären würde. Eine derartige, nichttriviale Feldabhängigkeit wurde sowohl experimentell gezeigt als auch theoretisch vorhergesagt [17, 38]. In Anbetracht des großen Parameterraums und der dennoch erzielten überwiegend guten Übereinstimmung darf die angenommene Parameterisierung der Feldabhängigkeit als eine gute Näherung angesehen werden. Des Weiteren ist zu berücksichtigen, dass in den Messungen Unsicherheiten in der Pulsform sowie in der Pulshomogenität vorhanden sind, die wiederum Einfluss auf das exakte Dissoziationsverhalten im Subnanosekundenbereich haben.

7.5 Zusammenfassung und Ausblick

Die in diesem Kapitel vorgestellten Messungen der leistungsabhängigen Extraktion der Ladungsträger weisen temperaturunabhängige, aber feldabhängige Sättigungseffekte bei hohen Leistungsdichten auf, die sich nicht im Rahmen der bisherigen verwendeten Modellierungkonzepte erklären lassen. Nach Ausschluss von bimolekularer Rekombination als alleinige Ursache der Verluste wurde ein erweitertes *Generations-Rekombinationsmodell* entwickelt und implementiert, welches nichtlineare Rekombinationsprozesse der gebundener Ladungsträgerpaare (CTs) im Generationsprozess sowie eine feldabhängige Dissoziation der CTs berücksichtigt. Schlussendlich konnte damit eine qualitativ und quantitative Übereinstimmung der simulierten und gemessene Kennlinien vom Nano- bis in den Mikrosekundenbereich für Temperaturen von $T = 11\,°\mathrm{C}$ bis $T = 50\,°\mathrm{C}$, angelegten Spannungen von $U = 0\mathrm{V}$ bis $U = -5\mathrm{V}$ und Leistungsdichten von $P = 6.3 \times 10^3\,\mathrm{W/m^2}$ bis $P = 1.3 \times 10^8\,\mathrm{W/m^2}$ gezeigt werden. Verbleibende geringfügige Diskrepanzen bei der höchsten Leistungsdichte wurden auf nichtberücksichtigte Rekombinationsverluste der Ladungsträger auf dem Transportweg zurückgeführt.

Wie in den vorangehenden sowie diesem Kapitel gezeigt wurde, erwies sich insbesondere das *Multiple-Trapping*-Modell unter Berücksichtigung einer exponentiellen Verteilung an Traps als äußerst geeignet, den Ladungsträgertransport bzw. die gemessenen transienten Stromantworten an P3HT:PCBM Photodioden zu beschreiben. Dabei stellte sich insbesondere der Unterschied in den Kennlinien im Vergleich zu Simulationen, basierend auf einem konventionel-

ler Modellierungsansatz, als sehr drastisch dar. Von Fokus vieler Forschungsbemühungen stehen jedoch weltweit vorrangig organische Solarzellen. Im Zuge dessen ist es daher von besonderem Interesse, in wie weit sich die Erkenntnisse aus den Untersuchen des transienten Stromverlaufs auf den *steady-state*
Betrieb auswirken. Im folgenden Kapitel wird daher das entwickelte Modell
in die Simulation organischer Solarzellen integriert und die Auswirkungen der
Traps auf die J-U-Kennlinien untersucht.

8 Simulation organischer Solarzellen im Rahmen von Multiple-Trapping

In diesem Kapitel wird untersucht, inwieweit sich das aus den gemessenen und simulierten transienten Stromantworten motivierte Multiple-Trapping-Modell zur Beschreibung des Ladungsträgertransports auf die J-U-Kennlinien organischer Solarzellen auswirkt. Hierfür wird zu Anfang dieses Kapitels die steady-state Abhängigkeiten der effektiven Beweglichkeit von verschiedenen Parametern wie Temperatur, charakteristische Energie und Dichte diskutiert. Die Ergebnisse zeigen, dass sich eine in der Literatur bereits beschriebene Dichteabhängigkeit der Effektivbeweglichkeit im Rahmen des Modells darstellen und erklären lässt. Im Anschluss daran werden die Auswirkungen der Traps auf das Tieftemperaturverhalten der J-U-Kennlinien detailliert untersucht, da sich dabei insbesondere in Vorwärtsrichtung der Einfluss der Traps im Zusammenspiel mit der temperaturabhängigen Injektion untersuchen lässt. Dabei zeigten sich große temperaturabhängige Auswirkungen der Traps auf die Raumladungsverteilung, welche wiederum das Feld und damit die Stromdichte beeinflussen. Die Diskussion der simulierten und gemessenen Steigungen der Kennlinien erfolgte eng im Zusammenhang mit der Theorie des raumladungsbegrenzten bzw. trap-raumladungsbegrenzten Stroms. Dabei zeigt sich in den Simulationen, dass bei bipolarem Ladungsträgertransport und geringer Rekombination die Steigung der J-U-Kennlinie ausschließlich von der temperatur- bzw. feldabhängigen Injektion der schnelleren Ladungsträgersorte abhängt, die Stromdichte jedoch nicht raumladungsbegrenzt ist. Erst unter dem Einfluss von Rekombination lässt sich ein typisches SCLC-Verhalten finden.

Die Untersuchungen der transienten Impulsantworten haben gezeigt, dass das gemessene Verhalten des Ladungsträgertransports in P3HT:PCBM im Rahmen der Drift-Diffusions-Näherung nur unzureichend mit einem konventionellen Modellierungsansatz, hingegen sehr gut unter Berücksichtigung des Einflusses von Traps und *Multiple-Trapping* beschreiben lässt. Ausgehend von den Erkenntnissen im transienten Fall wird in diesem Kapitel untersucht, inwieweit sich auch bei der Simulation der *steady-state* Stromdichte-Spannungs-Charakteristik (J-U) organischer Solarzellen Unterschiede aufgrund des Einflusses der Traps bemerkbar machen. Wesentlicher Ansatzpunkt ist hierbei das bereits bei den transienten Messungen gezeigte stark temperaturabhängige Verhalten des Ladungsträgertransports, welches somit auch einen wesentlichen Einfluss auf die *steady-state* J-U-Charakteristiken erwarten lässt. Ergänzend wird dabei das vorhergesagte dichteabhängige Verhalten der Effektivbeweglichkeit der Ladungsträger untersucht, welches sich intrinsisch aus dem *Multiple-Trapping*-Modell ergibt und sich im *steady-state* Betrieb insbesondere in Vorwärtsrichtung auswirken kann. Im Umkehrschluss sollten sich daher aus dem Temperaturverhalten der J-U-Kennlinie Rückschlüsse auf das Transportverhalten organischer Materialien ziehen lassen.

Im ersten Abschnitt dieses Kapitels werden der Einfluss verschiedener Parameter auf die dichteabhängige *steady-state* Effektivbeweglichkeit untersucht und im Zusammenhang mit experimentellen Ergebnissen aus der Literatur diskutiert. Im darauffolgenden Abschnitt werden die Auswirkungen der Effektivbeweglichkeit auf das Tieftemperaturverhalten der J-U-Kennlinie untersucht. Im Zuge dessen werden im gleichen Abschnitt die Kennlinien auch im Kontext der Theorie des raumladungsbegrenzten Stroms diskutiert.

8.1 Dichte- und temperaturabhängige Effektivbeweglichkeit

Während sich in der Literatur zahlreiche Arbeiten bezüglich der Untersuchung der Temperaturabhängigkeit der Ladungsträgerbeweglichkeit in P3HT:PCBM finden [30, 144, 183], gibt es nur wenige Arbeiten bezüglich der Messung der Dichteabhängigkeit der Beweglichkeit [190, 191]. Zwar konnte z.B. anhand von Beweglichkeitsmessungen an Feldeffekttransistoren an den Polymeren P3HT und poly(2-methoxy-5-(30,70-dimethyloctyloxy)-p-phenylene vinylene) (OC1C10-PPV) eine mit der Dichte zunehmende Beweglichkeit gezeigt werden [152], jedoch beschränken sich die meisten Arbeiten auf eine theoretische Beschreibung der Dichteabhängigkeit [181]. So berechneten Anta et al. mittels analytischer Berechnung der mittleren Beweglichkeit im Rahmen des *Multiple-Trapping*-Modells und einer konstanten Verteilung an Trapzuständen eine starke Zunahme der effektiven Beweglichkeit mit der Dichte [192]. Ebenso berechneten Pasveer et al. mittels numerischer Lösung der Mastergleichung für den Hüpftransport eine dichtebabhängige Beweglichkeit [193]. Aus dem Vergleich der berechneten mit gemessenen raumladungsbegrenzten Strom-Spannungs-Kennlinien in Vorwärtsrichtung an OC1C10-PPV schlussfolgerten sie, dass eine Übereinstimmung nur unter der Berücksichtigung einer dichte- und feldabhängigen Beweglichkeit in den Berechnungen erreicht werden kann.

Im Rahmen des in dieser Arbeit verwendeten *Multiple-Trapping*-Modells lässt sich, wie in Abschnitt 3.2.6 beschrieben, mit den Dichten der freien $n_{\mathrm{e,h}}$ und der Summe aller getrappten Ladungsträger $n_{\mathrm{t_{e,h}}}$ die dichteabhängige Effektivbeweglichkeit der Ladungsträger nach Gleichung

$$\mu_{\mathrm{eff_{e,h}}}(x) = \mu_{0_{\mathrm{e,h}}} \frac{n_{\mathrm{e,h}}(x)}{n_{\mathrm{e,h}}(x) + n_{\mathrm{t_{e,h}}}(x)}. \tag{8.1.1}$$

berechnen. Dabei ergibt sich das Besetzungsverhältnis der beweglichen freien und der unbeweglichen getrappten Ladungsträger im *steady-state* aus dem Ratengleichgewicht der Trapping- und Detrappingrate im i-ten Trapniveau

$$R^i_{\mathrm{t_{e,h}}} = R^i_{\mathrm{d_{e,h}}} \tag{8.1.2}$$

$$n^i_{\mathrm{t_{e,h}}} = N^i_{\mathrm{trap_{e,h}}} \left[\frac{N - n_{\mathrm{e,h}}}{n_{\mathrm{e,h}}} \cdot \exp\left(\frac{-E^i_{\mathrm{t}}}{k_{\mathrm{B}} T} \right) + 1 \right]^{-1}. \tag{8.1.3}$$

Gleichung 8.1.2 gilt für jedes der diskretisierten Trapniveaus, woraus sich dann iterativ mittels einer einfachen numerischen Simulation das Gesamtbesetzungsverhältnis in Abhängigkeit der Dichte der Gesamt-Ladungsträger be-

Tab. 8.1.1: Standardwerte für die Berechnung der *steady-state* Effektivbeweglichkeiten in Anlehnung an die extrahierten Parameter der Elektronen aus den transienten Simulationen.

Parameter	Symbol	Wert
Freie Beweglichkeit	μ_0	$7.6 \cdot 10^{-5}\,\mathrm{m^2/Vs}$
Trapzustandsdichte	N_{trap}	$1.8 \cdot 10^{27}\,\mathrm{m^{-3}}$
Charakteristische Energie	E_{T}	$36\,\mathrm{meV}$
Freie Transportzustandsdichte	N	$2.5 \cdot 10^{27}\,\mathrm{m^{-3}}$
Temperatur	T	$300\,\mathrm{K}$
Tiefstes Trapniveau	E_{deep}	$500\,\mathrm{meV}$

rechnen lässt [160]. In die Berechnung der Effektivbeweglichkeit gehen die in Tabelle 8.1.1 aufgeführten Parameter ein, welche für die exemplarischen Beispiele in den folgenden Unterabschnitten 8.1.1 und 8.1.2 in Anlehnung an die aus der transienten Simulation bestimmten Werte der Elektronen im Akzeptor-Material als Standardwerte übernommen werden.

8.1.1 Temperaturabhängigkeit

In Abbildung 8.1.1 ist die berechnete *steady-state* Effektivbeweglichkeit nach Gleichung 8.1.1 in Abhängigkeit der Gesamt-Ladungsträgerdichte n aller getrappten und freien Ladungsträger für verschiedene Temperaturen von $T = 150\,\mathrm{K}$ bis $T = 300\,\mathrm{K}$ aufgetragen. Es zeigt sich sehr deutlich ein Anstieg der Effektivbeweglichkeit mit zunehmender Ladungsträgerdichte. Aufgrund der energetisch exponentiell abfallenden Trapdichte werden mit ansteigender Dichte tief liegende Trapzustände zunehmend gesättigt und energetisch höher liegende Trapzustände besetzt, was zu einem Anstieg der Effektivbeweglichkeit führt. Die starke Temperaturabhängigkeit ergibt sich dabei aus dem temperaturabhängigen Boltzmannfaktor in der Detrappingrate. Mit abnehmender Temperatur sinkt die Detrappingrate bei gleich bleibender Trappingrate, womit die Dichte der besetzten Trapzustände steigt und damit die Effektivbeweglichkeit kleiner wird. Wie aus Abbildung 8.1.1

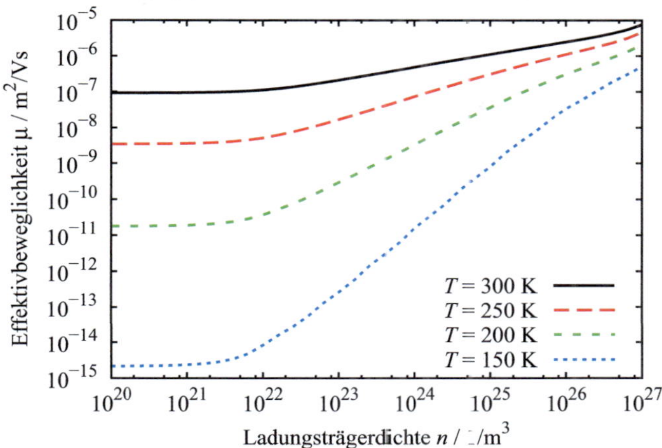

Abb. 8.1.1: Berechnete *steady-state* Effektivbeweglichkeiten für verschiedene Temperaturen in Abhängigkeit von der Gesamt-Ladungsträgerdichte. Die freie Beweglichkeit ist $\mu_0 = 7.6 \cdot 10^{-5}\,\mathrm{m^2/Vs}$.

ersichtlich, führt dies bei moderaten Dichten von z.B. $n = 10^{22}\,\mathrm{m^{-3}}$ zu einer extrem großen Differenz um bis zu sieben Zehnerpotenzen, vergleicht man die Beweglichkeiten bei den Temperaturen $T = 150\,\mathrm{K}$ und $T = 300\,\mathrm{K}$. Das sättigende Verhalten bei kleinen Dichten ist darauf zurückzuführen, dass in Anlehnung an die Parameter aus den transienten Simulationen nur Trapzustände bis zu einer energetischen Tiefe von $E_{\mathrm{deep}} = 500\,\mathrm{meV}$ berücksichtigt sind. Für sehr hohe Dichten laufen die Effektivbeweglichkeiten für alle Temperaturen zusammen, da zunehmend alle Trapzustände gesättigt werden und sich damit die Beweglichkeit der freien Beweglichkeit μ_0 annähert.

8.1.2 Variation der charakteristischen Energie

Während sich die Trapdichte sowie die freie Zustandsdichte im Wesentlichen nur auf den Absolutwert der Beweglichkeit, nicht aber auf den charakteristischen dichteabhängigen Verlauf der Beweglichkeit auswirken, zeigt sich eine Änderung in der Steigung der Kurven mit Änderung der charakteristischen

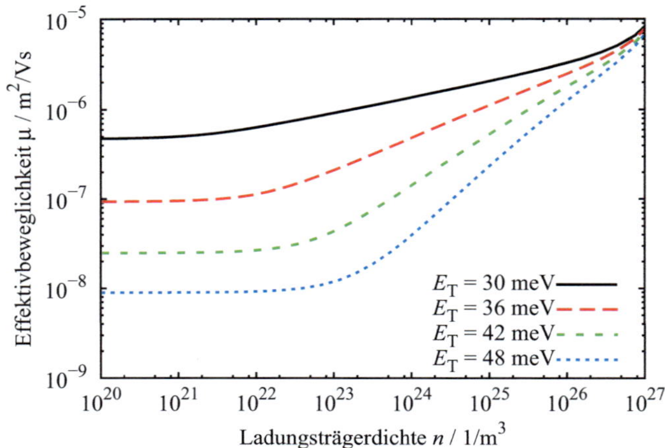

Abb. 8.1.2: Berechnete *steady-state* Effektivbeweglichkeiten für verschiedene charakteristische Energien E_T in Abhängigkeit von der Ladungsträgerdichte. Die freie Beweglichkeit ist $\mu_0 = 7.6 \cdot 10^{-5}\,\mathrm{m^2/Vs}$.

Energie E_T, wie in Abbildung 8.1.2 dargestellt. Mit zunehmender charakteristischer Energie sind verhältnismäßig mehr tiefe Trapzustände vorhanden, weswegen zum einen die Effektivbeweglichkeit deutlich reduziert ist und zum anderen die Zunahme mit steigender Dichte stärker ausfällt. Aus dem Exponentialfaktor in der Detrappingrate nach Gleichung 5.2.4, in den die energetische Tiefe der Traps eingeht, erklärt sich die starke Abnahme der Beweglichkeit bei zunehmender Größe von E_T.

Prinzipiell sollten sich daher aus dichteabhängigen Messungen der Effektivbeweglichkeit anhand der Steigung der Kurven Aussagen über die Verteilung der Trapzustände sowie die Tiefe der Trapniveaus machen lassen.

8.1.3 Vergleich mit dem Experiment

In Ref. [190] wurde eine effektive Zunahme der Beweglichkeit mit steigender Ladungsträgerdichte anhand von Ladungsträger-Extraktionsmessungen (engl. *charge-extraction technique*) an P3HT:PCBM Solarzellen gemessen, wie in Abbildung 8.1.3 dargestellt. Die Autoren dieser Arbeit führen die gemessene

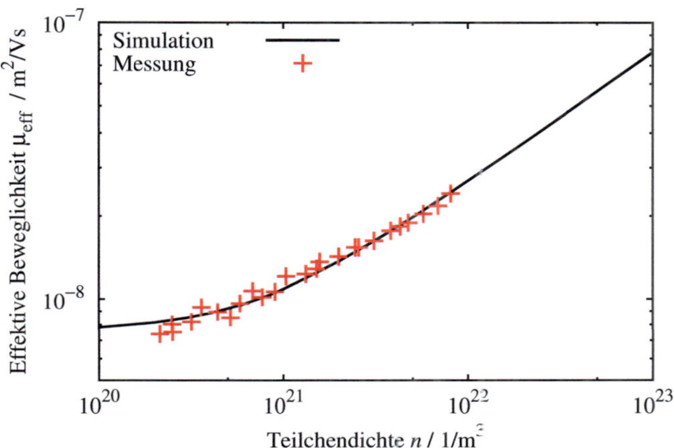

Abb. 8.1.3: Vergleich der angefitteten und der in Ref. [190] gemessenen dichteabhängigen Beweglichkeit in P3HT:PCBM.

Beweglichkeit auf den Transport der Löcher in P3HT zurück, wobei dies lediglich durch den Vergleich bzw. der Übereinstimmung der extrahierten Beweglichkeiten mit Werten aus der Literatur begründet wird. Prinzipiell lässt sich jedoch mit der verwendeten Methode nicht zwischen Elektronen- bzw. Löcherbeweglichkeit unterscheiden.

In Abbildung 8.1.3 ist zusätzlich zu den Messdaten nach Ref. [190] eine daran angefittete dichteabhängige Beweglichkeit nach Gleichung 8.1.1 eingezeichnet. Wie aus Gleichung 8.1.3 ersichtlich, ist das Besetzungsverhältnis und damit die effektive Beweglichkeit lediglich von der Beweglichkeit der freien Ladungsträger, der Trapdichte in dem entsprechenden Material und der freien Zustände sowie der energetischen Verteilung der Trap-Zustände abhängig und somit unabhängig von dem Trapping-Ratenkoeffizienten r_0. Ein weiterer Freiheitsgrad ist die Lage des energetisch tiefsten, berücksichtigten Trapniveaus. Dies definiert insbesondere, ab welcher minimalen Dichte die Beweglichkeit aufgrund der Sättigung tief liegender Zustände zu steigen beginnt. Eine derartige Sättigung zeigt sich jedoch nicht in den gemessenen Daten in Ref. [190], was auf energetisch noch tiefere Trapzustände hindeutet. Derar-

Tab. 8.1.2: Die aus der Fit-Routine extrahierten Werte, mit der sich die simulierte Effektivbeweglichkeit in Abbildung 8.1.3 ergibt.

Parameter	Symbol	Wert
Freie Beweglichkeit	μ_0	$7.6 \cdot 10^{-5}\,\mathrm{m^2/Vs}$
Trapzustandsdichte	N_{trap}	$9.9 \times 10^{26}\,\mathrm{m^{-3}}$
Charakteristische Energie	E_{T}	$38\,\mathrm{meV}$
Freie Transportzustandsdichte	N	$2.5 \cdot 10^{27}\,\mathrm{m^{-3}}$
Temperatur	T	$300\,\mathrm{K}$
Tiefstes Trapniveau	E_{deep}	$645\,\mathrm{meV}$

tige noch tiefere Trapzustände wirken sich jedoch aufgrund der energetisch exponentiell abfallenden und damit sehr geringen Dichte kaum noch auf die simulierten Kennlinien aus.

Für die Anpassungs-Routine werden die Beweglichkeit und die freie Zustandsdichte fest gehalten, während die weiteren Parameter aus dem Vergleich extrahiert werden. Wie sich in Abbildung 8.1.3 zeigt, lässt sich eine gute Übereinstimmung der dichteabhängigen effektiven Beweglichkeit mit den gemessenen Werten erreichen. Die aus der Anpassungs-Routine extrahierten Werte sind in Tabelle 8.1.2 aufgelistet. Da die Löcherbeweglichkeit mit den extrahierten Simulationswerten aus den transienten Messungen bei Raumtemperatur um ca. zwei Größenordnungen tiefer liegen als die gemessenen Daten in Abbildung 8.1.3, werden als Ausgangspunkt der Fit-Routine die Simulationsparameter der Elektronen aus der transienten Simulation angenommen. Unabhängig von den exakten Werten zeigt der Vergleich, dass die im Experiment gemessene Zunahme der Beweglichkeit mit der Dichte sich im Rahmen des *Multiple-Trapping*-Modells vergleichbar ergibt.

8.2 Tieftemperaturverhalten der J-U-Kennlinie in Vorwärtsrichtung

Wie im vorherigen Abschnitt 8.1 diskutiert, wirken sich die Traps insbesondere bei tiefen Temperaturen sehr deutlich auf die Reduktion der Beweglichkeit aus. Im *steady-state* Fall und bei vernachlässigbarer Rekombination hat eine temperaturabhängige Beweglichkeit jedoch in Rückwärtsrichtung kaum Einfluss auf die J-U-Kennlinien, da alle photogenerierten Ladungsträger unabhängig von ihrer Beweglichkeit extrahiert werden[1]. Jedoch lassen sich in Vorwärtsrichtung große temperaturabhängige Unterschiede in der Strom-Spannungs-Kennlinie erwarten, da mit temperaturabhängiger Zunahme der Beweglichkeit der Theorie des raumladungsbegrenzten Stroms (SCLC) (vergleiche Gleichung 2.2.37) nach ein größerer Strom durch die aktive Schicht transportiert werden kann. Hinzu kommen die Temperaturabhängigkeit des Diffusionsstroms sowie des Injektionsstroms, die sich ebenfalls in Vorwärtsrichtung sehr wesentlich auf die J-U-Kennlinie auswirken kann [113].

8.2.1 Experimente

In Abbildung 8.2.1 sind experimentelle J-U-Kennlinien organischer P3HT:PCBM Solarzellen in Vorwärtsrichtung dargestellt, die von Andreas Pütz und Tobias Rickelhoff am Lichttechnischen Institut (LTI) gemessen wurden. Experimentell ließen sich im Rahmen der Arbeit am LTI Solarzellen-Kennlinien in einem Temperaturintervall von ca. $T = 278\,\mathrm{K}$ bis $T = 373\,\mathrm{K}$ charakterisieren. In den gemessenen Kennlinien zeigt sich eine deutliche Abnahme der Stromdichte um nicht ganz eine Zehnerpotenz bei der Spannung $U = 1\,\mathrm{V}$ mit sinkender Temperatur von $T = 373\,\mathrm{K}$ auf $T = 278\,\mathrm{K}$. In den Kennlinien lässt sich weder ein eindeutiges Verhalten des SCLCs, noch ein ideal ohmsches Verhalten bei kleinen oder großen Spannungen erkennen. Um dies zu verdeutlichen, sind in Abbildung 8.2.1 zusätzlich zwei Ausgleichsgeraden an die doppeltlogarithmisch aufgetragenen Messdaten für große Spannungen von $U = 4\,\mathrm{V}$ bis $U = 10\,\mathrm{V}$ für die kleinste und größte Temperatur eingezeichnet. Die Steigungen betragen $m = 1.79$ bei einer Temperatur von $T = 278\,\mathrm{K}$ und $m = 1.49$ bei $T = 373\,\mathrm{K}$.

Die genannten Temperaturunterschiede werden signifikant größer bei noch tieferen Temperaturen. Dies verdeutlicht Abbildung 8.2.2, in der die aus Ref. [98] entnommenen Messungen der Stromdichte an P3HT:PCBM Solarzellen

---

[1]Weitere temperaturabhängige Effekte wie z.B. eine mögliche temperaturabhängige Absorption bzw. eine temperaturabhängige Injektion in Rückwärtsrichtung werden vernachlässigt.

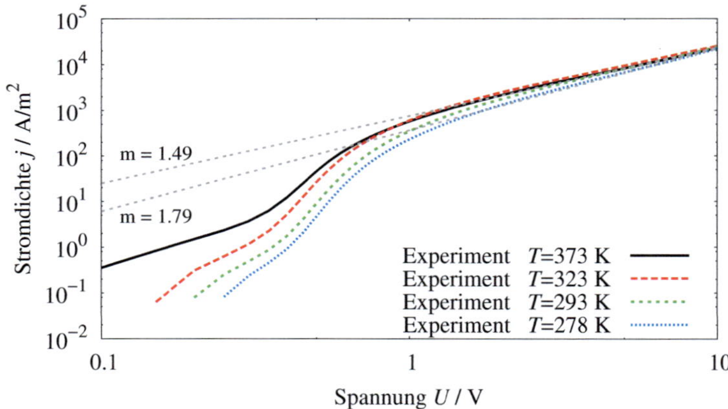

Abb. 8.2.1: Doppeltlogarithmische Darstellung der am LTI gemessenen J-U-Kennlinien einer P3HT:PCBM Solarzelle in Vorwärtsrichtung für verschiedene Temperaturen im Dunkelfall. Die Schichtdicke der aktiven Schicht beträgt $d = 200\,nm$ und die Fläche der Solarzelle $A = 10.5\,mm^2$. Zusätzlich eingezeichnet sind die Ausgleichsgeraden an die doppeltlogarithmisch aufgetragenen Messdaten für große Spannungen mit den Steigungen $m = 1.79$ und $m = 1.49$ für die kleinste und größte Temperatur.

in einem Temperaturintervall von $T = 150\,K$ bis $T = 361\,K$ dargestellt sind. Die Stromdichte ändert sich in dem untersuchten Temperaturintervall um knapp vier Zehnerpotenzen bei einer Spannung von $U = 1\,V$. Die eingezeichneten gestrichelten Linien in Abbildung 8.2.2 haben die Steigung 1, was einem linearen Strom-Spannungsverlauf entspricht (ohmsches Verhalten). Die gepunkteten Linien haben die Steigung 2, was einer quadratischen Abhängigkeit des Stroms von der Spannung zugeordnet werden kann (raumladungsbegrenztes Verhalten).

Der gemessene Stromdichteverlauf in Abbildung 8.2.2 deckt sich mit den in Abschnitt 2.2.4 vorgestellten unterschiedlichen Transportregimen in Vorwärtsrichtung. Nach einem ohmschen Stromdichteverlauf bei kleinen Spannungen schließt sich ein stark temperaturabhängiger, injektionslimitierter Bereich an, der sich durch einen starken Anstieg der Stromdichte mit zunehmender Spannung bemerkbar macht. Der Argumentation in Ref. [98] folgend, lässt sich daran im Anschluss zunehmend ein raumladungsbegrenztes Transportregime

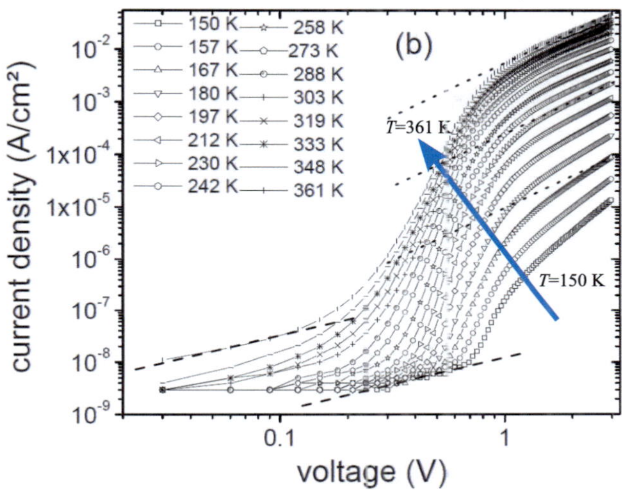

Abb. 8.2.2: Doppeltlogarithmische Darstellung der gemessenen J-U-Kennlinien in Vorwärtsrichtung einer organischen P3HT:PCBM Solarzelle mit einer Schichtdicke von $d = 100\,\mathrm{nm}$ für verschiedene Temperaturen aus Ref. [98].

(SCLC) identifizieren, was sich bei hohen Temperaturen anhand der Steigung 2 der J-U-Kennlinie bei doppeltlogarithmischer Auftragung zeigt. Bei kleineren Temperaturen zeigt sich in diesem Spannungsbereich ein deutlich steilerer Anstieg der Stromdichte mit der Spannung mit einer Strom-Spannungs-Proportionalität $J \sim U^m$ mit $m > 2$. Dies ist zum einen konsistent mit einem trap-raumladungsbegrenzten Verhalten der Stromdichte (TSCLC), wie in Ref. [98] diskutiert. Zum anderen kann dieser steilere Anstieg jedoch noch einem injektionslimitierten Verhalten zugeordnet werden, welches stark temperaturabhängig ist. Dies wird im Folgenden anhand der Simulationsergebnisse diskutiert. Für sehr große Spannungen erwartet man wieder einen linearen Strom-Spannungsverlauf in den Kennlinien, da der Einfluss des externen Widerstands zunehmend dominiert. Dieses Verhalten zeigt sich jedoch nicht in den gemessenen Kennlinien.

In Abbildung 8.2.1 zeigt sich ein deutliches Zusammenlaufen der temperaturabhängigen Stromdichten für große Spannungen. Aus den Kennlinien

Tab. 8.2.1: Für die Simulation der *steady-state* J-U-Kennlinien verwendete Satz an Simulationsparametern, der nahezu identisch zu den Ergebnissen aus den transienten Impulsantworten gewählt ist. Kleine Unterschiede rühren von der zeitgleichen Bearbeitung der unterschiedlichen Themengebiete her.

Parameter	Symbol	Wert
Elektronenbeweglichkeit	μ_e	$7.6 \times 10^{-5}\,\mathrm{m^2/Vs}$
Löcherbeweglichkeit	μ_h	$2.2 \times 10^{-6}\,\mathrm{m^2/Vs}$
Trapzustandsdichte im Akzeptor	$N_{\mathrm{trap,a}}$	$1.8 \cdot 10^{27}\,\mathrm{m^{-3}}$
Trapzustandsdichte im Donor	$N_{\mathrm{trap,d}}$	$1.2 \cdot 10^{27}\,\mathrm{m^{-3}}$
Externer Widerstand	R	$2.5\,\Omega$
Charakteristische Energie im Akzeptor	$E_{\mathrm{T,A}}$	$36\,\mathrm{meV}$
Charakteristische Energie im Donor	$E_{\mathrm{T},D}$	$65\,\mathrm{meV}$
Langevin-Korrekturfaktor	R_{fac}	1
Akzeptor-Ratenkoeffizient	$r_{0,e}$	$3 \times 10^{-15}\,\mathrm{m^3/Vs}$
Donor-Ratenkoeffizient	$r_{0,h}$	$4.2 \times 10^{-16}\,\mathrm{m^3/Vs}$
Freie Transportzustandsdichte	$N_{\mathrm{D,A}}$	$2.5 \cdot 10^{27}\,\mathrm{m^{-3}}$
Freie Zustandsdichte für die Injektion	N_0	$2 \times 10^{21}\,\mathrm{m^{-3}}$
Injektionsbarriere	$\phi_{e,h}$	$130\,\mathrm{meV}$
Built-in-Spannung	U_{bi}	$-0.7\,\mathrm{V}$

in Abbildung 8.2.2 lässt sich leider keine Aussage über das Stromdichteverhalten bei großen Spannungen treffen, da die Kennlinien lediglich bis zu einer Spannung von $U = 3\,\mathrm{V}$ in Vorwärtsrichtung gemessen wurden. Es lässt sich jedoch auch über einen größeren Temperaturbereich bis hin zu tiefen Temperaturen ein Zusammenlaufen der Kennlinien erwarten, extrapoliert man die gemessenen Kennlinien in Abbildung 8.2.2 zu großen Spannungen hin. Ein Zusammenlaufen der Kennlinien erklärt sich z.B. im Rahmen des trapraumladungsbegrenzten Stroms dadurch, dass mit zunehmender Spannung und damit zunehmender Stromdichte alle Traps gefüllt werden und sich die effektiven Beweglichkeiten der maximalen Beweglichkeit (vergleichbar mit der trapfreien Beweglichkeit) zunehmend annähern.

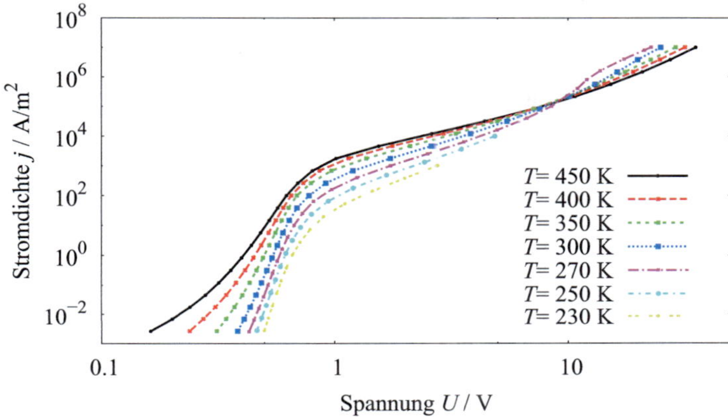

Abb. 8.2.3: Doppeltlogarithmische Darstellung der mit dem thermionischen Emissionsmodell nach Barker simulierten J-U-Kennlinien für verschiedene Temperaturen im Dunkelfall in Vorwärtsrichtung. Der serielle Widerstand ist hierbei auf Null gesetzt.

8.2.2 Simulationen mit dem thermionischen Emissionsmodell nach Barker

In Abbildung 8.2.3 sind die mit dem thermionischen Emissionsmodell nach Barker[2] simulierten J-U-Kennlinien für eine Solarzelle mit der Schichtdicke $d = 200\,\mathrm{nm}$ in Vorwärtsrichtung für verschiedene Temperaturen im Dunkelfall dargestellt. Die Simulationsparameter sind nahezu identisch zu den aus den transienten Untersuchungen extrahierten Werte gewählt, wobei sich leich-

---

[2]Wie Ergebnisse im Rahmen der Diplomarbeit von Jan Mescher gezeigt haben [160], kommt es bei hohen Stromdichten bei Modellierung im Rahmen des thermionischen Emissionsmodells nach Barker zu einer Anstauung der Ladungsträger an der Elektrode, an der sie extrahieren, wenn die Transportrate ($j \sim en\mu E$) der Ladungsträger im Material größer als die Extraktionsrate nach Gleichung 3.2.17 ist. Eine derartige Extraktionsbarriere ist aber physikalisch äußerst fragwürdig, da bei positivem Feld die Extraktion der Ladungsträger aufgrund der Vielzahl der energetisch frei zur Verfügung stehenden Zustände in der Metallelektrode vielmehr barrierefrei sein sollte. Für die Simulationen in diesem Kapitel werden daher an der Extraktionsseite (auf der Anodenseite bzw. Kathodenseite für die Elektronen bzw. Löcher) ohmsche Randbedingungen nach Gleichung 3.2.12 bzw. 3.2.15 mit einer großen Energiebarriere ($E_{\mathrm{gap,A,K}} \gg k_B T$) angenommen, während auf der Injektionsseite das thermionische Injektionsmodell nach Barker angewendet wird. Die veränderten Randbedingungen an der Extraktionsseite haben in Vorwärtsrichtung kaum Einfluss auf die J-U-Kennlinen, jedoch wird das unphysikalische Anstauen der Ladungsträger bei hohen Stromdichten verhindert. Es sei angemerkt, dass eine feldabhängige Ladungsträgerinjektion in Rückwärtsrichtung im Rahmen dieses modifizierten Modells jedoch nicht berücksichtigt werden kann.

te Unterschiede in den jeweiligen Parametern aus der parallel durchgeführten Bearbeitung der zwei Themengebiete bedingen. Die tatsächlich verwendeten relevanten Simulationsparameter sind in Tabelle 8.2.1 aufgelistet. Die Parameter N_0 und $\phi_{e,h}$ des Injektionsmodells nach Gleichung 3.2.19 werden hierbei als Fitparameter verwendet und sind dabei so gewählt, dass die simulierten Kennlinien mit den am LTI durchgeführten und in Abbildung 8.2.1 dargestellten Messungen hinreichend gut übereinstimmen.

Es zeigt sich ein zu den Messungen in Abbildung 8.2.1 qualitativ übereinstimmendes Verhalten der Stromdichte in Abhängigkeit von der Temperatur. Für kleine Spannungen unterhalb von ca. $U = 1\,\mathrm{V}$ steigt die Stromdichte mit zunehmender Spannung sehr steil an, während sie gleichzeitig bei höherer Temperatur deutlich größer ist als bei kleiner Temperatur. Bei kleinen Spannungen in Vorwärtsrichtung ist die Stromdichte diffusionsgetrieben und daher aufgrund der Diffusionskonstante nach der Einstein-Relation $D = \mu k_\mathrm{B} T / e$ linear von der Temperatur abhängig. Mit steigender Spannung und damit ansteigender Feldstärke addiert sich zunehmend der Driftstrom, weswegen die Stromdichte steil ansteigt. Mit weiter zunehmender Spannung überwiegt nunmehr der Driftstrom und die Stromdichte ist im Wesentlichen nur durch die Injektion limitiert. Unter der Annahme gleicher Randbedingungen (N_0 und $\phi_{e,h}$) für die Injektion der Elektronen und Löcher ist dabei die Stromdichte aufgrund der Abhängigkeit der Injektion von der Beweglichkeit von der schnelleren Ladungsträgersorte, den Elektronen, dominiert.

Der Injektionsstrom ist nach Gleichung 3.2.19 mit dem reduzierten elektrischen Feld $f = eEr_\mathrm{C}/k_\mathrm{B}T$ proportional zu $(k_\mathrm{B}T)^2 \cdot \exp\left(-\Phi_{e,h}/k_\mathrm{B}T\right)\exp\left(\sqrt{f}\right)$ und damit stark temperaturabhängig. In Analogie zur Diskussion in 6.1.2 ist der relative Unterschied des Injektionsstroms zwischen zwei Temperaturen bei einer großen Barriere ϕ größer als bei einer kleinen Barriere (vergl. Abbildung 6.1.2). Für kleine Spannungen überwiegt der Vorfaktor $(k_\mathrm{B}T)^2$, weswegen die Stromdichte für größere Temperaturen größer ist als für kleine Temperaturen. Mit zunehmender Spannung überwiegt jedoch zunehmend der exponentielle Term $\exp\left(\sqrt{f}\right)$, dessen Beitrag mit steigendem Feld für kleine Temperaturen schneller dominant wird als für große Temperaturen. Ursächlich hierfür ist die größere Abhängigkeit des Injekti-

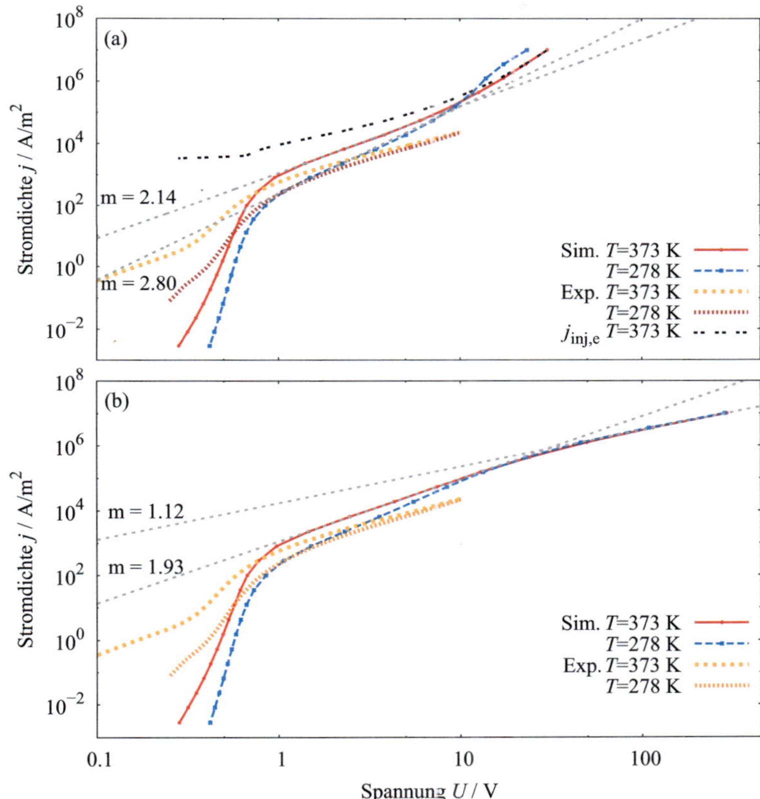

Abb. 8.2.4: Vergleich der simulierten mit gemessenen J-U-Kennlinien für zwei Temperaturen $T = 5\,°C$ ($T = 278\,K$) und $T = 100\,°C$ ($T = 373\,K$) im Dunkelfall in Vorwärtsrichtung. In Unterabbildung (a) ist zusätzlich der Elektronen-Injektionsstrom eingezeichnet, während der serielle Widerstand auf Null gesetzt ist. In Unterabbildung (b) ist der experimentell gemessene serielle Widerstand von $R = 2.5\,\Omega$ bei einer Solarzellenfläche von $A = 10.5\,mm^2$ auch in den Simulationen berücksichtigt.

onsstroms von der Injektionsbarriere bei kleinen Temperaturen. Dies erklärt das Kreuzen der Stromdichten in Abbildung 8.2.3 bei einer Spannung von ca. $U = 9\,\mathrm{V}$ und damit die größere Stromdichte bei kleinen Temperaturen für große Spannungen. Dabei sei angemerkt, dass derartiges Verhalten in Messungen nicht einfach zu identifizieren wäre, da bei großen Strömen der Einfluss eines immer vorhandenen seriellen Widerstands zunehmend überwiegt. Um den zuletzt genannten Punkt zu verdeutlichen, sind in den Abbildungen 8.2.4a und 8.2.4b jeweils für die Temperaturen $T = 278\,\mathrm{K}$ und $T = 373\,\mathrm{K}$ die gemessenen Kennlinien sowie die mit den gleichen Parametern wie in Abbildung 8.2.3 simulierten Kennlinien jeweils mit und ohne Berücksichtigung eines seriellen Widerstands dargestellt. Für eine realistische Vergleichbarkeit werden hierbei in den Simulationen die gemessenen Werte des Widerstands[3] von $R = 2.5\,\Omega$ sowie einer Solarzellenfläche von $A = 10.5\,\mathrm{mm}^2$ der am LTI durchgeführten Experimente angenommen. Ist der Spannungsabfall am externen Widerstand bei großen Stromdichten gegenüber der angelegten Spannung nicht mehr vernachlässigbar klein, so knickt die Stromdichte ab und die Steigung der Stromdichte nähert sich mit zunehmender Spannung immer mehr $m = 1$ an. Wie sich in 8.2.4b zeigt, liegen die Kennlinien für verschiedene Temperaturen dabei nahe beieinander, weswegen ein temperaturabhängiger Unterschied bei großen Stromdichten im Experiment kaum zu differenzieren ist.

Die Abhängigkeit der simulierten Stromdichte von der Injektion der Elektronen zeigt sich auch sehr deutlich in Abbildung 8.2.4a, in der zusätzlich zu den simulierten und gemessenen Kennlinien noch der Elektronen-Injektionsstrom in Abhängigkeit von der mittleren elektrischen Feldstärke $(E = U/d)$ multipliziert mit der Schichtdicke d für $T = 373\,\mathrm{K}$ eingezeichnet ist. Die Stromdichte ist im Wesentlichen proportional zum Injektionsstrom, wobei sich die Differenz des Injektionsstroms zu der simulierten Stromdichte bei kleinen Spannungen aus dem Rekombinationsanteil der Gesamt-Injektionsstromdichte nach Gleichung 3.2.17 erklärt. Im Umkehrschluss bedeutet dies jedoch, dass sich in den Simulationen zu keinem Zeitpunkt ein

---

[3]Der Wert für den Widerstand wurde aus Mittelung von Messungen an Blindsubstraten ohne aktive Schicht aus dem linearen Verlauf der Strom-Spannungs-Kennlinie extrahiert.

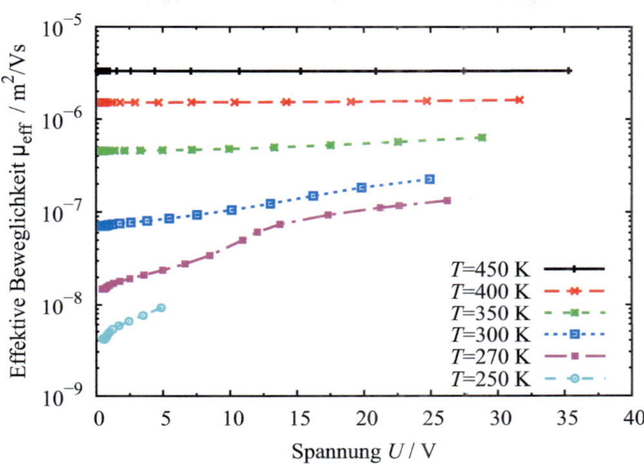

Abb. 8.2.5: Aus den Simulationen sich ergebende Effektivbeweglichkeit der Elektronen in Abhängigkeit von der Spannung für verschiedene Temperaturen in Vorwärtsrichtung.

raumladungsbegrenztes Verhalten zeigt, sondern die Stromdichte für den simulierten Spannungsbereich immer injektionslimitiert ist[4].

Betrachtet man die in Abbildung 8.2.4a eingezeichneten Steigungen der Kennlinien bis zu einer Spannung von ca. $U = 10\,\text{V}$, so ist diese für die Temperatur $T = 278\,\text{K}$ mit $m = 2.80$ deutlich größer als bei $T = 373\,\text{K}$ mit $m = 2.14$. Die Steigung bei der höheren Temperatur ist dabei nahe der Steigung $m = 2$ und könnte fälschlicherweise als raumladungsbegrenzter Strom interpretiert werden. Ebenso ließe sich die größere Steigung bei kleinen Temperaturen im Rahmen von trap-raumladungsbegrenztem Strom interpretieren. Wie die Simulationen zeigen, sind die gezeigten Abhängigkeiten von der Spannung jedoch nicht zwingend auf ein raumladungsbegrenztes Verhalten zurückzuführen, sondern können wie in dem dargestellten Fall ausschließlich auf eine temperaturabhängige Injektion zurückgeführt werden.

---

[4]Die simulierte Injektionsstromdichte ist in Wirklichkeit größer als die in Abbildung 8.2.4a eingezeichnete, feldgemittelte Injektionsstromdichte. Aufgrund einer raumladungsbedingten, lokal erhöhten elektrischen Feldstärke auf der Kathodenseite ist die Injektionsstromdichte der Elektronen größer als bei einer homogenen Feldverteilung.

Insbesondere der gemessene und simulierte steilere Anstieg mit $m > 2$ bei tiefen Temperaturen ist nicht auf eine Sättigung der Traps und der damit verbundenen starken Zunahme der Beweglichkeit zurückzuführen. Dies zeigt die simulierte Effektivbeweglichkeit der Elektronen in Abhängigkeit von der Spannung in Abbildung 8.2.5. So steigt zwar die Effektivbeweglichkeit mit zunehmender Spannung an, jedoch ist der Einfluss auf die Stromdichte vernachlässigbar gegenüber der feldabhängigen Zunahme der Injektion. Dabei sei angemerkt, dass in dem Injektions- sowie Rekombinationsterm nach Barker in Gleichung 3.2.19 bzw. 3.2.17 die freien Beweglichkeiten eingehen, nicht jedoch die Effektivbeweglichkeiten. Im Rahmen dessen ist also die Temperaturabhängigkeit nahezu vollständig auf die direkte Temperaturabhängigkeit des Injektionsstroms nach Gleichung 3.2.19 zurückzuführen und nur unwesentlich dem Einfluss der Traps zuzuordnen. Somit ist der maßgebende Term für die temperaturabhängige Differenz in der Stromdichte in den Simulationen die Injektionsbarriere ϕ.

Vielmehr wirkt sich die aus Abbildung 8.2.5 ersichtliche starke Abnahme der Effektivbeweglichkeit von ca. $\mu = 2 \cdot 10^{-6}\,\mathrm{m^2/Vs}$ bei einer Temperatur von $T = 450\,\mathrm{K}$ auf ca. $\mu = 1 \cdot 10^{-8}\,\mathrm{m^2/Vs}$ bei $T = 270\,\mathrm{K}$ bei einer Spannung von $U = 5\,\mathrm{V}$ auf die Dichte der Ladungsträger im Bauteil aus. In Folge der, je nach Spannung, sehr starken temperaturabhängigen Differenz der Effektivbeweglichkeit sind bei kleinen Temperaturen deutlich mehr Ladungsträger im Bauteil vorhanden als bei großen Temperaturen, was sich wiederum auf die lokale Feldverteilung auswirken kann. Insbesondere wirkt sich dies aber auch auf den Rekombinationsterm bei der Injektion aus, der proportional zu der am Rand befindlichen Ladungsträgerdichte ist. Dies erklärt das leichte Abflachen der Kennlinien bei sehr hohen Spannungen über $U = 20\,\mathrm{V}$ in Abbildung 8.2.4a bei der Temperatur von $T = 278\,\mathrm{K}$, da die hohe Ladungsträgerdichte zu einer reduzierten netto Injektionsstromdichte führt. Weitere lokale Feldverzerrungen können ebenfalls in Abhängigkeit von der Temperatur, der Spannung bzw. der Ladungsträgerdichte auftreten, die sich wiederum in einer komplexen Weise auf das Injektionsverhalten auswirken können.

Bei sehr hohen Strömen, wenn raumladungsbegrenzter Strom erreicht

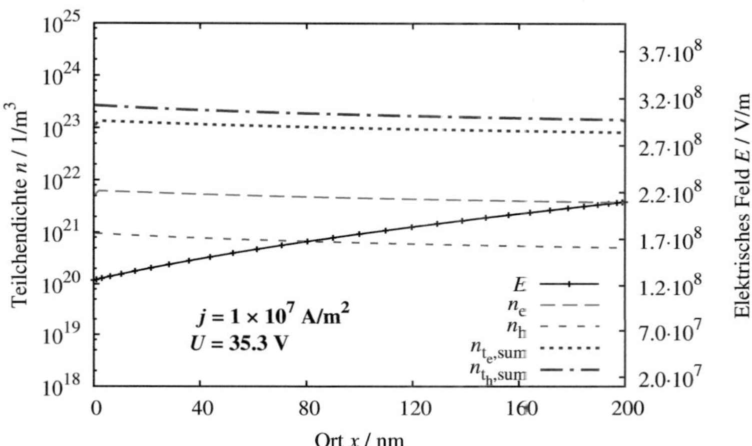

Abb. 8.2.6: Simulierte Dichte- und Feldverteilung in der aktiven Schicht bei der Stromdichte $j = 10^7\,\text{A/m}^2$ bei einem Rekombinationsfaktor von $R_{\text{fac}} = 1$ und der Temperatur $T = 450\,\text{K}$.

werden sollte, dürfte die Effektivbeweglichkeit bei allen Temperaturen eine maßgebliche Rolle spielen. Dies ist aber sowohl experimentell als auch auf Seiten der Simulation äußerst anspruchsvoll und konnte daher bisher noch nicht untersucht werden.

Diskussion von raumladungsbegrenztem Strom

Ein Blick auf die ortsabhängigen Teilchendichten der freien ($n_{\text{e,h}}$) und die Summe der getrappten Ladungsträger ($n_{\text{t,e,h,sum}}$) sowie die Feldverteilung in der aktiven Schicht verdeutlicht, dass, wie bereits weiter oben beschrieben, mit den Simulationsparametern aus Tabelle 8.2.1 kein raumladungsbegrenzter Strom im untersuchten Spannungsbereich auftritt. Wie in Abbildung 8.2.6 für die Temperatur $T = 450\,\text{K}$ und die Stromdichte $j = 10^7\,\text{A/m}^2$ dargestellt, tritt an den Rändern auch bei einer hohen Stromdichte von $j = 10^7\,\text{A/m}^2$ keine Feldreduktion aufgrund der injizierten Ladungsträger auf. Die Feldverteilung ist hierbei von den getrappten Ladungsträgern der effektiv langsameren Ladungsträgersorte und damit von den Löchern dominiert. Dies erklärt sich aus der Proportionalität der Driftstromdichte zur Ladungsträgerdichte bzw. der Beweglichkeit: $j_{\text{drift}} \sim n \cdot \mu$. Da kein Feldeinbruch vorhanden ist, ist der im Bauteil fließende Strom lediglich von der feldabhängigen Injektion der Elektronen limitiert und folglich nicht raumladungsbegrenzt.

Hierbei muss beachtet werden, dass in einer realen Solarzelle bipolarer Ladungsträgertransport auftritt, wohingegen das klassische SCLC Verhalten für unipolaren Ladungsträgertransport hergeleitet ist [59]. Da in der Simulation nur bimolekulare Rekombination der freien Ladungsträger angenommen ist, ist diese aufgrund der geringen Dichte der freien Ladungsträger im Vergleich zu den getrappten Ladungsträgern stark reduziert gegenüber einer Modellierung ohne Traps. Dies führt dazu, dass sich im *steady-state* im Bauteil insgesamt eine hohe Ladungsträgerdichte ansammelt und damit sich auch insbesondere viele Elektronen an der Anode (linke Seite) sowie Löcher an der Kathode (rechte Seite) befinden. Die Raumladungen kompensieren sich daher gegenseitig. Die Raumladungen der Elektronen verringern die elektrische Feldstärke an der Kathodenseite (Elektronen-Injektionsseite), erhöhen jedoch die Feldstärke am Rand zur Anodenseite (Elektronen-Extraktionsseite). Gleiches gilt umgekehrt für die Löcher. Daher kommt es nicht zu dem, für raumladungsbegrenzten Strom zwingend notwendigen, starken Feldstärkeeinbruch nahe der Elektroden, wie in Abbildung 8.2.6 ersichtlich. Darin begründet sich, dass bei bipolarem Ladungsträgertransport und geringer Rekombination kein raumladungsbegrenzter Strom zu erwarten ist.

SCLC kann erst dann in bipolaren Bauteilen auftreten, wenn Rekombination dazu führt, dass hinreichend viele Ladungsträger in der aktiven Schicht rekombinieren. Infolgedessen gelangen die injizierten Ladungsträger nicht bis zur gegenüberliegenden Elektrode, da die Rekombination eine an einem Ort gleichzeitig hohe Dichte an Elektronen und Löchern verhindert. Somit kompensieren sich die Raumladungen nicht mehr gegenseitig. Dies führt zu einer Feldstärkeverteilung, die für große Stromdichten am Rand signifikant kleiner ist als in der Mitte der aktiven Schicht. Dieses Verhalten ist in Abbildung 8.2.7 dargestellt, in der die simulierte Dichte- und Feldverteilung in der aktiven Schicht bei der Stromdichte $j = 10^6\,\text{A/m}^2$ und einem angenommenen Rekombinationsfaktor von $R_{\text{fac}} = 100$ dargestellt ist. Der Feldstärkeeinbruch

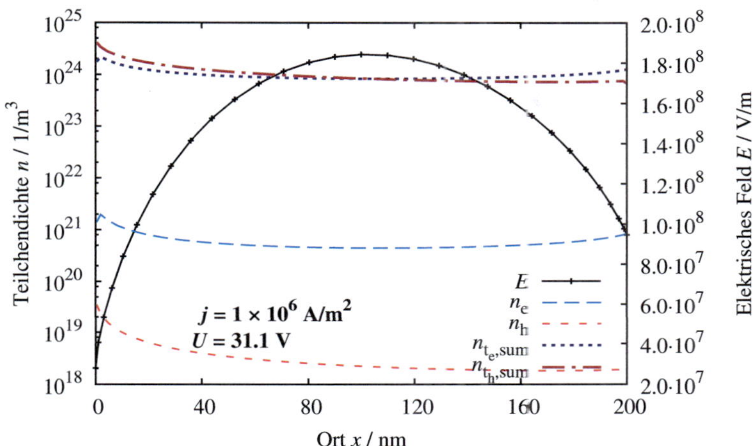

Abb. 8.2.7: Simulierte Dichte- und Feldverteilung in der aktiven Schicht bei der Stromdichte $j = 10^6\,\text{A/m}^2$ und einem Rekombinationsfaktor von $R_{\text{fac}} = 100$ und der Temperatur $T = 270\,\text{K}$.

am Rand führt zu einer reduzierten Injektion und infolgedessen zu einer reduzierten Stromdichte. Für sehr große Ströme könnte sich dann SCLC ergeben, wenn die injizierte Ladungsträgerdichte so groß ist, dass diese das elektrische Feld am Rand nahezu vollständig abschirmt. Derart große Ströme lassen sich aber aufgrund der bei höheren Stromdichten exorbitant zunehmenden Rechenzeiten nicht mehr im Rahmen des implementierten Modells berechnen[5].

Die Reduktion der elektrischen Feldstärke führt aber schon zu einem deutlich geringeren Anstieg der Stromdichte in Abhängigkeit der Spannung, wie in Abbildung 8.2.8 ersichtlich. Die Steigung der Stromdichte für große Spannungen ist dabei für kleine Temperaturen größer als zwei, bzw. in dem eingezeichneten Fall bei der Temperatur $T = 300\,\text{K}$ genau $m = 2.57$. Die leichte Krümmung bei hohen Temperaturen und hohen Strömen deutet dabei wieder an, dass noch keine wirkliche Raumladungsbegrenzung im Sinne des SCLCs vorhanden ist. Vielmehr ist die Stromdichte zum einen noch injektionslimitiert, jedoch auch von der sich zunehmend aufbauenden

---

[5]Die maximale für das beantragte Projekt der „Simulation organischer Solarzellen und Photodioden" gewährte Rechenzeit am Rechenzentrum Karlsruhe beträgt 4300 min bzw. ca. 72 Stunden.

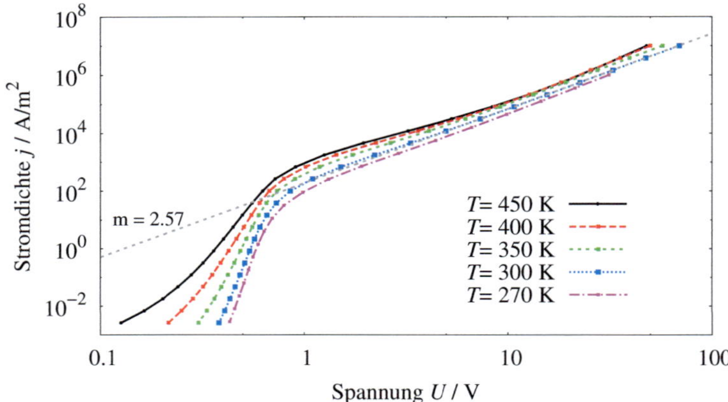

Abb. 8.2.8: Doppeltlogarithmische Darstellung der mit dem thermionischen Emissionsmodell nach Barker simulierten J-U-Kennlinien für verschiedene Temperaturen im Dunkelfall in Vorwärtsrichtung mit einem erhöhten Rekombinationsfaktor von $R_{\mathrm{fac}} = 100$.

Raumladung begrenzt. Bei noch größerer Rekombination lässt sich immer mehr der SCLC mit Steigungen nahe zwei erwarten, wobei die Steigungen aufgrund der trapbedingten Zunahme der Effektivbeweglichkeit immer leicht größer als zwei sein sollten (TSCLC).

Da man jedoch bei organischen Solarzellen generell an Materialien mit einer geringen Rekombinationsrate interessiert ist, stellt sich die Frage, ob SCLC im Experiment und bei bipolarem Ladungsträgertransport überhaupt erreicht werden kann, bevor aufgrund des Einflusses des externen Widerstands das ohmsche Verhalten die Stromdichte dominiert. Die vorangehend diskutierten Ergebnisse stellen somit auch die Interpretation des SCLC Verhaltens der Kennlinien in Abbildung 8.2.2 in Frage. So weisen die Kennlinien zwar bei hohen Temperaturen eine Steigung nahe $m = 2$ auf, was aber möglicherweise allein auf eine feldabhängige Injektion zurückzuführen ist. Diese These wird unterstützt, wenn man sich die Kennlinien aus Abbildung 8.2.2 genauer betrachtet, denn es zeigen sich Abweichungen der Stromdichte von der eingezeichneten Geraden mit der Steigung $m = 2$.

8.2.3 Simulation mit Effektivbeweglichkeiten

Eine mögliche Schwäche des verwendeten Injektionsmodells im Zusammenwirken mit Traps und *Multiple-Trapping* ist die Nichtberücksichtigung der effektiven Beweglichkeit in den Gleichungen der Injektions- bzw. Extraktionsströme, da lediglich der Parameter der beweglichen, freien Ladungsträger in die Gleichungen eingeht. Hierfür müssten zur Laufzeit der Simulation die Effektivbeweglichkeiten berechnet und entsprechend in den Randbedingungen eingesetzt werden.

Prinzipiell ließe sich dies im *steady-state* Fall noch einfacher realisieren, würde man die dichteabhängigen Effektivbeweglichkeiten extern berechnen und in der Simulation nur noch mit dichteabhängigen Effektivbeweglichkeiten der Elektronen und Löcher im Rahmen einer konventionellen Modellierung rechnen. Während im transienten Fall aufgrund der Zeitabhängigkeit der Effektivbeweglichkeit ein derartiger Ansatz nicht zu gleichen Resultaten führen kann, ist dies im *steady-state* Fall aufgrund der linearen Abhängigkeit des Leitungsstroms von der Dichte und der Beweglichkeit möglich. So ergibt sich aus der Bedingung der gleichen Stromdichte bei Modellierung zum einen im Rahmen von *Multiple-Trapping* und zum anderen der konventionellen Modellierung bei unipolarem Transport

$$j_{\text{Multiple-Trapping}} \overset{!}{=} j_{\text{Effektiv}} \tag{8.2.1}$$

$$(n_e \cdot \mu_0 + n_{t_e} \cdot 0) \cdot E = n_{\text{eff}} \cdot \mu_{\text{eff}} \cdot E \tag{8.2.2}$$

$$n_e \cdot \mu_0 + n_{t_e} \cdot 0 = n_{\text{eff}} \cdot \mu_0 \cdot \frac{n_e}{n_e + n_t} \tag{8.2.3}$$

$$\Rightarrow n_{\text{eff}} = n_e + n_t, \tag{8.2.4}$$

dass mit der Effektivbeweglichkeit $\mu_{\text{eff}} = n_e/(n_e + n_t)$ die Gesamtdichte n_{eff} aller Ladungsträger bei Berechnung mit Effektivdichten und Effektivbeweglichkeiten gleich der Gesamtdichte der Ladungsträger $n_e + n_t$ bei Modellierung im Rahmen des *Multiple-Trapping*-Modells ist. Da Gleichung 8.2.4 entsprechend auch für die Löcher gilt, sind auch die Raumladungen nahezu identisch und damit die elektrische Feldverteilung im Bauteil[6]. Die Berechnung mit Ef-

---

[6]Leichte Abweichungen sollten sich aufgrund der Diffusion ergeben.

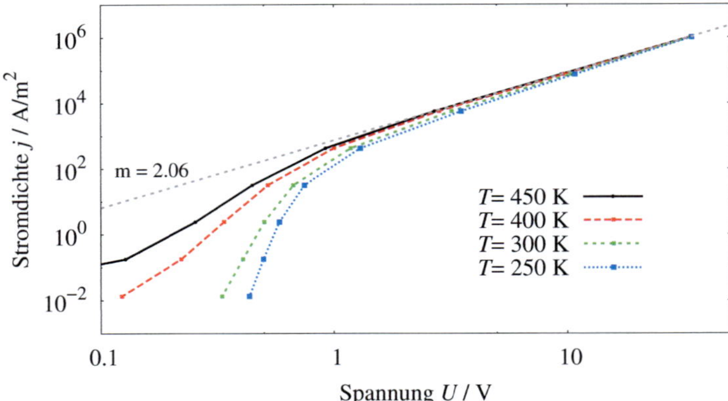

Abb. 8.2.9: Doppeltlogarithmische Darstellung der simulierten J-U-Kennlinien ohne Traps für verschiedene Temperaturen im Dunkelfall in Vorwärtsrichtung. Die Effektivbeweglichkeiten der Elektronen bzw. der Löcher sind hierbei $\mu_e = 2 \times 10^{-7}\,\mathrm{m^2/Vs}$ und $\mu_h = 1 \times 10^{-8}\,\mathrm{m^2/Vs}$

fektivdichten und Effektivbeweglichkeiten der Elektronen und Löcher hat auf Seiten der Simulation den Vorteil, dass die Traps nicht als extra Teilchensorte berücksichtigt werden müssen. Dies würde die Rechenzeit extrem beschleunigen, was insbesondere bei hohen Stromdichten sehr von Vorteil wäre. Eine explizite Dichteabhängigkeit lässt sich jedoch derzeit noch nicht in der numerischen Simulation berücksichtigen.

Exemplarisch für die Modellierung mit Effektivdichten und Effektivbeweglichkeiten ist in Abbildung 8.2.9 ein Beispiel temperaturabhängiger Simulationen ohne Traps dargestellt. Die Effektivbeweglichkeiten der Elektronen bzw. der Löcher sind hierbei $\mu_e = 2 \times 10^{-7}\,\mathrm{m^2/Vs}$ und $\mu_h = 1 \times 10^{-8}\,\mathrm{m^2/Vs}$. Die Injektionsbarriere ist entsprechend dem Standardwert aus Tabelle 8.2.1 gewählt, während der Parameter der freien Zustandsdichte für die Injektion entsprechend einer möglichst guten Übereinstimmung mit dem Experiment mit $N_0 = 8 \times 10^{24}\,\mathrm{m^{-3}}$ angepasst ist. Da auch der Langevin-Rekombinationsfaktor entsprechend dem Standardwert gewählt ist, fällt die Rekombination aufgrund der erhöhten Dichte der Ladungsträger n_{eff} und der quadratischen Abhängigkeit der Rekombination von den Dichten deutlich stärker aus. Wie im voran-

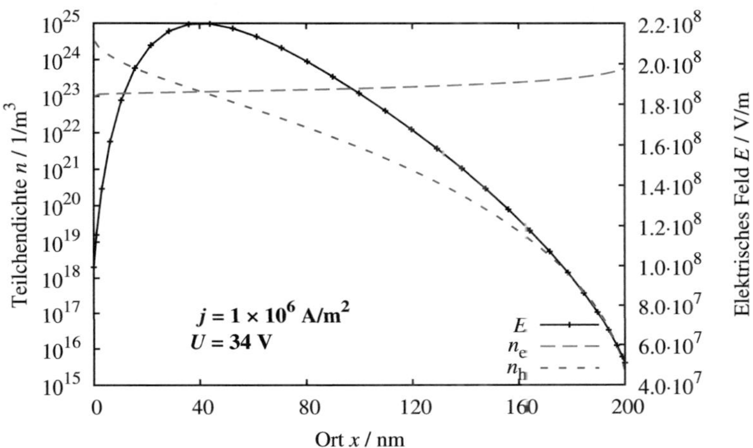

Abb. 8.2.10: Simulierte Dichte- und Feldverteilung im trapfreien Fall in der aktiven Schicht bei der Stromdichte $j = 10^6 \, \text{A/m}^2$ und der Temperatur $T = 300\,\text{K}$.

gehenden Abschnitt diskutiert, zeigt sich nun schon bei kleineren Stromdichten ein raumladungsbegrenztes Verhalten der Stromdichte, wie sich anhand der Steigung $m = 2.06$ der Stromdichte über einen großen Spannungsbereich und für alle Temperaturen in Abbildung 8.2.9 zeigt. Dass dieses Verhalten auch wirklich aufgrund des Einflusses der Raumladung verursacht wird, zeigt sich anhand des starken Abfalls der elektrischen Feldstärke an den Rändern zu den Elektroden, wie in Abbildung 8.2.10 zu sehen ist, in der die ortsabhängigen Teilchendichten sowie das elektrische Feld für eine Stromdichte von $j = 10^6 \, \text{A/m}^2$ bei der Temperatur $T = 300\,\text{K}$ dargestellt sind. So ist diese an der Kathodenseite um bis zu einem Faktor fünf im Vergleich zu der maximalen Feldstärke im Bauteil reduziert.

Im Vergleich zur Simulation mit Traps und erhöhter Rekombination in Abbildung 8.2.8, laufen die Kennlinien für verschiedene Temperaturen im Falle der Simulation ohne Traps für große Spannungen zusammen. Da eine konstante, und damit weder eine temperaturabhängige, noch eine dichteabhängige effektive Beweglichkeit angenommen ist, ist der Strom lediglich durch die Raumladung und damit bei großen Spannungen auch nur noch unwesentlich von der Injektion abhängig. Eine Temperaturabhängigkeit in den Kennlinien aufgrund einer temperaturabhängigen Beweglichkeit wie im Falle der Modellierung mit Traps kann sich hierbei im Rahmen des vereinfachten Modells nicht ergeben. Daher sind auch die Teilchendichten und damit die Rekombinationsraten bei verschiedenen Temperaturen nahezu identisch, was unter Berücksichtigung der Traps nicht der Fall ist. Dies erklärt das Zusammenlaufen der Kennlinien.

8.3 Zusammenfassung und Ausblick

In diesem Kapitel wurden die Auswirkungen der Modellierung im Rahmen des erweiterten *Multiple-Trapping*-Modells auf die Kennlinien organischer Solarzellen untersucht. Ausgangspunkt war hierbei die Untersuchung der grundlegenden Abhängigkeiten von verschiedenen Parametern auf die *steady-state* Effektivbeweglichkeit. Weiterführend wurde intensiv das Tieftemperaturverhalten der J-U-Kennlinien in Vorwärtsrichtung studiert. Während ein temperaturabhängiger Einfluss auf die Raumladungen aufgrund der Traps gezeigt werden konnte, erwies sich die wesentliche Temperaturabhängigkeit in den Kennlinien als injektionsbedingt. Der Strom-Spannungsverlauf wurde zudem eng im Zusammenhang mit der Theorie des raumladungs- sowie trapraumladungsbegrenzten Stroms diskutiert. Dabei zeigte sich, dass bei bipolarem Ladungsträgertransport und geringer Rekombination keine Raumladungsbegrenzung erreicht werden kann. Erst unter dem Einfluss von Rekombination lässt sich typisches SCLC-Verhalten erwarten.

Zusätzliche Untersuchungen sowohl auf experimenteller Seite als auch auf Seiten der Simulationen für sehr tiefe Temperaturen wären interessant, um aufbauend auf den gewonnen Erkenntnissen weiteren Aufschluss über den Ladungsträgertransport in organischen Halbleitern zu gewinnen. Schichtdickenabhängige Messungen wären zudem äußerst hilfreich, um einen möglicherweise vorhandenen raumladungsbegrenzten Strom in Vorwärtsrichtung eindeutig identifizieren zu können.

9 Zusammenfassung und Ausblick

In der vorliegenden Arbeit wurden die Grundlagen der Bauteilphysik organischer Solarzellen (OSCs) und Photodioden (OPDs) mittels numerischer Drift-Diffusions-Simulationen behandelt und die Ergebnisse der Simulation mit entsprechenden experimentellen Ergebnissen verglichen. Organische Halbleiter zeichnen sich durch ihre gute Prozessierbarkeit bei gleichzeitig geringer Prozesstemperatur aus, was prinzipiell eine energiesparende und damit kostengünstige Produktion organischer Halbleiterbauelemente ermöglicht. Des Weiteren erlauben die sehr guten Absorptionseigenschaften vieler organischer Halbleiter den Einsatz sehr dünner Absorptionsschichten und damit die Herstellung dünner und flexibler Photovoltaik-Bauelemente.

Zentrales Thema dieser Arbeit war die Modellierung und Simulation der transienten Stromantwort organischer Photodioden auf einen einfallenden Laserpuls. Anhand des Vergleichs mit Messdaten wurde ein grundlegendes Verständnis der Abhängigkeiten der transienten Stromantwort von extern veränderbaren Parametern wie der Größe der Photodioden, der an der Photodiode anliegenden Vorspannung sowie der Laserleistung erzielt. Die Auswertung der Ergebnisse ergab, dass sich aufgrund der schnellen Anstiegszeiten und Abfallszeiten der Stromdichte der Einfluss eines externen Widerstandes sehr wesentlich auf den Verlauf der Stromantwort auswirkt. Für einen realistischen Vergleich von Simulation und Experiment muss daher bereits zur Laufzeit der Simulation der Spannungsabfall an einem externen Widerstand berücksichtigt werden, welcher sich mit zunehmender Laserleistung stärker auswirkt und zu einem signifikant verlangsamten Abfall der Stromdichte führt. Der Effekt verstärkt sich mit Zunahme der Diodengröße, da ein größerer Strom zu einem größeren Spannungsabfall am externen Widerstand führt. Hinzu kommt bei hohen Leistungsdichten der Einfluss von Raumladungseffekten, welcher sich auf die lokale Feldverteilung auswirkt und zu einer zusätzlich reduzierten

Driftgeschwindigkeit der Ladungsträger und damit zu einem zusätzlich verlangsamten Abfall der Stromdichte führt. Unter dem Einfluss einer negativen Vorspannung kann die Extraktion der Ladungsträger beschleunigt werden.

Ausgehend von dem gewonnenen, grundlegenden Verständnis der transienten Stromantwort wurde diese Methode weitergehend dafür verwendet, um tiefgreifende Erkenntnisse über den Ladungsträgertransport anhand des charakteristischen Verlaufs der Stromdichte zu gewinnen. So konnte mittels der Simulationen gezeigt werden, dass sich die gemessene Stromantwort insbesondere für lange Abfallszeiten nur unzureichend im Rahmen der bisher üblichen konventionellen Drift-Diffusions-Simulation mit einer parametrisierten Darstellung der Beweglichkeiten beschreiben lässt. Vielmehr muss für eine korrekte Beschreibung des in den Messdaten auftretenden, charakteristisch langen Ausläufers der Stromdichte bis in den Mikrosekundenbereich hinein der Einfluss von Trapzuständen im Donor- wie auch Akzeptor-Material in den Simulation berücksichtigt werden.

Im Zuge dieser Erkenntnisse wurde ein erweiterter Modellierungsansatz unter Berücksichtigung einer energetischen Verteilung an Trapzuständen und des *Multiple-Trapping*-Modells implementiert. Dies ermöglichte erstmalig die qualitative und quantitative Beschreibung des gesamten Stromdichteverlaufs über den gemessenen Zeitbereich vom Nano- bis in den Mikrosekundenbereich in dem untersuchten Materialgemisch P3HT:PCBM bestehend aus dem Polymer Poly(3-hexylthiophen-2,5-diyl) (P3HT) und dem Fulleren-Derivat (6,6)-phenyl C-butyric acid methyl ester (PCBM). Des Weiteren konnte auch die gemessene starke Temperaturabhängigkeit der Stromantwort auf den dispersiven Ladungsträgertransport und damit auf den Einfluss des Trappings und Detrappings der Ladungsträger zurückgeführt werden. Aus dem Zusammenspiel der Untersuchung der Spannungs- und Temperaturabhängigkeit konnte dabei insgesamt ein umfassendes Verständnis des dispersiven Charakters des Ladungsträgertransports gewonnen werden sowie die Raten des Trappings und Detrappings quantifiziert werden. Der dispersive Charakter äußerst sich neben dem langen Ausläufer in der Stromdichte unter anderem auch in dem Auftreten charakteristischer Steigungsänderungen in der Stromdichte. Der Zeitpunkt der Transitzeit verschiebt sich nichtlinear mit zunehmender elektrischer Feldstärke zu kleineren Zeiten, dessen Ursache nicht auf explizit feldabhängige Effekte, sondern ausschließlich auf den dispersiven Charakter des Ladungsträgertransports zurückgeführt werden konnte.

Während die Steigungsänderung der Transitzeit der schnelleren Ladungsträgersorte zugeordnet werden konnte, ließ sich aus dem charakteristischen Potenzverhalten der Stromdichte vor und nach dem ersten Knick des Stromdichteverlaufs die Annahme einer exponentiellen energetischen Verteilung der Trapzustände verifizieren. Dies ermöglichte eine gute quantitative Bestimmung der charakteristischen Energie der Trapverteilung vor allem im Akzeptor-, aber auch im Donor-Material.

Eine auftretende zweite Steigungsänderung ließ sich auf den Übergang von einem elektronendominierten zu einem löcherdominierten Strombeitrag zurückführen. Dies ermöglicht die separate Untersuchung der Akzeptor- und Donor-Eigenschaften bzw. der Ladungsträger-Transporteigenschaften der Elektronen und Löcher, da diese in unterschiedlichen Zeitbereichen die Stromantwort dominieren. Dies ist im Vergleich zu TOF- oder CELIV-Messungen ein bedeutender Vorteil, da die in dieser Arbeit verwendete Methode der transienten Stromantwort die Charakterisierung beider Ladungsträgersorten in Bauteilen ermöglicht, wie sie auch in der Praxis verwendet werden.

Bei hohen Laserleistungen oberhalb einer Pulsfluenz von $3.3\,\mu J/cm^2$ zeigte sich in den Messdaten zudem eine Sättigung in der Anzahl der extrahierten Ladungsträger. Diese stellte sich als temperaturunabhängig, jedoch als feldabhängig heraus. Mit Hilfe der Simulationen konnte ausgeschlossen werden, dass der Verlust an Ladungsträgern auf eine ausschließlich bimolekulare Rekombination von freien Elektronen und Löchern zurückzuführen ist. Vielmehr konnte der gemessene Verlust auf eine nichtlineare Annihilation von gebundenen Ladungsträgerpaaren (*charge-transfer*-Exzitonen (CTs)) im Ladungsträger-Generationsprozess zurückgeführt werden. Entsprechend wurde ein erweitertes Generationsmodell entwickelt, in dem auch die Reaktionen der Exzitonen sowie der CTs zur Laufzeit in den Simulationen berücksichtigt werden. Wie im Rahmen des Modells gezeigt werden konnte, ergibt sich die Quanteneffizienz der Ladungsträgergeneration aus dem Wechselspiel einer feldabhängigen, aber temperaturunabhängigen CT-Dissoziation und einer monomolekularen sowie bimolekularen CT-Rekombination. Insbesondere die gefundene Temperaturunabhängigkeit in der Dissoziation der gebundenen Ladungsträgerpaare steht im Widerspruch zu dem in der Literatur häufig verwendeten Dissoziationsmodell nach Onsager-Braun, welches neben einer Feldabhängigkeit auch eine starke Temperaturabhängigkeit in der Dissoziation der gebundenen Ladungsträgerpaare prognostiziert.

Schlussendlich konnten anhand des Vergleichs der simulierten und gemessenen transienten Stromantworten für verschiedene Temperaturen, verschiedene Spannungen sowie mehrere Dekaden in der Laserleistung mit Hilfe einer semi-automatisierten Parameteranpassung die Materialparameter sowohl für das Akzeptor- als auch für das Donor-Material sowie die zugehörigen Transportparameter der Elektronen und Löcher extrahiert werden. Die bestmögliche Übereinstimmung von Simulation und Experiment beschreibt die Daten über fünf Dekaden in der Zeit und bis zu sechs Dekaden in der Stromdichte.

Im letzen Abschnitt dieser Arbeit wurde untersucht, inwieweit sich der aus der transienten Simulation identifizierte stark dispersive Ladungsträgertransport auf den Strom-Spannungsverlauf organischer Solarzellen im *steady-state* Betrieb auswirkt. Insbesondere die sich aufgrund des Einflusses der Traps ergebende Dichte- und Temperaturabhängigkeit der effektiven Beweglichkeit und deren Auswirkungen wurden hierbei anhand des Tieftemperaturverhaltens der Dunkelströme in Vorwärtsrichtung untersucht. Hierbei konnte zwar eine starke Abhängigkeit der effektiven Beweglichkeit aufgrund der Sättigung energetisch tief liegender Trapzustände demonstriert werden, jedoch zeigte sich auch, dass im Rahmen der Modellierung das gemessene Temperaturverhalten in den J-U-Kennlinien an P3HT:PCBM Solarzellen im Wesentlichen auf das Injektionsverhalten an den Grenzflächen zu den Elektroden zurückgeführt werden kann. Im Zuge der Untersuchungen wurden weitere vielseitige Erkenntnisse über raumladungsbegrenzte bzw. trap-raumladungsbegrenzte Ströme im Zusammenhang mit Rekombinationseinflüssen gewonnen und Ansatzpunkte für Erweiterungen des Injektionsmodells identifiziert.

Eine parallel durchgeführte Untersuchung der Stromtransienten sowie der *steady-state* Charakteristika könnte in der Zukunft helfen, die gewonnenen Erkenntnisse gegebenenfalls zu verifizieren und die Genauigkeit der extrahierten

Parameter weiter einzugrenzen, bzw., wenn nötig, das Modell um weitere physikalische Prozesse zu ergänzen. Dabei könnte insbesondere die Untersuchung weiterer Rekombinationsprozesse höherer Ordnung im Vordergrund stehen, die sich sowohl bei sehr hohen Leistungsdichten bei den transienten Messungen bemerkbar machen als auch im Rahmen des raumladungsbegrenzten Stroms in den Kennlinien organischer Solarzellen. Leistungsabhängige Messungen der Photolumineszenz wären an dieser Stelle zudem hilfreich, um die in dieser Arbeit proklamierte CT-CT-Annihilation experimentell zu überprüfen.

Des Weiteren wären Untersuchungen bei noch tieferen als den bisher gemessenen Temperaturen bei beiden der in dieser Arbeit untersuchten Methoden von besonderem Interesse, aus denen sich ein noch tiefgreifenderes Verständnis des Ladungsträgertransports bzw. des Einflusses der Traps erhoffen ließe. Dabei wäre auch der Vergleich mit Untersuchungen an weiteren Material-Mischsystemen interessant, um Aussagen über eine mögliche Universalität des implementierten Modells treffen zu können.

Ebenfalls sind modifizierte Varianten der transienten Impulsantwort wie z.B. unter dem zusätzlichen Einfluss einer Hintergrundsbeleuchtung denkbar, was weitere Erkenntnisse über das Sättigungsverhalten tief liegender Trapzustände liefern könnte. Von Interesse wäre es z.B. eine Methode zu entwickeln, die eine direkte Bestimmung der Effektivbeweglichkeit aus der transienten Stromantwort der Messdaten ermöglichen würde. Nicht zuletzt wäre eine Weiterentwicklung des Injektionsmodells im Rahmen des erweiterten Modells für die Simulation der Solarzellen von Wichtigkeit, um den Einfluss der reduzierten effektiven Beweglichkeit auch bei der Injektion zu berücksichtigen.

Zusammenfassend kann festgestellt werden, dass die Simulation organischer Solarzellen und Photodioden im Rahmen der bisher üblichen, konventionellen Drift-Diffusions-Näherung die experimentellen Ergebnisse nur unzureichend widerspiegeln kann. Mit dem in dieser Arbeit implementierten *Multiple-Trapping*-Modell gelang ein entscheidender Durchbruch in der Modellierung im Rahmen einer Drift-Diffusions-Näherung. Aus den vielversprechenden Ergebnissen dieser Arbeit ist zu erwarten, dass dieses Modell in Zukunft seine Anwendung in anderen Teilbereichen der organischen Elektrotechnik finden wird und auch dort zu neuen Interpretationen von experimentellen Ergebnissen führen wird.

Literaturverzeichnis

[1] C. K. Chiang, C. R. Fincher, Y. W. Park, A. J. Heeger, H. Shirakawa, E. J. Louis, S. C. Gau, and A. G. MacDiarmid, "Electrical conductivity in doped polyacetylene," *Physical Review Letters*, vol. 39, no. 17, pp. 1098–1101, 1977.

[2] Y. Yang, "Tandem organic photovoltaic reaches 10.6 percent efficiency a worlds first for polymer organic photovoltaic devices." Press release, 2012.

[3] S. E. Shaheen, R. Radspinner, N. Peyghambarian, and G. E. Jabbour, "Fabrication of bulk heterojunction plastic solar cells by screen printing," *Applied Physics Letters*, vol. 79, no. 18, pp. 2996–2998, 2001.

[4] M. Al-Ibrahim, H. K. Roth, U. Zhokhavets, G. Gobsch, and S. Sensfuss, "Flexible large area polymer solar cells based on poly(3-hexylthiophene)/fullerene," *Solar Energy Materials and Solar Cells*, vol. 85, no. 1, pp. 13–20, 2005.

[5] S. K. Hau, H.-L. Yip, J. Zou, and A. K.-Y. Jen, "Indium tin oxide-free semi-transparent inverted polymer solar cells using conducting polymer as both bottom and top electrodes," *Organic Electronics*, vol. 10, no. 7, pp. 1401–1407, 2009.

[6] T. Morimune, H. Kajii, and Y. Ohmori, "Semitransparent organic photodetectors utilizing sputter-deposited indium tin oxide for top contact electrode," *Japanese Journal of Applied Physics*, vol. 44, pp. 2815–2817, 2005.

[7] T. Morimune, H. Kajii, and Y. Ohmori, "Photoresponse properties of a high-speed organic photodetector based on copper-phthalocyanine

under red light illumination," *Photonics Technology Letters, IEEE*, vol. 18, no. 24, pp. 2662 –2664, 2006.

[8] M. Punke, S. Valouch, S. W. Kettlitz, N. Christ, C. Gärtner, M. Gerken, and U. Lemmer, "Dynamic characterization of organic bulk heterojunction photodetectors," *Applied Physics Letters*, vol. 91, no. 7, p. 071118, 2007.

[9] M. Punke, *Organische Halbleiterbauelemente für mikrooptische Systeme*. PhD thesis, 2007.

[10] C. Soci, D. Moses, Q.-H. Xu, and A. J. Heeger, "Charge-carrier relaxation dynamics in highly ordered poly(p-phenylene vinylene): Effects of carrier bimolecular recombination and trapping," *Physical Review B*, vol. 72, no. 24, p. 245204, 2005.

[11] A. Heeger, "Nobel lecture: Semiconducting and metallic polymers: The fourth generation of polymeric materials," *Reviews of Modern Physics*, vol. 73, pp. 681–700, 2001.

[12] A. Colsmann, *Ladungstransportschichten für effiziente organische Halbleiterbauelemente*. PhD thesis, 2008.

[13] "http://www.jameshedberg.com/sciencegraphics.php."

[14] M. Knupfer, "Exciton binding energies in organic semiconductors," *Applied Physics A*, vol. 77, no. 5, pp. 623–626, 2003.

[15] S. F. Alvarado, P. F. Seidler, D. G. Lidzey, and D. D. C. Bradley, "Direct determination of the exciton binding energy of conjugated polymers using a scanning tunneling microscope," *Physical Review Letters*, vol. 81, no. 5, pp. 1082–1085, 1998.

[16] U. Seiferheld, B. Ries, and H. Bässler, "Field-dependent photocarrier generation in crystalline polydiacetylenes," *Journal of Physics C*, vol. 16, no. 26, p. 5189, 1983.

[17] V. I. Arkhipov, E. V. Emelianova, and H. Bässler, "Hot exciton dissociation in a conjugated polymer," *Physical Review Letters*, vol. 82, no. 6, pp. 1321–1324, 1999.

[18] N. S. Sariciftci, L. Smilowitz, A. J. Heeger, and F. Wudl, "Photoinduced electron transfer from a conducting polymer to buckminsterfullerene," *Science*, vol. 258, no. 5087, pp. 1474–1476, 1992.

[19] G. Yu, J. Gao, J. C. Hummelen, F. Wudl, and A. J. Heeger, "Polymer photovoltaic cells: Enhanced efficiencies via a network of internal donor-acceptor heterojunctions," *Science*, vol. 270, no. 5243, pp. 1789–1791, 1995.

[20] Y. Min Nam, J. Huh, and W. Ho Jo, "Optimization of thickness and morphology of active layer for high performance of bulk-heterojunction organic solar cells," *Solar Energy Materials and Solar Cells*, vol. 94, no. 6, pp. 1118–1124, 2010.

[21] P. E. Keivanidis, T. M. Clarke, S. Lilliu, T. Agostinelli, J. E. Macdonald, J. R. Durrant, D. D. C. Bradley, and J. Nelson, "Dependence of charge separation efficiency on film microstructure in poly(3-hexylthiophene-2,5-diyl):[6,6]-phenyl-c61 butyric acid methyl ester blend films," *The Journal of Physical Chemistry Letters*, vol. 1, no. 4, pp. 734–738, 2010.

[22] P. E. Shaw, A. Ruseckas, and I. D. W. Samuel, "Exciton diffusion measurements in poly(3-hexylthiophene)," *Advanced Materials*, vol. 20, no. 18, pp. 3516–3520, 2008.

[23] D. E. Markov, E. Amsterdam, P. W. M. Blom, A. B. Sieval, and J. C. Hummelen, "Accurate measurement of the exciton diffusion length in a conjugated polymer using a heterostructure," *The Journal of Physical Chemistry A*, vol. 109, no. 24, pp. 5266–5274, 2005.

[24] V. D. Mihailetchi, L. J. A. Koster, J. C. Hummelen, and P. W. M. Blom, "Photocurrent generation in polymer-fullerene bulk heterojunctions," *Physical Review Letters*, vol. 93, no. 21, p. 216601, 2004.

[25] C. J. Brabec, G. Zerza, G. Cerullo, S. De Silvestri, S. Luzzati, J. C. Hummelen, and S. Sariciftci, "Tracing photoinduced electron transfer process in conjugated polymer/fullerene bulk heterojunctions in real time," *Chemical Physics Letters*, vol. 340, no. 3-4, pp. 232–236, 2001.

[26] B. Kraabel, D. McBranch, N. S. Sariciftci, D. Moses, and A. J. Heeger, "Ultrafast spectroscopic studies of photoinduced electron transfer from semiconducting polymers to C60," *Physical Review B*, vol. 50, no. 24, pp. 18543–, 1994.

[27] B. Kraabel, C. Lee, D. McBranch, D. Moses, N. Sariciftci, and A. Heeger, "Ultrafast photoinduced electron transfer in conducting polymere-buckminsterfullerene composites," *Chemical Physics Letters*, vol. 213, no. 3-4, pp. 389–394, 1993.

[28] R. A. Marsh, J. M. Hodgkiss, S. Albert-Seifried, and R. H. Friend, "Effect of annealing on p3ht:pcbm charge transfer and nanoscale morphology probed by ultrafast spectroscopy.," *Nano Letters*, vol. 10, no. 3, pp. 923–930, 2010.

[29] C. J. Brabec, V. Dyakonov, N. S. Sariciftci, W. Graupner, G. Leising, and J. C. Hummelen, "Investigation of photoexcitations of conjugated polymer/fullerene composites embedded in conventional polymers," *The Journal of Chemical Physics*, vol. 109, no. 3, pp. 1185–1195, 1998.

[30] D. Chirvase, Z. Chiguvare, M. Knipper, J. Parisi, V. Dyakonov, and J. C. Hummelen, "Temperature dependent characteristics of poly(3 hexylthiophene)-fullerene based heterojunction organic solar cells," *Journal of Applied Physics*, vol. 93, no. 6, pp. 3376–3383, 2003.

[31] T. M. Clarke and J. R. Durrant, "Charge photogeneration in organic solar cells," *Chemical Reviews*, vol. 110, no. 11, pp. 6736–6767, 2010.

[32] I. Hwang, D. Moses, and A. J. Heeger, "Photoinduced carrier generation in p3ht/pcbm bulk heterojunction materials," *The Journal of Physical Chemistry C*, vol. 112, no. 11, pp. 4350–4354, 2008.

[33] S. H. Park, A. Roy, S. Beaupre, S. Cho, N. Coates, J. S. Moon, D. Moses, M. Leclerc, K. Lee, and A. J. Heeger, "Bulk heterojunction solar cells with internal quantum efficiency approaching 100%," *Nature Photonics*, vol. 3, pp. 297–302, 2009.

[34] L. Onsager, "Initial recombination of ions," *Physical Review*, vol. 54, no. 8, pp. 554–557, 1938.

[35] C. L. Braun, "Electric field assisted dissociation of charge transfer states as a mechanism of photocarrier production," *The Journal of Chemical Physics*, vol. 80, no. 9, pp. 4157–4161, 1984.

[36] T. E. Goliber and J. H. Perlstein, "Analysis of photogeneration in a doped polymer system in terms of a kinetic model for electric-field-assisted dissociation of charge-transfer states," *The Journal of Chemical Physics*, vol. 80, no. 9, pp. 4162–4167, 1984.

[37] L. J. A. Koster, E. C. P. Smits, V. D. Mihailetchi, and P. W. M. Blom, "Device model for the operation of polymer/fullerene bulk heterojunction solar cells," *Physical Review B*, vol. 72, no. 8, p. 085205, 2005.

[38] S. Barth, H. Bässler, U. Scherf, and K. Müllen, "Photoconduction in thin films of a ladder-type poly-para-phenylene," *Chemical Physics Letters*, vol. 288, no. 1, pp. 147–154, 1998.

[39] D. Moses, J. Wang, G. Yu, and A. J. Heeger, "Temperature-independent photoconductivity in thin films of semiconducting polymers: Photocarrier sweep-out prior to deep trapping," *Physical Review Letters*, vol. 80, no. 12, pp. 2685–2688, 1998.

[40] D. Hertel and C. Müller, "Organische Leuchtdioden," *Bunsenmagazin*, vol. 5, pp. 110–1120, 2004.

[41] P. Prins, F. C. Grozema, B. S. Nehls, T. Farrell, U. Scherf, and L. D. A. Siebbeles, "Enhanced charge-carrier mobility in β-phase polyfluorene," *Physical Review B*, vol. 74, p. 113203, 2006.

[42] H. Scher and E. W. Montroll, "Anomalous transit-time dispersion in amorphous solids," *Physical Review B*, vol. 12, no. 6, p. 2455, 1975.

[43] G. Pfister and H. Scher, "Dispersive (non-gaussian) transient transport in disordered solids," *Advances in Physics*, vol. 27, no. 5, pp. 747–798, 1978.

[44] V. I. Arkhipov, V. A. Kolesnikov, and A. I. Rudenko, "Dispersive transport of charge carriers in polycrystalline pentacene layers," *Journal of Physics D*, vol. 17, no. 6, p. 1241, 1984.

[45] J. B. Webb, D. F. Williams, and J. Noolandi, "Observation of dispersive transport in single crystal anthracene," *Solid State Communications*, vol. 31, no. 11, pp. 905–907, 1979.

[46] W. D. Gill, "Drift mobilities in amorphous charge-transfer complexes of trinitrofluorenone and poly-n-vinylcarbazole," *Journal of Applied Physics*, vol. 43, no. 12, pp. 5033–5040, 1972.

[47] J. L. Hartke, "The three-dimensional poole-frenkel effect," *Journal of Applied Physics*, vol. 39, no. 10, pp. 4871–4873, 1968.

[48] A. K. Jonscher, "Electronic properties of amorphous dielectric films," *Thin Solid Films*, vol. 1, no. 3, pp. 213–234, 1967.

[49] J. G. Simmons, "Poole-frenkel effect and schottky effect in metal-insulator-metal systems," *Physical Review*, vol. 155, no. 3, pp. 657–660, 1967.

[50] M. V. d. Auweraer, F. C. d. Schryver, P. M. Borsenberger, and H. Bässler, "Disorder in charge transport in doped polymers," *Advanced Materials*, vol. 6, no. 3, pp. 199–213, 1994.

[51] A. J. Mozer and N. S. Sariciftci, "Negative electric field dependence of charge carrier drift mobility in conjugated, semiconducting polymers," *Chemical Physics Letters*, vol. 389, no. 4-6, pp. 438–442, 2004.

[52] A. Pivrikas, N. S. Sariciftci, G. Juška, and R. Österbacka, "A review of charge transport and recombination in polymer/fullerene organic solar cells," *Progress in Photovoltaics: Research and Applications*, vol. 15, no. 8, pp. 677–696, 2007.

[53] L. B. Schein, A. Peled, and D. Glatz, "The electric field dependence of the mobility in molecularly doped polymers," *Journal of Applied Physics*, vol. 66, no. 2, pp. 686–692, 1989.

[54] V. I. Arkhipov and A. I. Rudenko, "On the study of amorphous material band structure by current injection," *Physics Letters A*, vol. 61, no. 1, pp. 55–57, 1977.

[55] J. Noolandi, "Multiple-trapping model of anomalous transit-time dispersion in $a - Se$," *Physical Review B*, vol. 16, no. 10, pp. 4466–4473, 1977.

[56] F. W. Schmidlin, "Theory of trap-controlled transient photoconduction," *Physical Review B*, vol. 16, pp. 2362–2385, 1977.

[57] J. Nelson, "Diffusion-limited recombination in polymer-fullerene blends and its influence on photocurrent collection," *Physical Review B*, vol. 67, no. 155209, p. 155209, 2003.

[58] A. J. Campbell, D. D. C. Bradley, and D. G. Lidzey, "Space-charge limited conduction with traps in poly(phenylene vinylene) light emitting diodes," *Journal of Applied Physics*, vol. 82, no. 6326, pp. 6326–6342, 1997.

[59] M. A. Lampert and P. Mark, *Current injection in solids*. Academic Press, 1970.

[60] G. P. Owen, J. Sworakowski, J. M. Thomas, D. F. Williams, and J. O. Williams, "Carrier traps in ultra-high purity single crystals of anthracene," *Journal of Chemical Society*, vol. 70, pp. 853–861, 1974.

[61] H. Bässler, "Charge transport in disordered organic photoconductors a monte carlo simulation study," *Physica Status Solidi (B)*, vol. 175, no. 1, pp. 15–56, 1993.

[62] H. Bässler, G. Schönherr, M. Abkowitz, and D. M. Pai, "Hopping transport in prototypical organic glasses," *Physical Review B*, vol. 26, no. 6, pp. 3105–3113, 1982.

[63] P. M. Borsenberger, L. Pautmeier, and H. Bässler, "Charge transport in disordered molecular solids," *The Journal of Chemical Physics*, vol. 94, no. 8, pp. 5447–5454, 1991.

[64] Y. N. Gartstein and E. M. Conwell, "High-field hopping mobility in molecular systems with spatially correlated energetic disorder," *Chemical Physics Letters*, vol. 245, no. 4-5, pp. 351–358, 1995.

[65] S. V. Novikov, D. H. Dunlap, V. M. Kenkre, P. E. Parris, and A. V. Vannikov, "Essential role of correlations in governing charge transport in disordered organic materials," *Physical Review Letters*, vol. 81, no. 20, pp. 4472–4475, 1998.

[66] G. Pfister, "Field dependent dispersive hole transport in amorphous As2Se3," *Philosophical Magazine*, vol. 36, no. 5, pp. 1147–1156, 1977.

[67] P. W. M. Blom, V. D. Mihailetchi, L. J. A. Koster, and D. E. Markov, "Device physics of polymer:fullerene bulk heterojunction solar cells," *Advanced Materials*, vol. 19, no. 12, pp. 1551–1566, 2007.

[68] U. Albrecht and H. Bässler, "Efficiency of charge recombination in organic light emitting diodes," *Chemical Physics*, vol. 199, no. 2-3, pp. 207–214, 1995.

[69] Y. N. Gartstein, E. M. Conwell, and M. J. Rice, "Electron-hole collision cross section in discrete hopping systems," *Chemical Physics Letters*, vol. 249, no. 5-6, pp. 451–458, 1996.

[70] L. J. A. Koster, V. D. Mihailetchi, and P. W. M. Blom, "Bimolecular recombination in polymer/fullerene bulk heterojunction solar cells," *Applied Physics Letters*, vol. 88, no. 5, pp. 052104–3, 2006.

[71] F. Kozlowski, *Numerical simulation and optimisation of organic light emitting diodes and photovoltaic cells*. PhD thesis, 2005.

[72] M. Westerling, C. Vijila, R. Österbacka, and H. Stubb, "Bimolecular recombination in regiorandom poly(3-hexylthiophene)," *Chemical Physics*, vol. 286, pp. 315–320, 2002.

[73] A. Pivrikas, G. Juška, R. Österbacka, M. Westerling, M. Viliūnas, K. Arlauskas, and H. Stubb, "Langevin recombination and space-charge-perturbed current transients in regiorandom poly(3-hexylthiophene)," *Physical Review B*, vol. 71, no. 125205, p. 125205, 2005.

[74] N. Karl and G. Sommer, "Field dependent losses of electrons and holes by bimolecular volume recombination in the excitation layer of anthracene single crystals studied by drift current pulses," *Physica Status Solidi (A)*, vol. 6, no. 231, pp. 231–241, 1971.

[75] A. Pivrikas, G. Juška, A. J. Mozer, M. Scharber, K. Arlauskas, N. S. Sariciftci, H. Stubb, and R. Österbacka, "Bimolecular recombination coefficient as a sensitive testing parameter for low-mobility solar-cell materials," *Physical Review Letters*, vol. 94, p. 176806, 2005.

[76] G. Sliauzys, G. Juška, K. Arlauskas, A. Pivrikas, R. Österbacka, M. Scharber, A. Mozer, and N. S. Sariciftci, "Recombination of photogenerated and injected charge carriers in pi-conjugated polymer/fullerene blends," *Thin Solid Films*, vol. 511, pp. 224–227, 2006.

[77] J. Mescher, N. Christ, S. Kettlitz, A. Colsmann, and U. Lemmer, "Influence of the spatial photocarrier generation profile on the performance of organic solar cells," *Appl. Phys. Lett.*, vol. 101, no. 7, pp. 073301–4, 2012.

[78] A. L. Burin and M. A. Ratner, "Exciton migration and cathode quenching in organic light emitting diodes," *The Journal of Physical Chemistry A*, vol. 104, no. 20, pp. 4704–4710, 2000.

[79] R. R. Chance, A. Prock, and R. Silbey, "Molecular fluorescence and energy transfer near interfaces," in *Advances in Chemical Physics*, pp. 1–65, John Wiley & Sons, Inc., 2007.

[80] C. Hochfilzer, G. Leising, Y. Gao, E. Forsythe, and C. W. Tang, "Emission process in bilayer organic light emitting diodes," *Applied Physics Letters*, vol. 73, no. 16, pp. 2254–2256, 1998.

[81] M. A. Baldo, R. J. Holmes, and S. R. Forrest, "Prospects for electrically pumped organic lasers," *Physical Review B*, vol. 66, p. 035321, 2002.

[82] M. Baldo, D. O'Brien, M. Thompson, and S. Forrest, "Excitonic singlet-triplet ratio in a semiconducting organic thin film," *Physical Review B*, vol. 60, no. 20, pp. 14422–14428, 1999.

[83] J. Kniepert, M. Schubert, J. C. Blakesley, and D. Neher, "Photogeneration and recombination in p3ht/pcbm solar cells probed by time-delayed collection field experiments," *The Journal of Physical Chemistry Letters*, vol. 2, no. 7, pp. 700–705, 2011.

[84] I. A. Howard, R. Mauer, M. Meister, and F. Laquai, "Effect of morphology on ultrafast free carrier generation in polythiophene:fullerene organic solar cells," *Journal of the American Chemical Society*, vol. 132, no. 42, pp. 14866–14876, 2010.

[85] G. G. Malliaras and J. C. Scott, "The roles of injection and mobility in organic light emitting diodes," *Journal of Applied Physics*, vol. 83, no. 10, pp. 5399–5403, 1998.

[86] J. C. Scott and G. G. Malliaras, "Charge injection and recombination at the metal-organic interface," *Chemical Physics Letters*, vol. 299, no. 2, pp. 115–119, 1999.

[87] Z. Chiguvare, J. Parisi, and V. Dyakonov, "Current limiting mechanisms in indium-tin-oxide/poly3-hexylthiophene/aluminum thin film devices," *Journal of Applied Physics*, vol. 94, no. 4, pp. 2440–2448, 2003.

[88] V. I. Arkhipov, E. V. Emelianova, Y. H. Tak, and H. Bässler, "Charge injection into light-emitting diodes: Theory and experiment," *Journal of Applied Physics*, vol. 84, no. 2, pp. 848–856, 1997.

[89] M. Koehler and I. A. Hümmelgen, "Temperature dependent tunneling current at metal/polymer interfaces - potential barrier height determination," *Applied Physics Letters*, vol. 70, no. 24, pp. 3254–3256, 1997.

[90] S. M. Sze, *Semiconductor Devices - Physics and Technology*. Wiley, 2 ed., 2002.

[91] J. G. Simmons, "Richardson-schottky effect in solids," *Physical Review Letters*, vol. 15, no. 25, pp. 967–968, 1965.

[92] P. R. Emtage and J. J. O'Dwyer, "Richardson-Schottky effect in insulators," *Physical Review Letters*, vol. 16, no. 9, pp. 356–358, 1966.

[93] M. Abkowitz, "Emission limited injection by thermally assisted tunneling into a trap free transport polymer," *Applied Physics Letters*, vol. 66, no. 10, pp. 1288–, 1995.

[94] Y. N. Gartstein and E. M. Conwell, "Field-dependent thermal injection into a disordered molecular insulator," *Chemical Physics Letters*, vol. 255, pp. 93–98, 1996.

[95] G. G. Malliaras and J. C. Scott, "Numerical simulations of the electrical characteristics and the efficiencies of single-layer organic light emitting diodes," *Journal of Applied Physics*, vol. 85, no. 10, pp. 7426–7432, 1999.

[96] J. A. Barker, C. M. Ramsdale, and N. C. Greenham, "Modeling the current-voltage characteristics of bilayer polymer photovoltaic devices," *Physical Review B*, vol. 67, no. 7, p. 075205, 2003.

[97] C. J. Brabec, A. Cravino, D. Meissner, N. S. Sariciftci, T. Fromherz, M. T. Rispens, L. Sanchez, and J. C. Hummelen, "Origin of the open circuit voltage of plastic solar cells," *Advanced Functional Materials*, vol. 11, no. 5, pp. 374–380, 2001.

[98] Z. Chiguvare, *Electrical and Optical Characterisation of Bulk Heterojunction Polymer-Fullerene Solar Cells*. PhD thesis, 2005.

[99] H. Ishii, K. Sugiyama, E. Ito, and K. Seki, "Energy level alignment and interfacial electronic structures at organic/metal and organic/organic interfaces," *Advanced Materials*, vol. 11, no. 8, pp. 605–625, 1999.

[100] H. Ishii, N. Hayashi, E. Ito, Y. Washizu, K. Sugi, Y. Kimura, M. Niwano, Y. Ouchi, and K. Seki, "Kelvin probe study of band bending at organic semiconductor/metal interfaces: examination of fermi level alignment," *Physica Status Solidi (A)*, vol. 201, no. 6, pp. 1075–1094, 2004.

[101] C. D. Child, "Discharge from hot cao," *Physical Review (Series I)*, vol. 32, no. 5, pp. 492–511, 1911.

[102] Z. Chiguvare and V. Dyakonov, "Trap-limited hole mobility in semiconducting poly(3-hexylthiophene)," *Physical Review B*, vol. 70, no. 23, p. 235207, 2004.

[103] V. Kumar, S. C. Jain, A. K. Kapoor, J. Poortmans, and R. Mertens, "Trap density in conducting organic semiconductors determined from temperature dependence of j-v characteristics," *Journal of Applied Physics*, vol. 94, no. 2, pp. 1283–1285, 2003.

[104] H. Kallmann and M. Pope, "Photovoltaic effect in organic crystals," *The Journal of Chemical Physics*, vol. 30, no. 2, pp. 585–586, 1959.

[105] C. W. Tang, "Two-layer organic photovoltaic cell," *Applied Physics Letters*, vol. 48, no. 2, pp. 183–185, 1986.

[106] H. Hoppe and N. Sariciftci, "Polymer solar cells," in *Photoresponsive Polymers II*, vol. 214 of *Advances in Polymer Science*, ch. Polymer Solar Cells, pp. 1–86, 2008.

[107] V. Tripathi, D. Datta, G. Samal, A. Awasthi, and S. Kumar, "Role of exciton blocking layers in improving efficiency of copper phthalocyanine based organic solar cells," *Journal of Non-Crystalline Solids*, vol. 354, no. 19-25, pp. 2901–2904, 2008.

[108] C. Yin, B. Pieper, B. Stiller, T. Kietzke, and D. Nehera, "Charge carrier generation and electron blocking at interlayers in polymer solar cells," *Applied Physics Letters*, vol. 90, no. 133502, p. 133502, 2007.

[109] S. Y. Kim, T. Noh, and S.-H. Lee, "High efficiency polymeric light-emitting diodes with a blocking layer," *Synthetic Metals*, vol. 153, no. 1-3, pp. 229–232, 2005.

[110] V. D. Mihailetchi, L. J. A. Koster, and P. W. M. Blom, "Effect of metal electrodes on the performance of polymer:fullerene bulk heterojunction solar cells," *Applied Physics Letters*, vol. 85, no. 6, pp. 970–972, 2004.

[111] S. Valouch, M. Nintz, S. W. Kettlitz, N. S. Christ, and U. Lemmer, "Thickness-dependent transient photocurrent response of organic photodiodes," *Photonics Technology Letters, IEEE*, vol. 24, no. 7, pp. 596–598, 2012.

[112] M. Nintz, "Dynamische Untersuchungen an organischen Fotodioden bei Variation der Absorberschichtdicke," Master's thesis, 2011.

[113] S. Züfle, "Charakterisierung und Modellierung der Temperaturabhängigkeit organischer solarzellen und photodetektoren," Master's thesis, 2009.

[114] C. Pflumm, *Simulation homogener Barrierenentladungen inklusive der Elektrodenbereiche*. PhD thesis, 2003.

[115] C. Gärtner, C. Karnutsch, U. Lemmer, and C. Pflumm, "The influence of annihilation processes on the threshold current density of organic laser diodes," *Journal of Applied Physics*, vol. 101, no. 2, pp. 023107–9, 2007.

[116] C. Gärtner, C. Pflumm, C. Karnutsch, V. Haug, and U. Lemmer, "Numerical study of annihilation processes in electrically pumped organic semiconductor laser diodes," *Proceedings of SPIE*, pp. 63331J–12, 2006.

[117] C. Pflumm, C. Karnutsch, M. Gerken, and U. Lemmer, "Parametric study of modal gain and threshold power density in electrically pumped single-layer organic optical amplifier and laser diode structures," *IEEE Journal of Quantum Electronics*, vol. 41, no. 3, pp. 316–336, 2005.

[118] C. Pflumm, C. Gärtner, and U. Lemmer, "A numerical scheme to model current and voltage excitation of organic light-emitting diodes," *IEEE Journal of Quantum Electronics*, vol. 44, no. 8, pp. 790–798, 2008.

[119] H. A. Macleod, *Thin Film Optical Filters*. Institute of Physics Publishing, 3 ed., 2001.

[120] P. Peumans, A. Yakimov, and S. R. Forrest, "Small molecular weight organic thin-film photodetectors and solar cells," *Journal of Applied Physics*, vol. 93, no. 7, pp. 3693–3723, 2002.

[121] L. A. A. Pettersson, L. S. Roman, and O. Inganäs, "Modeling photocurrent action spectra of photovoltaic devices based on organic thin films," *Journal of Applied Physics*, vol. 86, no. 1, pp. 487–496, 1999.

[122] O. S. Heavens, *Optical Properties of Thin Solid Films*. Dover Publications, 1991.

[123] P. Peumans, A. Yakimov, and S. R. Forrest, "Erratum: Small molecular weight organic thin-film photodetectors and solar cells," *Journal of Applied Physics*, vol. 95, no. 5, pp. 2938–2938, 2004.

[124] G. Dennler, K. Forberich, M. C. Scharber, C. J. Brabec, I. Tomis, K. Hingerl, C. Doppler, J. Kepler, and T. Fromherz, "Angle dependence of external and internal quantum efficiencies in bulk-heterojunction organic solar cells," *Journal of Applied Physics*, vol. 102, no. 5, p. 054516, 2007.

[125] D. P. Gruber, G. Meinhardt, and W. Papousek, "Spatial distribution of light absorption in organic photovoltaic devices," *Solar Energy*, vol. 79, pp. 697–704, 2005.

[126] D. P. Gruber, G. Meinhardt, and W. Papousek, "Modelling the light absorption in organic photovoltaic devices." *Solar Energy Materials and Solar Cells*, vol. 87, pp. 215–223, 2004.

[127] D. W. Sievers, V. Shrotriya, and Y. Yang, "Modeling optical effects and thickness dependent current in polymer bulk-heterojunction solar cells," *Journal of Applied Physics*, vol. 100, no. 11, p. 114509, 2006.

[128] S. Lacic and O. Inganäs, "Modeling electrical transport in blend heterojunction organic solar cells," *Journal of Applied Physics*, vol. 97, no. 12, pp. 124901–7, 2005.

[129] L. J. A. Koster, *Device physics of donor/acceptor-blend solar cells*. PhD thesis, 2007.

[130] M. Glatthaar, *Zur Funktionsweise organischer Solarzellen auf der Basis interpenetrierender Donator / Akzeptor-Netzwerke*. PhD thesis, 2007.

[131] I. H. Campbell, D. L. Smith, C. J. Neef, and J. P. Ferraris, "Consistent time-of-flight mobility measurements and polymer light-emitting diode current-voltage characteristics," *Applied Physics Letters*, vol. 74, no. 19, pp. 2809–2811, 1999.

[132] T. Kreouzis, D. Poplavskyy, S. M. Tuladhar, M. Campoy-Quiles, J. Nelson, A. J. Campbell, and D. D. C. Bradley, "Temperature and field dependence of hole mobility in poly(9,9-dioctylfluorene)," *Physical Review B*, vol. 73, no. 23, pp. 235201–15, 2006.

[133] A. Y. Kryukov, A. C. Saidov, and A. V. Vannikov, "Charge carrier transport in poly(phenylene vinylene) films," *Thin Solid Films*, vol. 209, no. 1, pp. 84–91, 1992.

[134] J. Lorrmann, B. H. Badada, O. Inganäs, V. Dyakonov, and C. Deibel, "Charge carrier extraction by linearly increasing voltage: Analytic framework and ambipolar transients," *Journal of Applied Physics*, vol. 108, no. 11, p. 113705, 2010.

[135] M. Neukom, N. Reinke, and B. Ruhstaller, "Charge extraction with linearly increasing voltage: A numerical model for parameter extraction," *Solar Energy*, vol. 85, no. 6, pp. 1250–1256, 2011.

[136] J. Schafferhans, A. Baumann, A. Wagenpfahl, C. Deibel, and V. Dyakonov, "Oxygen doping of p3ht:pcbm blends: Influence on trap states, charge carrier mobility and solar cell performance," *Organic Electronics*, vol. 11, no. 10, pp. 1693–1700, 2010.

[137] C. Deibel, A. Baumann, A. Wagenpfahl, and V. Dyakonov, "Polaron recombination in pristine and annealed bulk heterojunction solar cells," *Synthetic Metals*, vol. 159, no. 21-22, pp. 2345–2347, 2009.

[138] G. Dennler, A. J. Mozer, G. Juska, A. Pivrikas, R. Österbackaa, A. Fuchsbauer, and N. S. Sariciftci, "Charge carrier mobility and lifetime versus composition of conjugated polymer/fullerene bulk-heterojunction solar cells," *Organic Electronics*, vol. 7, pp. 229–234, 2005.

[139] G. Dicker, M. P. de Haas, L. D. A. Siebbeles, and J. M. Warman, "Electrodeless time-resolved microwave conductivity study of charge-

carrier photogeneration in regioregular poly(3-hexylthiophene) thin films," *Physical Review B*, vol. 70, p. 045203, 2004.

[140] H. Hoppe, N. S. Sariciftci, and D. Meissner, "Optical constants of conjugated polymer/fullerene based bulk-heterojunction organic solar cells," *Molecular Crystals and Liquid Crystals*, vol. 385, no. 233 - 239, pp. 113–119, 2002.

[141] F. Monestier, J.-J. Simon, P. Torchioa, L. Escoubas, F. Florya, S. Bailly, R. d. Bettignies, S. Guillerez, and C. Defranoux, "Modeling the short-circuit current density of polymer solar cells based on p3ht:pcbm blend," *Solar Energy Materials and Solar Cells*, vol. 91, no. 5, pp. 405–410, 2007.

[142] C. M. Ramsdale and N. C. Greenham, "The optical constants of emitter and electrode materials in polymer light-emitting diodes," *Journal of Physics D*, vol. 36, no. 4, pp. L29–L34, 2003.

[143] V. D. Mihailetchi, H. X. Xie, B. de Boer, L. A. Koster, and P. W. M. Blom, "Charge transport and photocurrent generation in poly(3-hexylthiophene): Methanofullerene bulk-heterojunction solar cells," *Advanced Functional Materials*, vol. 16, no. 5, pp. 699–708, 2006.

[144] E. v. Hauff, V. Dyakonov, and J. Parisi, "Study of field effect mobility in pcbm films and p3ht:pcbm blends," *Solar Energy Materials and Solar Cells*, vol. 87, no. 1-4, pp. 149–156, 2005.

[145] J. Huang, G. Li, and Y. Yanga, "Influence of composition and heat-treatment on the charge transport properties of poly(3- hexylthiophene) and [6,6]-phenyl c60-butyric acid methyl ester blends," *Applied Physics Letters*, vol. 87, no. 11, p. 112105, 2005.

[146] E. v. Hauff, J. Parisi, and V. Dyakonov, "Field effect measurements on charge carrier mobilities in various polymer-fullerene blend compositions," *Thin Solid Films*, vol. 511-512, pp. 506–511, 2006.

[147] M. Morana, P. Koers, C. Waldauf, M. Koppe, D. Muehlbacher, P. Denk, M. Scharber, D. Waller, and C. Brabec, "Organic field-effect devices as tool to characterize the bipolar transport in polymer-fullerene blends: The case of p3ht-pcbm," *Advanced Functional Materials*, vol. 17, pp. 3274–3283, 2007.

[148] S. Voigt, U. Zhokhavets, M. Al-Ibrahim, H. Hoppe, O. Ambacher, and G. Gobsch, "Dynamical optical investigation of polymer/fullerene composite solar cells," *Physica Status Solidi (B)*, vol. 245, no. 4, pp. 714–719, 2008.

[149] G. Garcia-Belmonte, A. Munar, E. M. Barea, J. Bisquert, I. Ugarte, and R. Pacios, "Charge carrier mobility and lifetime of organic bulk heterojunctions analyzed by impedance spectroscopy," *Organic Electronics*, vol. 9, pp. 847–851, 2008.

[150] C. Vijila, N. G. Meng, C. Z. Kuan, Z. Furong, and C. S. Jin, "Charge transport studies in electroluminescent biphenylyl substituted PPV derivatives using time-of-flight photoconductivity method," *Journal of Polymer Science Part B: Polymer Physics*, vol. 46, no. 12, pp. 1159–1166, 2008.

[151] R. U. A. Khan, D. Poplavskyy, T. Kreouzis, and D. D. C. Bradley, "Hole mobility within arylamine-containing polyfluorene copolymers: A time-of-flight transient-photocurrent study," *Physical Review B*, vol. 75, no. 3, pp. 035215–14, 2007.

[152] C. Tanase, E. J. Meijer, P. W. M. Blom, and D. M. de Leeuw, "Unification of the hole transport in polymeric field-effect transistors and light-emitting diodes," *Physical Review Letters*, vol. 91, p. 216601, 2003.

[153] C. R. McNeill, I. Hwang, and N. C. Greenham, "Photocurrent transients in all-polymer solar cells: Trapping and detrapping effects," *Journal of Applied Physics*, vol. 106, no. 2, pp. 024507–8, 2009.

[154] J. Staudigel, M. Stößel, F. Steuber, and J. Simmerer, "A quantitative numerical model of multilayer vapor-deposited organic light emitting diodes," *Journal of Applied Physics*, vol. 86, no. 7, pp. 3895–3910, 1999.

[155] G. Dennler, K. Forberich, T. Ameri, C. Waldauf, P. Denk, and C. J. Brabec, "Design of efficient organic tandem cells: On the interplay between molecular absorption and layer sequence," *Journal of Applied Physics*, vol. 102, no. 123109, p. 123109, 2007.

[156] A. R. Inigo, H.-C. Chiu, W. Fann, Y.-S. Huang, U.-S. Jeng, T.-L. Lin, C.-H. Hsu, K.-Y. Peng, and S.-A. Chen, "Disorder controlled hole transport in meh-ppv," *Physical Review B*, vol. 69, no. 7, p. 075201, 2004.

[157] V. I. Arkhipov, M. S. Iovu, A. I. Rudenko, and S. D. Shutov, "An analysis of the dispersive charge transport in vitreous 0.55 As2S3: 0.45 Sb2S3," *physica status solidi (a)*, vol. 54, no. 1, pp. 67–77, 1979.

[158] G. Juška, K. Arlauskas, M. Viliunas, K. Genevicius, R. Österbacka, and H. Stubb, "Charge transport in π-conjugated polymers from extraction current transients," *Physical Review B*, vol. 62, no. 24, pp. R16235–R16238, 2000.

[159] G. Juška, K. Arlauskas, M. Viliunas, and J. Kocka, "Extraction current transients: New method of study of charge transport in microcrystalline silicon," *Physical Review Letters*, vol. 84, pp. 4946–4949, 2000.

[160] J. Mescher, "Modellierung organischer Einfach- und Tandem-Solarzellen," Master's thesis, 2011.

[161] J. Nelson, S. A. Choulisa, and J. R. Durrant, "Charge recombination in polymeryfullerene photovoltaic devices," *Thin Solid Films*, vol. 451-452, pp. 508–514, 2004.

[162] R. A. Street, K. W. Song, J. E. Northrup, and S. Cowan, "Photoconductivity measurements of the electronic structure of organic solar cells," *Physical Review B*, vol. 83, p. 165207, 2011.

[163] G. Garcia-Belmonte, "Temperature dependence of open-circuit voltage in organic solar cells from generation-recombination kinetic balance," *Solar Energy Materials and Solar Cells*, vol. 94, no. 12, pp. 2166–2169, 2010.

[164] H. T. Nicolai, M. M. Mandoc, and P. W. M. Blom, "Electron traps in semiconducting polymers: Exponential versus gaussian trap distribution," *Physical Review B*, vol. 83, no. 19, p. 195204, 2011.

[165] I. Montanari, A. F. Nogueira, J. Nelson, J. R. Durrant, C. Winder, M. A. Loi, N. S. Sariciftci, and C. Brabec, "Transient optical studies of charge recombination dynamics in a polymer/fullerene composite at room temperature," *Applied Physics Letters*, vol. 81, no. 16, pp. 3001–3003, 2002.

[166] I. A. Howard, J. M. Hodgkiss, X. Zhang, K. R. Kirov, H. A. Bronstein, C. K. Williams, R. H. Friend, S. Westenhoff, and N. C. Greenham, "Charge recombination and exciton annihilation reactions in conjugated polymer blends," *Journal of the American Chemical Society*, vol. 132, no. 1, pp. 328–335, 2009.

[167] J. Piris, T. E. Dykstra, A. A. Bakulin, P. H. v. Loosdrecht, W. Knulst, M. T. Trinh, J. M. Schins, and L. D. Siebbeles, "Photogeneration and ultrafast dynamics of excitons and charges in p3ht/pcbm blends," *The Journal of Physical Chemistry C*, vol. 113, no. 32, pp. 14500–14506, 2009.

[168] R. A. Marsh, J. M. Hodgkiss, and R. H. Friend, "Direct measurement of electric field-assisted charge separation in polymer:fullerene photovoltaic diodes," *Advanced Materials*, vol. 22, no. 33, pp. 3672–3676, 2010.

[169] A. Pivrikas, G. Juška, K. Arlauskas, M. Scharber, A. Mozer, N. Saricift-ci, H. Stubb, and R. Österbacka, "Charge carrier transport and recombination in bulk-heterojunction solar-cells," No. 1, p. 59380N, SPIE, 2005.

[170] T. M. Clarke, F. C. Jamieson, and J. R. Durrant, "Transient absorption studies of bimolecular recombination dynamics in polythiophene/fullerene blend films," *The Journal of Physical Chemistry C*, vol. 113, no. 49, pp. 20934–20941, 2009.

[171] A. J. Ferguson, N. Kopidakis, S. E. Shaheen, and G. Rumbles, "Quenching of excitons by holes in poly(3-hexylthiophene) films," *The Journal of Physical Chemistry*, vol. 112, no. 26, pp. 9865–9871, 2008.

[172] C. Gärtner, *Organic Laser Diodes: Modelling and Simulation.* PhD thesis, Universität Karlsruhe, 2008.

[173] V. I. Arkhipov, P. Heremans, and H. Bässler, "Why is exciton dissociation so efficient at the interface between a conjugated polymer and an electron acceptor?," *Applied Physics Letters*, vol. 82, no. 25, pp. 4605–4607, 2003.

[174] C. Groves, J. C. Blakesley, and N. C. Greenham, "Effect of charge trapping on geminate recombination and polymer solar cell performance.," *Nano Letters*, vol. 10, no. 3, pp. 1063–1069, 2010.

[175] M. Hilczer and M. Tachiya, "Unified theory of geminate and bulk electron- hole recombination in organic solar cells," *The Journal of Physical Chemistry C*, vol. 114, no. 14, pp. 6808–6813, 2010.

[176] S. Cook, R. Katoh, and A. Furube, "Ultrafast studies of charge generation in pcbm:p3ht blend films following excitation of the fullerene pcbm," *The Journal of Physical Chemistry C*, vol. 113, no. 6, pp. 2547–2552, 2009.

[177] Z. D. Popovic, "A study of carrier generation in [beta]-metal-free phthalocyanine," *Chemical Physics*, vol. 86, no. 3, pp. 311–321, 1984.

[178] H. H. P. Gommans, M. Kemerink, J. M. Kramer, and R. A. J. Janssen, "Field and temperature dependence of the photocurrent in polymer/fullerene bulk heterojunction solar cells," *Applied Physics Letters*, vol. 87, no. 12, p. 122104, 2005.

[179] M. M. Mandoc, W. Veurman, L. J. A. Koster, B. d. Boer, and P. W. M. Blom, "Origin of the reduced fill factor and photocurrentin mdmo-ppv:pcnepv all-polymer solar cells," *Advanced Functional Materials*, vol. 17, pp. 2167–2173, 2007.

[180] I. Hwang and N. C. Greenham, "Modeling photocurrent transients in organic solar cells," *Nanotechnology*, vol. 19, no. 424012, pp. 1–8, 2008.

[181] I. Hwang, C. R. McNeill, and N. C. Greenham, "Drift-diffusion modeling of photocurrent transients in bulk heterojunction solar cells," *Journal of Applied Physics*, vol. 106, no. 9, pp. 094506–10, 2009.

[182] T. Kirchartz, B. E. Pieters, K. Taretto, and U. Rau, "Electro-optical modeling of bulk heterojunction solar cells," *Journal of Applied Physics*, vol. 104, no. 9, pp. 094513–9, 2008.

[183] W. J. Grzegorczyk, T. J. Savenije, T. E. Dykstra, J. Piris, J. M. Schins, and L. D. Siebbeles, "Temperature-independent charge carrier photogeneration in p3ht-pcbm blends with different morphology," *The Journal of Physical Chemistry C*, vol. 114, no. 11, pp. 5182–5186, 2010.

[184] J. Szmytkowski, W. Stampor, J. Kalinowski, and Z. H. Kafafi, "Electric field-assisted dissociation of singlet excitons in tris-(8-hydroxyquinolinato) aluminum (III)," *Applied Physics Letters*, vol. 80, no. 8, pp. 1465–1467, 2002.

[185] R. Kersting, U. Lemmer, M. Deussen, H. J. Bakker, R. F. Mahrt, H. Kurz, V. I. Arkhipov, H. Bässler, and E. O. Göbel, "Ultrafast field-

induced dissociation of excitons in conjugated polymers," *Physical Review Letters*, vol. 73, pp. 1440–1443, 1994.

[186] M. Deussen, M. Scheidler, and H. Bässler, "Electric field-induced photoluminescence quenching in thin-film light-emitting diodes based on poly(phenyl-p-phenylene vinylene)," *Synthetic Metals*, vol. 73, no. 2, pp. 123–129, 1995.

[187] C. Deibel, A. Wagenpfahl, and V. Dyakonov, "Origin of reduced polaron recombination in organic semiconductor devices," *Physical Review B*, vol. 80, no. 7, p. 075203, 2009.

[188] J. Schafferhans, A. Baumann, C. Deibel, and V. Dyakonov, "Trap distribution and the impact of oxygen-induced traps on the charge transport in poly(3-hexylthiophene)," *Applied Physics Letters*, vol. 93, no. 9, p. 093303, 2008.

[189] T. Kirchartz, B. E. Pieters, J. Kirkpatrick, U. Rau, and J. Nelson, "Recombination via tail states in polythiophene:fullerene solar cells," *Physical Review B*, vol. 83, no. 11, p. 115209, 2011.

[190] C. G. Shuttle, R. Hamilton, J. Nelson, B. C. O'Regan, and J. R. Durrant, "Measurement of charge-density dependence of carrier mobility in an organic semiconductor blend," *Advanced Functional Materials*, vol. 20, no. 5, pp. 698–702, 2010.

[191] C. Tanase, P. W. M. Blom, D. M. de Leeuw, and E. J. Meijer, "Charge carrier density dependence of the hole mobility in poly(p-phenylene vinylene)," *physica status solidi (a)*, vol. 201, no. 6, pp. 1236–1245, 2004.

[192] J. A. Anta, G. Marcelli, M. Meunier, and N. Quirke, "Models of electron trapping and transport in polyethylene: Current–voltage characteristics," *Journal of Applied Physics*, vol. 92, no. 2, pp. 1002–1008, 2002.

[193] W. F. Pasveer, J. Cottaar, C. Tanase, R. Coehoorn, P. A. Bobbert, P. W. M. Blom, D. M. de Leeuw, and M. A. J. Michels, "Unified description of charge-carrier mobilities in disordered semiconducting polymers," *Physical Review Letters*, vol. 94, p. 206601, 2005.

A Anhang

A.1 Berechnung der Auswirkung von E_0 auf die ungestörte Beweglichkeit

In den Simulationen werden aus numerischen Gründen nur Trapzustände als solche berücksichtigt, die energetisch mindestens um die Energie E_0 unterhalb des Leitungsbandes liegen. Ladungsträger in Traps mit der Tiefe bis zu $\Delta E_0 \approx 1 - 2 \cdot k_\mathrm{B} T$ unterhalb des Leitungsbandes haben eine hinreichend kurze Lebensdauer, so dass sie in den Simulationen als effektiv freie Ladungsträger angesehen werden und somit in der freien Beweglichkeit Berücksichtigung finden. Durch Mehrfach-Trapping und Detrapping in und aus diesen Zuständen heraus wirken sich diese Trapzustände jedoch minimal auf die relative Temperaturabhängigkeit der Beweglichkeit aus, was sich bei hohen Trapping- und Detrappingraten bemerkbar macht und daher in den Simulationen berücksichtigt wird. Der temperaturabhängige Unterschied in der Beweglichkeit lässt sich näherungsweise unter der Annahme berechnen, dass sich die freien Ladungsträger im thermodynamischen Gleichgewicht mit diesen Trapzuständen befinden. Aufgrund der großen Anzahl der Zustände oberhalb von E_0 können Sättigungseffekte durch besetzte Trapzustände vernachlässigt werden. Damit ist für alle Zustände, die um E_0 tiefer liegen als das Leitungsband, die Trappingrate gleich der Detrappingrate und es gilt

$$r_0 \cdot n_\mathrm{e} \cdot g(E) = r_0 \cdot N \cdot n'_\mathrm{t}(E) \cdot \exp\left(-\frac{E}{k_\mathrm{B} T}\right), \qquad \text{(A.1.1)}$$

mit der exponentiellen Verteilung der Zustandsdichte der Traps

$$g(E) = \frac{N_\mathrm{trap}}{E_\mathrm{T}} \exp\left(-\frac{E - \Delta E_0}{E_\mathrm{T}}\right), \qquad \text{(A.1.2)}$$

sowie der freien und eingefangenen Ladungsträgerdichten n bzw. $n'_t(E)$. Nach Integration der Gleichung bis zur Energie ΔE_0 ergibt sich das Verhältnis zwischen den eingefangenen und den freien Ladungsträgern n_t und n_e durch

$$\frac{n_t}{n_e} = \frac{N_{\text{trap}}}{N} \cdot \exp\left(\frac{\Delta E_0}{E_T}\right) \cdot \frac{k_B T}{E_T - k_B T} \cdot \left[\exp\left(\frac{\Delta E_0}{k_B T} - \frac{\Delta E_0}{E_T}\right) - 1\right]. \qquad (A.1.3)$$

Die effektive, in der Simulation als frei angenommene Beweglichkeit $\mu_{0,\text{eff}}(T)$ reduziert sich daher durch die Anzahl der Zustände bis E_0 unterhalb des Leitungsbandes nach der Gleichung

$$\mu_{0,\text{eff}}(T) = \mu_0^* \cdot \frac{1}{1 + \frac{n_t}{n_e}}. \qquad (A.1.4)$$

Relevant für die Simulation ist hierbei jedoch nicht der absolute Unterschied zwischen der freien Beweglichkeit μ_0^* ohne Berücksichtigung von ΔE_0 und der in der Simulation angenommenen freien Beweglichkeit $\mu_{0,\text{eff}}(T)$, sondern vielmehr der relative Unterschied von $\mu_{0,\text{eff}}(T)$ für verschiedene Temperaturen. Der in Tabelle 6.1.1 angegebene Wert der freien Beweglichkeiten beschreibt daher die Beweglichkeit bei der Temperatur $T = 300\,\text{K}$ ($27\,°\text{C}$), während die Beweglichkeiten bei anderen Temperaturen $T = x\,\text{K}$ relativ dazu um den Faktor $\mu_{0,\text{eff}}(T = x\,\text{K})/\mu_{0,\text{eff}}(T = 300\,\text{K})$ korrigiert werden. Der Korrekturfaktor beträgt für die Elektronen mit den Simulationsparametern nach Tabelle 6.1.1 für die Temperatur $T = 323\,\text{K}$

$$\frac{\mu_{0,\text{eff}}(T = 323\,\text{K})}{\mu_{0,\text{eff}}(T = 300\,\text{K})} = 1.06 \qquad (A.1.5)$$

bzw. für $T = 284\,\text{K}$

$$\frac{\mu_{0,\text{eff}}(T = 284\,\text{K})}{\mu_{0,\text{eff}}(T = 300\,\text{K})} = 0.95. \qquad (A.1.6)$$

Für die Löcher ergibt sich ein Korrekturfaktor für $T = 323\,\text{K}$ von

$$\frac{\mu_{0,\text{eff}}(T = 323\,\text{K})}{\mu_{0,\text{eff}}(T = 300\,\text{K})} = 1.05 \qquad (A.1.7)$$

bzw. für $T = 284\,\mathrm{K}$

$$\frac{\mu_{0,\mathrm{eff}}(T = 284\,\mathrm{K})}{\mu_{0,\mathrm{eff}}(T = 300\,\mathrm{K})} = 0.96. \tag{A.1.8}$$

A.2 Verwendetes Optimierungsverfahren

Aufgrund des sehr großen Parameterraums der experimentell gemessenen Impulsantworten für bis zu sieben verschiedenen Leistungsdichten, sechs Spannungen, vier Diodendurchmessern und sechs Temperaturen ist ein rein manueller Vergleich mit den simulierten Kennlinien für alle Kurven nicht möglich. Daher werden standardmäßig von jedem zu untersuchenden Parameter lediglich die Extremwerte sowie ein Mittelwert zum Vergleich herangezogen, was die Gesamtanzahl der zu untersuchenden Kennlinien stark reduziert, gleichzeitig aber der gesamte Parameterraum berücksichtigt bleibt. Dennoch bleiben bei Variation eines Parameters um jeweils einen größeren und einen kleineren Wert eine Vielzahl an Kennlinien übrig (z.B. 3 Leistungen, 3 Spannungen, 2 Temperaturen, 3 Variationen -> 54 Kennlinien). Ein rein manueller Vergleich der Kennlinien ist damit noch immer extrem zeitintensiv, was die Verwendung eines automatisierten Vergleichs nahe legt und infolgedessen entwickelt und implementiert wurde.

Das für die Anpassung der Simulationsparameter der simulierten Impulsantworten unterstützend angewendete Optimierungsverfahren basiert auf der Methode des Zufälligen Suchens (eng. *Random Walk*). Ausgehend von einem Anfangsparametersatz x_N mit N Parametern werden die jeweiligen Einzelparameter x_i nacheinander, oder mehrere gleichzeitig, um jeweils n Abweichungen $\pm\Delta x_i^n$ (z.B. $\Delta x_i^1 = 0.004$, $\Delta x_i^2 = 0.01$ und $\Delta x_i^3 = 0.03$) variiert und die Kennlinien neu simuliert. Die dabei zu optimierende Zielfunktion ist definiert als die Summe der Beträge der quadrierten Differenzen zwischen den Werten der simulierten und der gemessenen Kennlinie, die sogenannte Fehlerquadratsumme. Um große Abweichungen der simulierten Kennlinie von den Messdaten stärker zu bestrafen als kleine, kann hierbei auch wahlweise eine höhere Potenz gewählt werden. Da die Zielvorgabe des eingesetzten Optimierungsverfahrens eine bestmögliche Übereinstimmung der Kennlinien bei doppeltlogarithmischer Auftragung des zeitlichen Stromdichteverlaufs ist, werden hierbei die Differenzen der log-log Werte für die Bestimmung der Fehlerquadratsumme herangezogen. Nach jeder Variation eines Parameters werden die Fehlerquadratsummen der jeweiligen Kennlinien bestimmt und addiert und die Parameter der kleinsten Summe übernommen. Iterativ werden somit alle N Parameter nacheinander variiert, bevor mit einem neuen Durchlauf mit leicht reduzierten Werten Δx_i^n begonnen wird. Die Parametervariation erfolgt dabei unter der Nebenbedingung der physikalisch sinnvollen Eingrenzung des erlaubten Wertebereichs der jeweiligen Parameter, wobei in aller Regel die Grenzen des erlaubten Bereiches nicht erreicht werden. Als Abbruchbedingung ist eine Schwelle in der Änderung der Fehlerquadratsumme definiert, bei deren Unterschreitung das Verfahren abgebrochen wird. In der Praxis ist der limitierende Faktor jedoch die Anzahl der Durchläufe, da aufgrund der großen Anzahl der zu vergleichenden Kennlinien eine Vielzahl an Simulationen durchgeführt werden muss. Nach dem obigen Beispiel (3 Leistungen, 3 Spannungen, 2 Temperaturen) sind bei gleichzeitiger Variation von nur einem Parameter um $\pm \Delta x_i^n$ mit $n = 3$ Abweichungen 108 Kennlinien pro Parametervariation zu berechnen, was bei ca. 15 zu variierenden Parametern einen hohen Rechenaufwand und damit auch einen hohen Zeitaufwand zur Folge hat.

Aufgrund der Größe des Parameterraums kann nicht davon ausgegangen werden, dass mit Hilfe der verwendeten Methode das globale Minimum gefunden werden kann. Bei guten Startparametern kann jedoch in hinreichender Zeit ein lokales Minimum gefunden werden.

Publikationsliste

Referierte Artikel in internationalen Zeitschriften

- **N. Christ**, S. W. Kettlitz, M. Nintz, S. Valouch, J. Mescher, and U. Lemmer, "Intensity dependent but temperature independent charge carrier generation in organic photodiodes and solar cells", (angenommen bei *Organic Electronics, 2013*)

- **N. Christ**, S. W. Kettlitz, S. Züfle, S. Valouch, and U. Lemmer, "Nanosecond response of organic solar cells and photodiodes: Role of trap states", *Physical Review* B 83, 195211 (2011)

- **N. S. Christ**, S. W. Kettlitz, S. Valouch, S. Züfle, C. Gärtner, M. Punke, and U. Lemmer, "Nanosecond response of organic solar cells and photodiodes", *Journal of Applied Physics* 105, 104513 (2009)

- **N. Christ**, S. W. Kettlitz, M. Nintz, S. Valouch, J. Mescher, and U. Lemmer, "Dispersive transport in the temperature dependent transient photoresponse of organic photodiodes and solar cells", (eingereicht)

- S. W. Kettlitz, J. Mescher, **N. Christ**, S. Valouch and U. Lemmer, "Charge transport parameter extraction by eliminating RC effects in transient current measurements of organic photodiodes", (eingereicht)

- J. Mescher, **N. Christ**, S. Kettlitz, A. Colsmann, and U. Lemmer, "Influence of the spatial photocarrier generation profile on the performance of organic solar cells", *Applied Physics Letters* 101, 073301 (2012)

- S. Valouch, C. Hönes, S. W. Kettlitz, **N. Christ**, H. Do, M. F. G. Klein, H. Kalt, A. Colsmann, U. Lemmer, "Solution processed small molecule organic interfacial layers for low dark current polymer photodiodes", *Organic Electronics* 13, 2727-2732 (2012)

- S. Valouch, M. Nintz, S. W. Kettlitz, **N. S. Christ** and U. Lemmer, "Thickness-Dependent Transient Photocurrent Response of Organic Photodiodes Photonics", *Technology Letters IEEE* 24, 596-598 (2012)

- A. Pütz, F. Steiner, J. Mescher, M. Reinhard, **N. Christ**, D. Kutsarov, H. Kalt, U. Lemmer, A. Colsmann, "Solution processable, precursor based zinc oxide buffer layers for 4.5% efficient organic tandem solar cells", *Organic Electronics: physics, materials, applications* 13, 2696-2701 (2012)

- F. Nickel, M.F.G. Klein, C. Sprau, P. Kapetana, **N. Christ**, X. Liu, S. Klinkhammer, U. Lemmer, A. Colsmann, "Spatial mapping of photocurrents in organic solar cells comprising wedge-shaped absorber layers for an efficient material screening", *Solar Energy Materials and Solar Cells* 104, 18-22 (2012)

- S. Züfle, **N. Christ**, S. W. Kettlitz, S. Valouch and U. Lemmer, "Influence of temperature-dependent mobilities on the nanosecond response of organic solar cells and photodetectors", *Applied Physics Letters* 97, 063306 (2010)

- S. Valouch, C. Ögün, S. W. Kettlitz, S. Züfle, **N. Christ** and U. Lemmer, "Printed circuit board encapsulation and integration of high-speed polymer photodiodes", *Sensor Letters* 8, 392 (2010)

- J. Brückner, **N. Christ**, O. Bauder, C. Gärtner, M. Seyfried, F. Glöckler, U. Lemmer and M. Gerken, "ac excitation of organic light emitting devices utilizing conductive charge generation layers", *Applied Physics Letters* 96, 041107 (2010)

- M. Punke, S. Valouch, S. W. Kettlitz, **N. Christ**, C. Gärtner, M. Gerken and U. Lemmer, "Dynamic characterization of organic bulk heterojunction photodetectors", *Applied Physics Letters* 91, 071118 (2007)

Artikel in Konferenzbänden

- S. Valouch, S. W. Kettlitz, **N. Christ,** S. Züfle, C. M. Ögün, M. Nintz, U. Lemmer, "Nanosecond response organic photodiodes: From device physics towards biosensor applications", *MRS Spring Meeting* (2011)

- **N. Christ**, S. W. Kettlitz, S. Züfle, S. Valouch, and U. Lemmer, "Trap states limited nanosecond response of organic solar cells", *10th International Conference on Numerical Simulation of Optoelectronic Devices (NUSOD)* (2010)

- C. Gärtner, C. Karnutsch, J. Brückner, **N. Christ**, S. Uebe, U. Lemmer, P. Görrn, T. Rabe, T. Riedl, and W. Kowalsky "Loss processes in organic double-heterostructure laser diodes", *Proceedings of the SPIE: Organic Light-Emitting Materials and Devices X, Vol. 6655*, 665525, San Diego, CA, USA (2007)

- C. Gärtner, C. Karnutsch, J. Brückner, T. Woggon, S. Uebe, **N. Christ**, U. Lemmer, "Numerical study of annihilation processes, excited state absorption and field quenching for various organic laser diode design concepts", *9th European Conference on Molecular Electronics (ECME)*, Metz, France (2007)

- C. Gärtner, C. Karnutsch, **N. Christ**, and U. Lemmer, "Reducing the impact of charge carrier induced absorption in organic double heterostructure laser diodes", *Conference on Lasers and Electro-Optics (CLEO) Europe*, Munich, Germany (2007)

Beiträge auf internationalen Konferenzen (nur persönlich präsentiert)

- **N. Christ**, S. W. Kettlitz, J. Mescher, S. Valouch, and U. Lemmer, "Temperature and laser intensity dependent photoresponses of organic solar cells", *International Conference on Science and Technology of Synthetic Metals* (ISCM), Atlanta, 8 - 13 Juli 2012

- **N. Christ**, S. W. Kettlitz, J. Mescher, S. Valouch, and U. Lemmer, "Temperature and laser intensity dependent photoresponses of organic solar cells", *International Simulation Workshop on Organic Electronics and Photovoltaics*, Winterthur, 15 - 17 Juni 2011

- **N. Christ**, S. W. Kettlitz, S. Züfle, S. Valouch, and U. Lemmer, "Modeling of the transient photoresponse of organic solar cells including trap states", *10th International Conference on Numerical Simulation of Optoelectronic Devices (NUSOD)*, Atlanta, 6 - 9 September 2010

- **N. Christ**, S. W. Kettlitz, S. Züfle, S. Valouch, and U. Lemmer, "Modeling of the transient photoresponse of organic solar cells including trap states", *International Simulation Workshop on Organic Electronics and Photovoltaics*, Winterthur, 30 Juni - 2 Juli 2010

- **N. Christ**, S. W. Kettlitz, S. Züfle, S. Valouch, and U. Lemmer, "Modeling of the transient photoresponse of organic solar cells including trap states", *SPIE Photonics Europe*, Brüssel, 12 - 16 April 2010

- **N. Christ**, S. W. Kettlitz, S. Züfle, S. Valouch, and U. Lemmer, "Modeling of the transient current density characteristic of organic solar cells and photodetectors", *SPIE Optics + Photonics*, San Diego, 4 - 6 August 2009

Betreute Arbeiten

- Jan Mescher, *Modellierung organischer Einfach- und Tandem-Solarzellen*, Diplomarbeit, 2011

- Achim Wößner, *Temperaturabhängige Simulationen organischer Photodetektoren mit Hilfe des Multiple-Trapping Modells*, Bachelorarbeit, 2010

- Murat Zenginov, *Simulation organischer Solarzellen unter Berücksichtigung des "Multiple-Trapping" Modells*, Bachelorarbeit, 2010

- Simon Züfle, *Charakterisierung und Modellierung der Temperaturabhängigkeit organischer Solarzellen und Photodetektoren*, Diplomarbeit, 2009

Danksagung

Diese Arbeit wäre nicht ohne die Unterstützung vieler Personen in meinem Umfeld möglich gewesen.

- Als erstes möchte ich mich bei meinem Doktorvater Uli Lemmer bedanken, der mir es erst ermöglicht hat, dieses spannende Thema am LTI bearbeiten zu dürfen. Aber insbesondere die grundlegenden physikalischen Diskussionen und sein enormes Wissen auf dem Gebiet der Organik waren äußerst hilfreich für meine Arbeit.

- Für das Interesse an meiner Arbeit sowie die Übernahme des Korreferats danke ich Herrn Prof. Vladimir Dyakanov von der Universität Würzburg.

- Ganz besonders möchte ich mich bei Siegfried Kettlitz nicht nur für den Aufbau und die Betreuung des Messplatzes, sondern vor allem für die zahllosen Diskussionen und Erörterungen in Raum 118.2 bedanken. Er hat maßgeblich an den theoretischen Überlegungen und der Weiterentwicklung des Simulationsmodells auf Grundlage der Messdaten mitgewirkt. Nicht zuletzt stand er auch mit fachmännischer computerspezifischer Hilfe stets zu meiner Seite. Ich bewundere insbesondere seine Ausdauerfähigkeit und seine unendliche Ruhe, sich in zahlreiche Themengebiete einzuarbeiten und noch dazu zahlreiche hilfreiche Lösungsvorschläge parat zu haben.

- Ich danke Sebastian Valouch und Mirco Nintz für die Herstellung und Charakterisierung der Photodioden, die mir den Vergleich mit den zahlreichen Messdaten erst ermöglicht haben.

- Für die Herstellung und Charakterisierung der organischen Solarzellen danke ich Andreas Pütz und Tobias Rickelhoff.

- Vielen Dank gilt auch den Diplomanden Jan Mescher und Simon Züfle sowie den Bacherloranden Achim Wößner und Murat Zenginov für die gute und immer wieder erfreuliche Zusammenarbeit.

- Besonderer Dank gilt auch allen Mitarbeitern aus Raum 118.2 rund um den harten Kern Carola Moosmann, Jan Mescher, Siegfrief Kettlitz und Sebastian Valouch, mit denen die Arbeit sehr viel Spaß machte. Schön, dass ihr mir den Arbeitsalltag neben fruchtbaren fachlichen Diskussion auch durch vielseitige und unterhaltsame Gespräche äußerst angenehm gemacht habt. Gerne erinnere ich mich dabei auch an den ein oder anderen lustigen außerberuflichen Abend.

- Ich danke Sönke Klinkhammer für viele fachliche wie auch witzige Diskussionen, für das Korrekturlesen dieser Arbeit und den Spaß an vielen Tagen während und ausserhalb der Arbeitszeit.

- Großer Dank gilt auch dem Rechenzentrum des KIT, dem Steinbuch Centre for Computing (SCC). Erst die Bereitstellung dieser enormen Rechenkapazitäten auf dem Großcluster ermöglichte mir das Simulieren in diesem Umfang. Und der Umfang war wirklich nicht wenig, die verbrauchte CPU-Rechenzeit am SCC beträgt sage und schreibe 105 Jahre.

- Bei Andrea Bamann möchte ich mich sehr herzlich bedanken, die mich immer großartig rund um diese Arbeit unterstützt hat, vor allem aber mich auch in besonders schöner Weise auf meinem Lebensweg begleitet hat.

- Ebenfalls meinen Schwestern Sina und Stine möchte ich danken, die mir in vielen Situationen rund um die Verfassung dieser Arbeit in verschiedenster Form geholfen haben, insbesondere aber mir immer wieder neue Kraft gegeben haben.

- In ganz besonderer Weise möchte ich meiner Mum und meinem Dad danken, ohne die all dies nicht möglich gewesen wäre. Sie haben mich nicht nur moralisch immer wieder großartig unterstützt, sondern auch in einer schier unendlichen Geduld beim Korrekturlesen dieser Arbeit geholfen. Beiden möchte ich an dieser Stelle auch für die fachspezifischen Hilfen während der Promotion danken, die mir sowohl auf chemischer als auch auf physikalischer Seite immer wieder weitergeholfen haben.